THE
FEMALE
FOUNDERS
BOOK

Vorwort

Wenn du dieses Buch in den Händen hältst, hast du bereits den größten und wichtigsten Schritt getan. Denn du hast dich auf die Suche begeben und hast mit diesem Buch den Schlüssel für deinen persönlichen und zukünftigen Erfolg nun gefunden. Sei dir sicher, dass du auf dem richtigen Weg bist!

‚The Female Founders Book' ist das Buch, welches dir die unternehmerischen Erfolgsgeheimnisse von 30 Frauen zeigt, die die Herausforderungen der selbstständigen Tätigkeit kennengelernt und Erfolg sowie Glück gefunden haben. Doch wie lassen sich Erfolg und Glück überhaupt erreichen? Kann beides gleichzeitig im Unternehmertum existieren? Und was kommt zuerst? Obwohl in der Gesellschaft oftmals noch die Meinung besteht, dass Glück erst nach dem Erfolg kommt und Erfolg wiederum über Geld und Macht definiert wird, wollen wir in diesem Buch eine andere Perspektive geben und erfrischende Erkenntnisse auf viele grundlegende Fragen geben. Denn unsere Antwort nach der Frage des Glücks- und Erfolgsgeheimnisses liegt im richtigen Mindset.

Das Mindset beschreibt deine innere Einstellung und Haltung. Denn für den unternehmerischen Erfolg ist weniger ein mysteriöses Unternehmertum-Gen verantwortlich, sondern vielmehr deine eigene Geisteshaltung. Und die gute Nachricht ist: Dein Mindset kannst du verändern – und damit maßgeblich deinen eigenen Erfolg beeinflussen. Lasse dich auf die Veränderungen in deinem Leben ein und lasse zu, dass sich deine Gedanken ebenfalls zum Positiven verändern dürfen!

Das mag sich im ersten Moment fast ein wenig banal anhören, aber genau das hat jene Menschen zu den erfolgreichen Unternehmern und Unternehmerinnen geformt, die sie heute sind. Und eben das war auch unsere Motivation, dieses Buch für dich zu kreieren. Denn jeder Mensch, egal welche Herausforderungen er gerade in seinem Leben hat, hat die Möglichkeit, diese innere Quelle des Erfolgs und Glücks anzuzapfen und damit sein Leben nach seinen Vorstellungen gestalten zu können.

Um dir die Inspiration zu schenken, die du dazu benötigst, haben wir 30 Gründerinnen aus Deutschland, Österreich und der Schweiz interviewt und sie nach ihren Erfahrungen auf dem Weg zum Unternehmertum befragt. Die Facetten des selbstständigen Weges sind dabei vielfältig und jede Gründerin hat ihre persönlichen Herausforderungen erlebt, die sie vor allem mit Mut und einer positiven Einstellung gemeistert hat. Aus diesen authentischen und nahbaren Geschichten kannst auch du dich dank dieser weiblichen Vorbilder für deinen nächsten Schritt inspirieren lassen. Dieses Buch bietet sowohl angehenden Gründerinnen als auch erfahrenen Unternehmerinnen, jede Menge Inspiration für neue und kreative Ideen. Hierzu haben wir zudem Experten aus der Start-up-Branche gebeten, dir mit ihren Beiträgen zu helfen, neue Erkenntnisse und Lösungsansätze zu entwickeln, und somit deinem unternehmerischen Traum ein Stück näherzukommen. Hierzu braucht es aber auch praktisches Wissen, zum Beispiel, wie man einen einfachen, aber effektiven Businessplan entwirft oder wie man seine Geschäftsidee überhaupt finanzieren kann.

Mit umfassenden Gründungstipps und praktischen Informationen wollen wir dir in diesem Buch einen Guide zur Verfügung stellen, der dir einen Einstieg in die Themen Gründung und Selbstständigkeit bietet. Damit du ein erfolgreiches und positives Mindset kreieren kannst, haben wir für dich kraftvolle Affirmationen entworfen, die uns und viele Gründerinnen bereits sehr geholfen haben.

Egal ob du gerade studierst, angestellt bist oder schon seit langem mit dem Gedanken an deine Selbstständigkeit spielst – im Unternehmertum kannst du die Flexibilität, Unabhängigkeit, Selbstbestimmung und Verwirklichung finden, nach der du schon lange gesucht hast. Es ermöglicht dir zudem einer sinnvollen Tätigkeit nachzugehen, die aus deiner persönlichen Leidenschaft erwachsen kann.

Solltest du dich für den Weg der Selbstständigkeit entscheiden, werden jedoch auch viele Herausforderungen auf dich zukommen, die es zu bewältigen gilt. Auch hier bietet dir dieses Buch die Möglichkeit, individuelle Lösungsstrategien aus den Lernerfahrungen der interviewten Unternehmerinnen abzuleiten. Gerne möchten wir an diesem Punkt aber auch kurz auf die typischen Herausforderungen eingehen, die vermutlich jede/r Selbstständige erleben wird und dir einige Denkanstöße mit auf den Weg geben.

Stehst du noch am Anfang deines unternehmerischen Weges und spielst bislang nur mit dem Gedanken an eine Gründung? Dann denkst du vermutlich, dass du das *irgendwann* mal machen wirst, nicht wahr? Damit stehst du bereits vor deiner ersten großen Herausforderung. Denn *irgendwann* ist eine sehr unbestimmte Zeit, die im *Niemalsland der Zukunft* liegt und dies verhindert, deine Ideen und Pläne tatsächlich umzusetzen.

Die Lösung: Werde dir bewusst, dass JETZT die BESTE ZEIT ist, um anzufangen und den Grundstein für deine Zukunft zu legen. Je länger du wartest, desto mehr kostbare Zeit verstreicht, in der du bereits all deine Energie und tatsächliche Leidenschaft in deinen Traum hättest investieren können. Und je früher du beginnst, desto früher wirst du auch die Früchte deiner Saat ernten können.

Stell dir vor: Was wäre, wenn du einfach dein eigenes Ding machen könntest? Wenn du die Idee, die du vielleicht schon länger im Hinterkopf hast, endlich in die Realität umsetzen könntest? Warte nicht länger, sondern starte JETZT!

Nun magst du vielleicht einwenden, dass du gerade nicht genug Startkapital hast, nicht einfach kündigen kannst, noch gar nicht genug Wissen oder gerade keine Zeit dafür hast. Die Liste der Gründe, jetzt noch nicht zu starten, kann unendlich fortgeführt werden. Aber wenn du wirklich ehrlich mit dir bist, sind das alles nur Ausreden. Die Wahrheit ist: Es wird NIE den PERFEKTEN ZEITPUNKT geben!

Sich selbstständig zu machen, bedeutet Unsicherheit. Und das kann verdammt Angst machen. Doch Angst ist nie ein guter Berater. Daher ist es wichtig, dir deine Ängste offen einzugestehen, aber letztlich der Stimme des Mutes, der Hoffnung und der Zuversicht zu folgen. Werde dir deiner Fähigkeiten und Talente, die JEDER Mensch EINZIGARTIG in sich vereint hat, bewusst und erlaube deinem Potenzial, dass es sich entfalten kann! Dieses Selbstvertrauen ermöglicht dir dann eine zuversichtliche Einstellung gegenüber der Zukunft einzunehmen. Und keine der interviewten Unternehmerinnen wusste alles am Anfang ihrer Gründung oder hatte die perfekte Ausgangssituation. Sie sind ganz normale Menschen, die letztlich mit einer Portion Mut den Sprung ins kalte Wasser gewagt haben.

Vielleicht hast du dich aber auch bereits selbstständig gemacht, aber so richtig läuft es noch nicht. Du bist noch unsicher, ob die Ausrichtung deines Business die passende ist? Du verdienst noch nicht ausreichend Geld oder es fällt dir schwer, Kunden zu gewinnen? Du hast Angst vorm Versagen und Scheitern oder findest keinen Investor für deine Geschäftsidee? Manchmal können wir uns von all den Herausforderungen in der Selbstständigkeit ziemlich überwältigt fühlen.

Nimm dir dann zunächst eine kleine Auszeit und tue dir etwas Gutes. Blicke mit etwas Abstand einmal auf die Hürden im Leben und Beruf zurück, die du bisher schon gemeistert hast. Erkenne mit Stolz deine Erfolge an, sind sie scheinbar auch noch so klein. Und sei gut zu dir!

Mit frischer Energie kannst du dann wieder einen genauen Blick auf deine Herausforderungen werfen. Dabei lohnt es sich, genauer hinzusehen und dich ehrlich zu fragen: Was kann ich daran verändern?

Werde dir bewusst, dass das eigene Business letztlich nur ein Spiegel deiner eigenen Einstellung ist. Zwar solltest du auch ehrlich und realistisch deine eigene Situation reflektieren, doch anstelle dich nur auf das Problem zu konzentrieren, empfiehlt es sich vielmehr deine Energie auf mögliche Lösungsansätze zu richten. Eine Veränderung deines Fokus' auf die Dinge, die du verändern kannst, und nicht darauf, was außerhalb deines Einflussbereichs liegt, kann wahre Wunder wirken.

Daher soll dir dieses Buch als Wegweiser dienen, welches du nicht nur einmal durchliest, sondern auch immer wieder in herausfordernden Situationen in die Hand nehmen und neue, erfrischende Antworten finden kannst.

Die Unternehmerinnen, die wir für dieses Buch interviewt haben, haben ebenfalls diverse solcher Herausforderungen erlebt und stets Wege gesucht und gefunden, diese zu lösen. Eines gemeinsam haben alle: MUT. Den Mut, neue Wege mit ihren Geschäftsideen zu beschreiten. Den Mut, sich in Branchen, die als Männerdomänen galten, ihr eigenes Standing aufzubauen. Den Mut, ihren Ideen und Visionen zu folgen, obwohl andere diese als ‚verrückt‘ abstempelten – vielleicht, weil sie manchmal auch einfach ihrer Zeit voraus waren.

Diese Gründerinnen sind Pionierinnen im Unternehmertum! Denn mit derzeit gerade einmal 14 Prozent in Deutschland[1] (Österreich: 12 Prozent[2] / Schweiz: 5,9 Prozent[3]) bilden Frauen, die ein Start-up gründen, noch immer eine Minderheit. Doch es kann nicht genug Menschen geben, die mit ihren großen, verrückten und revolutionären Ideen eine positive Veränderung auf persönlicher, gesellschaftlicher oder globaler Ebene bewirken können. Und du kannst das auch!

Deshalb ist dieses Buch für DICH. Mögest du in den authentischen Gründerinnen-Stories, den Mut, die Inspiration und Denkanstöße finden, die dich näher zu deiner erfolgreichen Selbstständigkeit und deinem persönlichen Lebensweg führen. Glaube an dich und du kannst alles erreichen, was du dir vornimmst!

Val & Maxi

---

[1] Startup Monitor 2016   [2] Austrian Startup Report 2013
[3] Swiss Start-up Monitor Report 2013

Inhalt

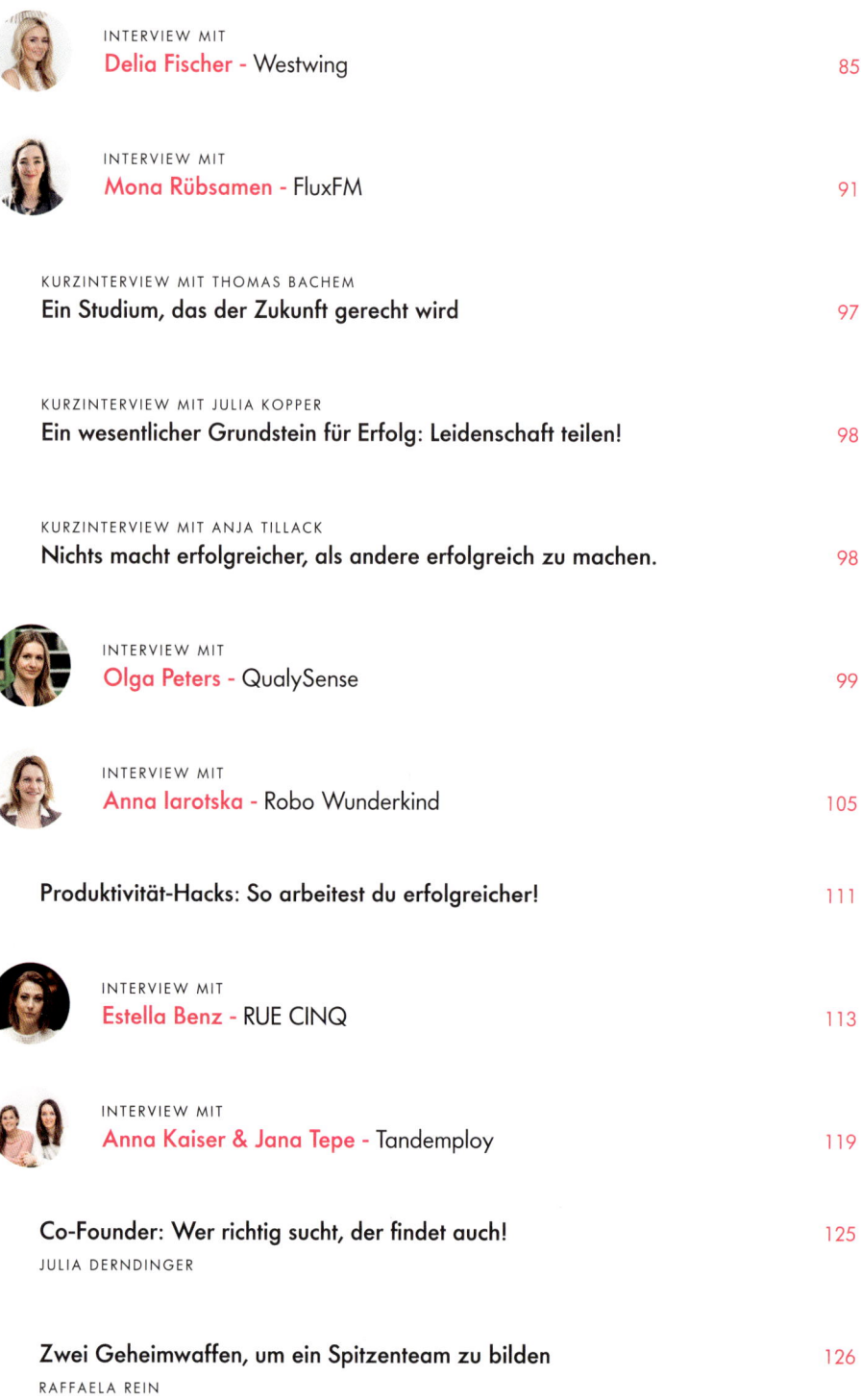

Unsere Story

Das gemeinsame Interesse für Female Entrepreneurship brachte uns im März 2015 im Rahmen eines Events in Berlin zusammen. Damals hatte Maxi gerade das digitale Magazin FEMPRENEUR gegründet. Val arbeitete bereits seit 2013 an ihren Geschäftsideen und hatte sich entschieden ihrem Traum zu folgen, anstatt sich an ein Leben im Großunternehmen anpassen zu müssen – so wie viele Millenials denken. Dies führte Val zu der Gründung ihres Impact Business – Female Founder Space - woran sie damals bereits seit einem Jahr arbeitete. Gemäß dem Motto „Alles passiert, wenn es geschehen soll" folgte einige Monate nach der ersten Begegnung ein weiteres inspirierendes Treffen, als wir uns zu einem Kaffee verabredeten. Wir stellten schnell fest, dass uns die gleiche Vision von Female Empowerment verbindet und wir zu unterschiedlichen Zeitpunkten die gleiche Berufung hatten: Die Welt durch unser Engagement für Gründerinnen positiv zu verändern.

Nach und nach entstand eine lockere Zusammenarbeit. Zunächst wurde Maxi durch Val als Speaker zu einem ihrer Gründerinnen-Events eingeladen und ein Jahr später trat Val wiederum als Speaker auf Maxis Event, dem FEMPRENEUR SUMMIT, auf. Ende 2015 waren wir beide an einem ähnlichen Punkt in unserer Selbstständigkeit und hatten genug vom Solo-Unternehmertum. Die persönliche Leidenschaft, inspirierende Bücher zu lesen, die nicht nur unser Herz berühren, sondern auch unsere Augen erfreuen, sowie die Vision, noch mehr Frauen dabei zu unterstützen, ihre Gründungsträume zu erfüllen, brachte uns schließlich auf die Idee zum ‚The Female Founders Book'. Wir wollten ein Buch schaffen, das wir selbst gerne gelesen hätten, als wir am Anfang unseres Unternehmertums standen. Zudem wollten wir unsere persönlichen Erfahrungen, die wir durch unsere selbstständige Arbeit gesammelt haben, teilen und insbesondere Frauen mit dem Thema „Mindset" sowie der Bedeutung der inneren Einstellung vertraut machen. So wählten wir diese zwei Schwerpunkte zur Botschaft unseres Buches, die sich durch alle Interviews und Artikel hinweg als roter Faden ziehen.

Nachdem die Grundidee feststand, folgten weitere Treffen, in denen wir konkrete Ansätze zur Umsetzung der Idee brainstormten und die Planung unserer diversen Aufgaben festlegten, die sich natürlich dann im Laufe des Prozesses auch wieder änderten und angepasst werden mussten. So startete 2016 offiziell die Zusammenarbeit an dem Buch. Val hat die Website www.femalefoundersbook.com erstellt und wir haben die zu interviewenden Gründerinnen ausgewählt und angeschrieben. Bei der Auswahl folgten wir einer Mischung aus Bauchgefühl und bei wem wir eine interessante Geschichte und ein Erfolgs-Mindset vermuteten. Da wir durch und durch Selfmade-Women sind, entschieden wir uns für das Self-Publishing des Buches. Von der Idee über die Konzeption bis hin zur Durchführung der vielfältigen Aufgaben lag alles in unseren Händen und wir holten uns Unterstützung von tollen Freelancern hinzu. Die gesamte Zusammenarbeit im Gründerteam und auch mit den Freelancern erfolgte in einem digitalen Team. Das bedeutete, dass jeder orts- und zeitunabhängig arbeiten konnte – alles was es benötigte, waren ein Laptop und eine stabile Internetverbindung. Damit arbeiteten wir mit dem Konzept, das derzeit als New Work bekannt wird.

Doch auch die Frage nach der Finanzierung unseres Vorhabens sowie des Buchdrucks, führten uns zu unkonventionellen Wegen. Zum einen konnten wir über unsere Website bereits von Anfang an den Vorverkauf des Buches ermöglichen, was eine Bestätigung für die geschäftsfähige Tragbarkeit unserer Idee zeigte. Doch auch von dem Vorschussvertrauen der Käufer*innen waren wir überwältigt. Zum anderen haben wir uns entschieden, ein bereits gängiges Konzept der Vermarktung, so wie sich Zeitschriften bislang refinanzieren, auf das Medium des Buches anzuwenden. Dabei war es uns von Anfang an sehr wichtig, sowohl Werbepartner zu wählen, die thematisch zum Buch passen, als auch den Leser*innen einen gezielten Mehrwert durch diese Informationen zu bieten. In diesem Thema waren wir Vorreiter, was in der Praxis aber auch viel Überzeugungsarbeit kostete. Doch wir haben an uns und unsere Idee geglaubt und so konnten

wir auch großartige Partner gewinnen, die von unserem Konzept überzeugt waren. Für diese Unterstützung sind wir sehr dankbar, da sie uns ermöglicht hat, das Buch so zu gestalten und herauszubringen, wie wir es uns vorgestellt haben – ohne Kompromisse. Diese Möglichkeit, unsere Botschaft derart verbreiten zu können, hat uns sehr beflügelt.

Das erste Interview fand Ende Februar 2016 mit ‚Original Unverpackt'-Gründerin Milena Glimbovski statt. Diesen aufregenden Termin musste Maxi dann alleine mit unserem Fotografen Rian Davidson übernehmen, denn am anderen Ende der Stadt brachte Val ihren ersten Sohn zur Welt. Die Flexibilität der Selbstständigkeit und das Verständnis im Gründerteam ermöglichten Val, nach nur einem Monat wieder an den Interviewterminen teilzunehmen. Und so begann ein erlebnisreicher Sommer, in dem wir durch Deutschland, Österreich und die Schweiz tourten, um die sehr persönlichen und authentischen Interviews mit den Unternehmerinnen zu führen. Dies gehörte auch neben der Teamarbeit mit zu den schönsten Erfahrungen, denn wir konnten den Gründerinnen alle Fragen stellen, die uns auch persönlich interessierten, und damit sicher auch die Leser*innen.

Natürlich lief während der Entstehung des Buches nicht alles perfekt und wir wurden auch mit kuriosen Momenten konfrontiert. Beispielsweise ging eine unserer Interviewaufnahmen verloren, als Maxi das Handy gestohlen wurde und wir das Interview dann ein zweites Mal führen mussten. Oder als wir während eines Fotoshootings in einem Hotel streng vom Personal kontrolliert wurden und sogar wieder Fotoaufnahmen von der Kamera löschen mussten.

Doch gerade wegen all der unvorhersehbaren Momente, machte dies unseren Weg zum Self-Publishing des ‚The Female Founders Book' sehr viel bunter und spannender. Und wir werden uns sicher noch lange an die vielen lustigen Momente erinnern. Nach 1,5 Jahren intensiver Arbeit veröffentlichten wir im Juli 2017 ‚The Female Founders Book' — das erste wirklich inspirierende Buch für angehende Gründerinnen sowie gestandene Unternehmerinnen!

Wir haben insgesamt über 130 Jahre Gründungswissen gesammelt und in diesem einzigartigen Gründerinnenbuch festgehalten, damit du deine Idee und dein Business auf die nächste Stufe bringen kannst. Wir wünschen dir viel Spaß beim Lesen und Entdecken!

Maxi Knust

Meine unternehmerische Tätigkeit startete Anfang 2015, als ich das digitale Magazin FEMPRENEUR gründete. Zuvor hatte ich Betriebswirtschaftslehre und Strategische Unternehmensentwicklung in Hannover studiert und bereits erste praktische Erfahrungen im Marketing und E-Commerce gesammelt. Allerdings interessierte mich schon während des Studiums vielmehr die Frage, wie man ein Unternehmen grundsätzlich aufbaut. Zwar entschied ich mich nach meinem Masterabschluss erst einmal für einen Angestellten-Job in München, doch als der Vertrag nicht verlängert wurde, ergriff ich dies als Chance, endlich meinen lang gehegten Wunsch nach einer selbstständigen Tätigkeit wahr zu machen. Was ich genau gründen wollte, wusste ich zu diesem Zeitpunkt noch nicht. Als ich aber den Ideenprozess startete, entwickelte sich nach einigen Monaten ein konkreter Plan, woraufhin ich in die Start-up-Stadt Berlin umzog. Zeitgleich arbeitete ich an meiner Idee zu FEMPRENEUR und erstellte selbst eine Website mit Inhalten, die gezielt Frauen ansprechen und ihnen so die Idee von Entrepreneurship näher bringen sollten. Denn weibliche Vorbilder als Inspiration hatten mir selbst immer gefehlt. Das wollte ich verändern und kreierte mit FEMPRENEUR das erste deutschsprachige Magazin, das die Geschichten von Gründerinnen zeigt. 2016 folgte dann das Eventformat FEMPRENEUR SUMMIT sowie die Zusammenarbeit mit Val am ,The Female Founders Book'. Mit diesen Projekten folge ich nun meiner Vision, Frauen auf ihrem unternehmerischen Weg zu bestärken und Inspiration für alternative Arbeits- und Lebensmodelle zu schenken.

MAXI KNUST

TWITTER
MJK_Maxi

LINKEDIN
maxiknust

WWW.MAXIKNUST.COM
WWW.FEMPRENEUR.DE

Was war der aufregendste Moment bisher?

Einer der aufregendsten Momente in meiner Selbstständigkeit war, als ich zwei Jahre nach der Gründung die Chance erhielt, einen TEDx-Talk zu halten und über ein Thema sprechen konnte, das mich auch persönlich stark in der Gründungszeit beschäftigt hat: „How to create a successful mindset". Und auch der Entstehungsprozess des Buches, die Zusammenarbeit im Team sowie die Interviews waren eine spannende Zeit!

Was waren die drei wichtigsten Learnings?

Die drei wichtigsten Learnings waren: Durchhaltevermögen zu beweisen, eine gesunde Balance zwischen Arbeit und Erholungszeit zu finden und wie wichtig es ist, Verbündete zu haben, die ebenfalls an die gleiche Vision glauben.

Val Racheeva

Geboren in der Ukraine und aufgewachsen in Russland, brachte mich mein Studium 2005 nach Deutschland. In Dresden schloss ich meine Studien der Politikwissenschaften mit dem Bachelor sowie Internationale Beziehungen mit dem Master ab. Mit der Verteidigung meiner Masterarbeit über Auslandsinvestitionen und dem Auslaufen meines bestehenden Arbeitsvertrages in der Wirtschaftsförderung im Jahr 2013, wollte ich unbedingt einen selbstständigen Karriereweg einschlagen - getreu dem Motto: „ Im Leben bereut man nur das, was man sich nicht getraut hat." Außerdem habe ich mich schon immer sehr unwohl in den strengen Hierarchiemustern vieler bestehender Unternehmen gefühlt. Die Arbeit sollte meinen Werten und Erwartungen entsprechen: viel Flexibilität, viel Eigenverantwortung, die Möglichkeit viel zu lernen und Fehler zu machen sowie in der Welt eine positive Veränderung bewirken zu können. Dies alles bot mir die Start-up-Welt an. Schon nach kurzer Zeit habe ich angefangen an einer eigenen Geschäftsidee zu arbeiten. Da ich vorher überhaupt keine praktische Erfahrung im Unternehmertum hatte, musste ich alles auf die harte Weise lernen. Nachdem die Co-Founder-Zusammenarbeit an meiner ersten Geschäftsidee scheiterte, wurde mir bewusst, dass weniger unsere Kenntnisse, Zertifikate, das Produkt oder Geld den unternehmerischen Erfolg ausmachen, sondern vielmehr die innere Einstellung. Später kam ich nach Berlin und habe gemerkt, dass es einerseits nur sehr wenige Gründerinnen gibt und andererseits viele tolle Frauen, die eine Geschäftsidee haben, aber sich nicht trauen ihr nachzugehen. Ich fing an Veranstaltungen für Gründerinnen zu organisieren. Daraus erwuchs nicht nur mein Impact Business 'Female Founder Space' (früher: wefound.org), sondern auch die Idee zum ‚The Female Founders Book'.

Was war der aufregendste Moment bisher?

Die gesamte Arbeit an dem Buch war für mich eine große aufregende Reise. Besonders möchte ich hier die vielen Treffen mit tollen Unternehmerinnen als auch die Auseinandersetzung mit dem Thema Publishing hervorheben. Dann natürlich die Geburt meines Sohnes und die damit einhergehende organisatorische Umstellung meines Lebens. Meine neue Rolle als Mutter mit der Rolle der Unternehmerin unter einen Hut zu bringen, ist bis heute sehr herausfordernd, gleichzeitig aber auch aufregend und mitunter lustig (Fotoshootings, Milchpumpen, Interview).

Was waren die drei wichtigsten Learnings?

Meine drei wichtigsten Learnings aus der Arbeit am ‚The Female Founders Book' waren: 1. Höre stärker auf deine Intuition und deinen Körper. 2. Gönne dir etwas Auszeit und lass' Arbeit Arbeit sein. 3. Egal was du tust, mach es zu 100 %, sei mit Kopf und Geist präsent.

VAL RACHEEVA

TWITTER
@valracheeva

INSTAGRAM
@valracheeva

LINKEDIN
valracheeva

⊕ FEMALEFOUNDERSPACE.COM
WWW.VALRACHEEVA.COM

„ **Träume groß**
und nutze deine
Stärken,
denn du hast die Kraft,
alles
zu verändern. "

Bianca Gfrei

Bianca Gfrei ist gebürtige Tirolerin und studierte Kommunikations- und Wirtschaftswissenschaften an der Universität Wien und der Universität Innsbruck. Bereits während ihres Studiums sammelte sie Erfahrungen im Marketing und Branding bei Swarovski und arbeitete bei einer studentischen Unternehmensberatung. In dieser Zeit wird ihr immer mehr klar, dass ein klassischer Konzernjob nicht in Frage kommt, denn Bianca möchte gerne verändern und ihre Ideen schnell umsetzen. Die eigenen gesundheitlichen Probleme bringen sie dann auf ihre innovative Geschäftsidee, kostengünstige Nahrungsmittelunverträglichkeitstests anzubieten. Zusammen mit Robert Fuschelberger und dessen Vater Dr. Roland Fuschelberger gründete Bianca 2013 dann das Gesundheits-Start-up Kiweno. Das Ziel der jungen Gründerin ist es, einen einfachen und kundenfreundlichen Prozess zur Feststellung von Nahrungsmittelunverträglichkeiten anzubieten und einen aktiven Umgang mit der eigenen Gesundheit zu fördern.

BIANCA GFREI

UNTERNEHMEN
Kiweno

GRÜNDUNGSJAHR
2013

MITGRÜNDER
Dr. Roland Fuschelberger,
Robert Fuschelberger

STADT
Wien

🌐 WWW.KIWENO.COM

Wie bist du genau auf diese Geschäftsidee gekommen?

Die Idee zu Kiweno entstand aus einer eigenen Betroffenheit heraus. Ich hatte jahrelang Bauchschmerzen und hatte bereits einen langen Ärztemarathon hinter mir. Die Diagnosen reichten von Nährstoffmangel, über Reizdarmsyndrom bis hin zum Verdacht auf Magenkrebs. Mein Leidensdruck vergrößerte sich zunehmend, bis ich eines Tages einen Nahrungsmittelunverträglichkeitstest bei meinem jetzigen Mitgründer Dr. Roland Fuschelberger durchführen ließ. Die Resultate haben mich sehr erstaunt, denn ich litt unter einer starken Kasein- und Glutenunverträglichkeit. Daraufhin habe ich sehr diszipliniert meine Ernährung umgestellt, und es ging mir sehr schnell viel besser. Nicht nur meine Beschwerden sind zurückgegangen, sondern ich fühlte mich auch viel energiegeladener und weniger müde. Daraufhin stellte sich mir die Frage, warum so wenig Menschen Zugang zu innovativer Labordiagnostik haben und wieso das beim Arzt soviel kostet. Und genau das wollte ich ändern.

Du kennst deine Mitgründer bereits seit der Schulzeit. Wie gut funktioniert bei euch die Zusammenarbeit unter Freunden?

Robert ist einer meiner langjährigen Freunde. Wir haben gemeinsam studiert und den Kurs „Unternehmensführung" besucht. Zudem verbindet uns die Lust und Neugierde, etwas zu verändern. Viele meinen ja, man sollte niemals mit Freunden gründen. Aber bei uns funktioniert das seit mittlerweile fünf Jahren sehr gut. Da die Gründungsphase vor allem psychisch sehr belastend sein kann und es auch so einige Tiefs gab, hat es mir sehr geholfen, jemanden an meiner Seite zu haben, auf den ich mich zu 100 Prozent verlassen kann. Letzten Endes bin ich aber überzeugt davon, dass eine Zusammenarbeit langfristig nur dann gut gehen kann, wenn die Werte und die Zukunftsvision übereinstimmen. Ein konträres Set an Fähigkeiten im Gründerteam ist zudem von Vorteil.

Was war denn für dich das schlimmste Tief, das du in der Gründungsphase bewältigen musstest?

Die emotional anstrengendste Phase haben wir erlebt, als wir unseren Vertrieb aufbauen wollten. Der Plan war zunächst, dass Apotheken unser Produkt verkaufen sollten. Wir haben dann einige Monate lang 960 Apotheken in ganz Österreich angefahren und haben unsere Produkte vorgestellt. Doch am Ende haben gerade einmal fünf Apotheken uns in ihr Sortiment aufgenommen. Das war ein Punkt, wo es uns sehr schwer fiel, nicht anzufangen an der Idee zu zweifeln. Zeitgleich ist uns zudem das Geld ausgegangen und wir mussten unsere Freunde und Familien anpumpen, um weitermachen zu können. Ich bin daraufhin nach Wien gezogen, um näher bei möglichen Investoren sein zu können, und wir änderten unsere Verkaufsstrategie.

Hast du während dieser Zeit auch ans Aufgeben gedacht?

In dieser schwierigen Zeit haben wir uns immer wieder einen Zeitrahmen gesetzt, bis zu welchem Zeitpunkt es klappen sollte und ansonsten würden wir aufhören. Daran haben wir uns letztlich aber nie gehalten und das war auch gut so. Das einzige Mal, als ich ernsthaft daran dachte aufzugeben, war im Dezember 2014, als ich ein Jobangebot im Consulting-Bereich in New York erhielt. Das hörte sich nach meinem Traumjob an und ich hatte sogar schon zugesagt. Allerdings merkte ich, dass es sich nicht richtig anfühlt. Und als ich nochmal ein paar Nächte darüber geschlafen hatte, entschied ich mich, den Job wieder abzusagen, weil ich mein Unternehmen einfach nicht aufgeben wollte. Was wir jetzt haben ist absolut einzigartig. Und in die Unternehmensberatung kann ich letztlich auch immer noch gehen.

Warum gab es zunächst diese Startprobleme mit Kiweno? Und wie habt ihr eure Strategie dann geändert?

Der medizinische Bereich ist sehr schwierig, da er nicht offen gegenüber Innovationen ist und kaum große Neuerungen zulässt. Wir haben aber trotzdem weiter daran geglaubt, dass es viele Menschen gibt, die unsere Tests brauchen. Als der Verkauf über Apotheken sich als Sackgasse erwies, haben wir einen eigenen Online-Shop erstellt, um so unsere Produkte zu verkaufen. Zudem fingen wir an unser Produkt einer breiteren Öffentlichkeit vorzustellen. Im Mai 2015 hatten wir beim Pioneers Festival unseren ersten Auftritt, erhielten sehr viel Zuspruch und gewannen sogar die Pioneers Post Challenge mit einem Preisgeld von 45.000 Euro. Auch die Presse war begeistert und nannte uns das ‚Gesundheits-Start-up des Jahres'.

Das war sicherlich eine starke Motivation.

Definitiv. Zu diesem Zeitpunkt haben wir dann auch unser erstes Produkt in den Online-Shop gestellt, und hatten nach nur einem Monat bereits vierstellige Verkaufszahlen. Bei uns kostet der Nahrungsmittelunverträglichkeitstest 99 Euro, beim Arzt hingegen zahlt man bis zu 400 Euro dafür. Die Krankenkassen übernehmen hierfür bislang nicht die Kosten, da es sich um Präventivmedizin handelt. Trotzdem haben viele Menschen Interesse an den Produkten und das hat uns animiert weiterzumachen.

Wie hoch ist euer medizinischer Anspruch? Ersetzt der Test den Weg zum Arzt?

Wir betreiben Präventivmedizin, das heißt, wir können keine Krankheiten diagnostizieren. Wir sehen uns nicht als Ersatz für die Schulmedizin, sondern als Ergänzung. Unsere Testergebnisse sind absolut vertrauenswürdig, da sie in einem zertifizierten Labor ausgewertet werden. Je nach Ergebnis raten wir zu einer Ernährungsumstellung. Wenn trotzdem weiterhin ein Problem besteht, sollte man zum Arzt gehen. Unser Ziel ist es, dass sich unsere Kunden mit ihrer Gesundheit auseinandersetzen und Verantwortung für diese übernehmen.

> **„Wichtig ist, dass man weiß, wo man hin will und dann findet man auch seinen Weg. "**

Das größte Thema bei Start-ups ist meist die Finanzierung. Welche Wege habt ihr genutzt, um die Umsetzung eurer Geschäftsidee zu finanzieren?

Ganz zu Beginn haben wir uns durch unsere Jobs finanziert und gespart, wo es ging. Sobald wir entschieden hatten, die Geschäftsidee wirklich zu realisieren, war das aber nicht mehr ausreichend. Die erste große Finanzspritze für die Produktentwicklung kam von unserem ärztlichen Leiter und Mitgründer Dr. Fuschelberger. Für den Markteintritt benötigten wir aber weiteres Kapital. Die österreichische Start-up-Szene ist noch in der Entwicklungsphase - erfahrene Business Angels, die es aber gerade in so einem komplexen Geschäftsfeld wie unserem braucht, sind noch immer sehr rar gesät. Zusätzlich war es für uns als erstmalige Gründer noch mal schwieriger, einen Investor zu finden. Umso glücklicher durften wir uns schätzen, als uns der sehr bekannte Business Angel Johann „Hansi" Hansmann anbot, bei uns zu investieren. Das haben wir natürlich angenommen, weil es auch vom Menschlichen her sehr gut passte. So haben wir dann unsere Seed-Finanzierungsrunde abgeschlossen.

Ihr wart zudem bei der österreichischen Start-up-Fernsehshow „Zwei Minuten, Zwei Millionen". Was hat sich daraus ergeben?

Wir haben diese Plattform vor allem dafür genutzt, um mehr Menschen zu erreichen und Bewusstsein für das Thema zu schaffen. Rein wirtschaftlich gesehen hat sich das Format für uns als B2C-Unternehmen auch definitiv gelohnt und wir haben zudem die Rekordsumme von 7 Millionen Euro erhalten. Persönlich hat es mich aber ehrlich gesagt schon Überwindung gekostet, daran teilzunehmen und ich würde es wahrscheinlich auch kein zweites Mal mehr tun. Die Gefahr an so einem Format ist es, selbst zum medialen Spielball zu werden, ohne selbst die Kontrolle darüber zu haben. Die Show brachte uns schlussendlich nicht nur Bekanntheit und mediale Aufmerksamkeit, sondern auch harsche Kritik seitens des traditionellen Gesundheitssystems. Das sind die zwei Seiten der Medaille, die wir kennenlernen durften.

Wie wichtig findest du es, realistische Ziele zu haben?

Ich denke, man sollte seine eigene Definition von realistisch überdenken. Wichtig ist, dass man weiß, wo man hin will und dann findet man auch seinen Weg. Meiner Meinung nach geht das leichter, wenn man eine große Vision hat. Mein Ziel war, Menschen zum Handeln zu bringen, das Gesundheitssystem aufzubrechen und ein Umdenken zu schaffen. Realismus ist bei Gründern in manchen Bereichen wichtig, aber in erster Linie muss man eine Visionärin sein und die "Realität" auch ein bisschen außen vor lassen.

Welche neuen Fähigkeiten hast du im ersten Jahr der Gründung hinzuerworben?

Ich habe erkannt, dass es zu meinem Job gehört, tagtäglich mit Herausforderungen konfrontiert zu sein und habe mir angeeignet, mich dabei nur mehr zu 10 Prozent auf das Problem selbst und 90 Prozent auf die Lösung zu konzentrieren. Zudem habe ich mich mit jedem Problem mehr immer weniger aus der Ruhe bringen lassen und habe gelernt, zu priorisieren und Dinge auch abzugeben. Prioritäten setzen und delegieren sind zwei der wichtigsten Dinge, die es am Anfang zu lernen gilt. Aber Probleme zu lösen ist das, was meinen täglichen Job tatsächlich immer noch am besten beschreibt.

Woran machst du für dich fest, dass dein Tag erfolgreich war?

Das können Kleinigkeiten sein wie etwa ein inspirierendes Gespräch oder ein Aha-Erlebnis. Wir haben ein sehr starkes Kernteam, das sich unglaublich mit der Vision von Kiweno identifiziert und voll und ganz dahinter steht. Die Energie, die da oft zu spüren ist, wenn wir neue Ideen diskutieren, zusammen arbeiten oder uns einfach nur bei einer Tasse Kaffee gegenseitig updaten, ist unbeschreiblich. Das ist also viel mehr ein Gefühl, als konkrete Ereignisse. Am Ende müssen aber natürlich auch die wichtigsten Kennzahlen (KPIs) stimmen, um nachhaltigen Erfolg haben zu können. Wenn das Gefühl und die Ergebnisse stimmen, dann ist das ein echter Erfolg.

„

Als
Gründerin
muss man eine
Visionärin
sein.

"

Lisa Chuma

Lisa Chuma wurde in Simbabwe geboren und zog mit 16 Jahren nach London. Ihre alleinerziehende Mutter und die helfende Frauengemeinschaft in ihrem Heimatdorf waren für Lisa eine starke Inspiration. Diese erfahrene Unterstützung möchte Lisa gerne weitergeben, was maßgeblich den Inhalt und die Ausrichtung ihrer Gründungen bestimmt. Nach ihrem Business-Studium in London gründet sie zunächst eine Online-Zeitschrift über inspirierende Frauen in Großbritannien, die dann aufgekauft wird. Später in der Schweiz widmet sich Lisa ihrem zweiten großen Projekt. 2012 gründet sie in Zürich die Women's Expo Switzerland - eine Messe, die Gründerinnen und Unternehmerinnen aus der ganzen Schweiz zusammenbringt und so Kollaborationen, Networking und die Stärkung der Frauen fördert. Mit ihrem neusten Projekt „Brand Story Means Business" will Lisa zudem Geschäftsinhaberinnen dabei helfen, mit Storytelling ihre persönliche Geschichte zu erzählen, um auf diese Weise zusätzlich den Erfolg der frauengeführten Unternehmen voranzutreiben.

LISA CHUMA

UNTERNEHMEN
Women's Expo Switzerland

GRÜNDUNGSJAHR
2012

STADT
Zürich

🌐 WWW.WOMENEXPO.CH

Deine Leidenschaft für die Stärkung von Frauen kommt von deiner Mutter. Inwiefern hat sie dich inspiriert?

Meine Mutter war sehr mutig, als sie sich von meinem gewalttätigen Vater trennte, um mir eine bessere Kindheit zu ermöglichen. Das war eine starke Leistung, denn eine Scheidung ist in Simbabwe unüblich. Meine Mutter hat mich daraufhin alleine großgezogen, doch gleichzeitig konnte sie auch immer auf die Unterstützung ihrer Freundinnen und des ganzen Dorfes zählen. Diese Gemeinschaftsleistung beeindruckte mich sehr, auch weil etwas Vergleichbares hier in Europa so selten ist. Mit 8 Jahren ging ich dann ins Internat, um eine bessere schulische Ausbildung zu erhalten. Ich sah meine Mutter nur noch in den Ferien. Anfangs war das sehr hart für mich, aber ich fand schnell Freunde. Mit 16 Jahren zog ich mit meiner Mutter nach London und wir wohnten wieder zusammen - was aber nicht nur einfach war, da wir zuvor eine lange Zeit getrennt waren. Doch ihre Geschichte blieb eine Inspiration für mich und hat meine Leidenschaft für die Stärkung der Frauen geschürt.

Wann entstand der Wunsch bei dir, Unternehmerin zu werden? Und was bedeutet das für dich?

Ich hatte schon immer diesen Traum. In meiner Vorstellung bedeutete das, viel Geld zu verdienen und mein Leben selbst bestimmen zu können. Die finanzielle Sicherheit war mir sehr wichtig; ich wollte meine Mutter unterstützen können, so wie sie mich unterstützt hat. Aber am wichtigsten war mir die Unterstützung der Gemeinschaft, da uns seinerzeit nach der Trennung von meinem Vater auch eine Gemeinschaft geholfen hat. Meine Mission war und ist es, Frauen bei dem zu helfen, was sie erreichen wollen. Ich will Frauen, die den Mut haben ein eigenes Business aufzubauen, dabei unterstützen, authentisch zu sein, sichtbar zu werden und sich von der Konkurrenz abzuheben. Zum Glück realisieren die Menschen in den Industriestaaten allmählich, dass sie ohne andere Menschen nur sehr wenig bewirken können. Daher sollte man seine Beziehungen bewahren und pflegen, da man nie weiß, wann man die Hilfe anderer benötigt.

Es scheint, als würdest du deine positiven Erfahrungen der Unterstützung durch die Frauengemeinschaft mit deiner Women's Expo Switzerland zurückgeben wollen.

Das ist die Idee. Ich war 18 Monate in einer festen Anstellung, aber der Konzernalltag war einfach nichts für mich. Daher wollte ich meinen Traum vom Unternehmertum wahr machen und dabei gleichzeitig Frauen unterstützen. Ich gründete zunächst eine Online-Zeitschrift über inspirierende Unternehmerinnen und danach die Messe. Die Idee hinter beiden Gründungen ist identisch: inspirierende Frauen zusammenbringen und eine tolle Gemeinschaft formen.

Welche Erfahrungen hast du mit der Online-Zeitschrift gemacht?

Die Zeitschrift war nichts für mich, denn ich konnte mich und meine Gedanken nicht so gut verkaufen. Ich habe ein Jahr lang mit einer US-amerikanischen Firma zusammengearbeitet, die mir beim Marketing half. Später kaufte das Unternehmen meine Zeitschrift auf, da es bessere Ressourcen zur Verfügung hatte. Daher war das eine gute Entscheidung. Ich wohnte zu dieser Zeit bereits in der Schweiz und gründete die Women's Expo. Dieses neue Projekt fühlte sich von Anfang an wesentlich besser an - dafür bin ich wirklich geschaffen! Trotzdem: die Erfahrungen mit der Online-Zeitschrift waren sehr wertvoll für mich, vor allem auch hinsichtlich des Aufbaus meines zweiten Business'. Ich bin sehr stolz auf alles, was ich seitdem erreicht habe. Ich kann nun zum Wachstum und Erfolg von Schweizer Unternehmerinnen beitragen.

Wie hast du damals die erste Women's Expo organisiert?

Die erstmalige Durchführung der Messe fand im Mai 2013 statt. Ich fing zuerst damit an, mich in Zürich nach Veranstaltungsorten umzusehen, und fand dann auch eine passende Location. Um genug Teilnehmerinnen zu finden, ging ich anschließend auf mehrere Networking-Events und erzählte allen Frauen von der Veranstaltung. Durch Mund-zu-Mund-Propaganda sprach sich das weiter herum und ich schaffte es, 1.000 Frauen zu mobilisieren. Das war ein tolles Gefühl!

Wer ist eure Zielgruppe? Wer nimmt an eurer Messe teil?

Die Women's Expo ist sehr divers, da Frauen mit verschiedensten Hintergründen daran teilnehmen. Bei uns sind Frauen aus unterschiedlichen Branchen vertreten, z.B. Schmuck, Fashion, Coaching oder auch aus dem Netzwerk-Umfeld. Diese Diversität mag ich sehr, denn so können die Teilnehmerinnen sehen, dass es in jeder erdenklichen Branche Unternehmerinnen gibt, und sie können sich vielseitig über ihre Tätigkeiten austauschen.

Wie verdient man Geld mit so einem Event?

Die Ausstellerinnen bezahlen eine Messe-Teilnahmegebühr für ihren Stand. Seit 2016 bieten wir zusätzlich Seminare an, die gut ankommen und weiter ausgebaut werden. Die Seminare werden in Zukunft kostenpflichtig sein. Alles in allem ist die Messe für mich aber noch nicht sehr profitabel. Doch ich lebe hier meine Leidenschaft aus, von daher ist das in Ordnung.

„Ich arbeite meist nachts, da ich eine Nachteule bin."

Ihr bietet den Teilnehmerinnen auch ein Coaching auf der Messe an, richtig?

Ja, unser Coaching findet etwa sechs Wochen vor der Messe statt, so dass die Frauen die erhaltenen Tipps nutzen und am Messetag direkt umsetzen können. Ihr Erfolg ist meine oberste Priorität. Deshalb will ich, dass sie einen tollen Tag verbringen. Außerdem bietet das Coaching auch die Gelegenheit, neue Menschen kennenzulernen. So wirkt die riesige Menschenmenge auf der Messe weniger einschüchternd.

Du hast 2016 dann noch ein weiteres Unternehmen gegründet, bei dem es um Storytelling geht. Kannst du dazu etwas erzählen?

Das neue Unternehmen heißt „Brand Story Means Business". Ich biete eine direkte Beratung an, in der ich Unternehmerinnen helfe, die Geschichte hinter ihren Produkten und ihrer Marke zu erzählen. Das ist eine Sache, die mir mit der Zeit klar geworden ist: Der Erfolg eines Produkts liegt in seiner Geschichte. Wie ist die Gründerin oder Erfinderin auf die Idee gekommen? Was ist das Alleinstellungsmerkmal? Ich will Frauen dabei helfen, ihre persönliche Geschichte zu erzählen. Oftmals kann ich viele Soft Skills bei einer Gründerin benennen, derer sie sich meist gar nicht bewusst war. Die Geschichten sollen aber kein trockener Beipackzettel sein, sondern Emotionen zeigen. Wenn eine Unternehmerin zeigt, dass sie sich durchgekämpft hat und nach Misserfolgen wieder aufgestanden ist, dann ist das sehr inspirierend. So können sich viele Frauen damit identifizieren und eventuell auch aus den Misserfolgen lernen. Ich freue mich schon sehr auf dieses Projekt und bin gespannt, was sich daraus ergibt.

„Ich will Frauen dabei helfen, ihre persönliche Geschichte zu erzählen. "

Du hast als zweifache Mutter alleine ein Unternehmen gegründet. Und inzwischen bist du dreifache Mutter. Wie funktioniert das bei dir im Alltag?

Ich arbeite meist nachts, da ich eine Nachteule bin. So habe ich auch tagsüber für meine Kinder Zeit. Wenn ich den Eindruck habe, dass meine Kinder eine Sache selbst erledigen können, dann lasse ich sie das auch selbst machen und renne ihnen nicht hinterher. Das erspart mir sehr viel Stress, und es macht die Kinder gleichzeitig unabhängiger. Meine Kinder passen zudem gegenseitig aufeinander auf und können sich auch mal selbst beschäftigen. Es funktioniert also sehr gut.

Du hast dein Unternehmen und deine Kinder. Hast du auch mal Zeit nur für dich?

Ich nehme mir meine Freizeit. Das ist möglich, weil ich den besten Ehemann auf Erden habe. Ich habe komplettes Arbeitsverbot am Wochenende, das heißt, ich koche nicht, putze nicht und kutschiere meine Kinder nicht herum. Das übernimmt mein Mann und ich kann mich entspannen. Und wenn wir mal zu zweit etwas unternehmen wollen, kommt meine Mutter, die noch immer in London lebt, zu Besuch und passt auf die Kinder auf. Generell haben wir aber viele Routinen und Regeln in unserer Familie, dank derer wir den Haushalt und die Erziehung gut organisiert bekommen und auch genügend Muße-Zeit miteinander verbringen können. Niemand bürdet sich bei uns zu viel auf.

Wie definierst du Erfolg?

Ich bin an einem Punkt angelangt, da bedeutet ein Artikel im Times Magazine oder eine Reportage bei CNN Erfolg für mich. Ich will in die Öffentlichkeit und stelle dabei hohe Ansprüche. Eines meiner Ziele ist auch, die erste schwarze Frau im Schweizer Parlament zu werden. Ich will diese Position, um Frauen zu vertreten und zu unterstützen, denn ich bin eine von ihnen!

Was ist dein Lebensmotto?

Das erste Motto ist: „Menschen sind keine Menschen ohne andere Menschen." Und das Zweite: „Du bekommst im Leben nur das, wofür du den Mut hast zu fragen." Letzteres ist von Oprah Winfrey und ist vor allem in schwierigen Zeiten ein guter Rat, wenn die Dinge nicht so laufen wie geplant. Es gab Momente, in denen auch ich meine Zweifel hatte und dann lernen musste, nach Unterstützung zu fragen.

Wie gehst du mit solchen Zweifeln um?

Ich war früher sehr ungeduldig mit mir selbst. Wenn ich Zweifel hatte, habe ich diese einfach zur Seite geschoben und bin meinen Weg weitergegangen. Heutzutage bin ich da gelassener und schlafe nochmal eine Nacht darüber. Denn meistens hat es auch gute Gründe, wenn mir Zweifel kommen.

Kannst du uns zum Schluss noch sagen, was dir gerade am Herzen liegt?

Die Women's Expo Switzerland ist mein Geschenk an die Gemeinschaft, und "Brand Story Means Business" ist mein Aufruf an die Welt. Durch diese beiden Plattformen kann ich viele Leben bewegen und das ist eine großartige Sache!

4 Schritte zu mehr Selbstvertrauen und Selbstbewusstsein

Ein Unternehmen aufzubauen kann überwältigend sein, wenn uns Selbstvertrauen fehlt und wir nach einer externen Bestätigung suchen. In diesem Artikel erkläre ich, wie du das Selbstbewusstsein aufbauen kannst, das du brauchst, um erfolgreich zu sein und zu glänzen.

DIANA MALERBA

BIO
Diana Malerba ist ein Coach für Selbstbewusstseins und hilft Frauen dabei, ihre Selbstzweifel in Selbstvertrauen und Selbsterfüllung zu verwandeln. Sie hilft weiblichen Unternehmerinnen, Selbstvertrauen aufzubauen und Ängste in Mut zu transformieren.

FACEBOOK
Livingbravehearted

TWITTER
@DianaMalerba

🌐 WWW. THEBRAVEHEARTED .CH

Selbstbewusstsein ist ein wichtiger Aspekt, um eine erfolgreiche Unternehmerin zu werden. Es ist wichtig für deine Kompetenz sowie die Qualität deiner Dienstleistungen oder Produkte und es hat direkte Auswirkungen auf die Beziehungen, die du mit deinen Kunden aufbaust.

Selbstbewusst über dein Unternehmen zu sprechen, ist von grundlegender Bedeutung, sowohl um Vertrauen zu gewinnen als auch um Glaubwürdigkeit und Autorität aufzubauen, die du benötigst, um dich als Experte zu positionieren.

Selbstbewusst zu sein ist wichtig, um im Unternehmen aktiv zu werden. Aber viele Frauen kämpfen mit geringem Selbstbewusstsein und geben ihre unternehmerischen Projekte auf. Also, wie kannst du eine selbstbewusste Denkweise aufbauen, die du brauchst, um in der Wirtschaft erfolgreich zu sein? Ich empfehle vier Schritte, die anderen Unternehmerinnen wie dir geholfen haben, eine selbstbewusste Denkweise aufzubauen und das zu erreichen, was sie einmal für unmöglich hielten.

1 - SETZE NICHT DICH, SONDERN DEIN GESCHÄFT AN ERSTER STELLE.

Wir hören oft, dass wir uns selbst vermarkten müssen. Aber wenn wir uns anschauen, was wir eigentlich als Unternehmer verkaufen, sind es Lösungen für die Probleme unserer Kunden. Es ist entscheidend, dies im Auge zu behalten, um belastbar und zuversichtlich zu bleiben.

Wir verkaufen nicht uns selbst, also verbinde niemals deinen Wert als Individuum mit dem Erfolg deines Unternehmens. Es geht um deine Kunden, nicht um dich. Entweder sie mögen die Lösung, die du anbietest, oder nicht, und das hat nichts mit dir als Person zu tun.

2 - GIB DEINEN PERFEKTIONISMUS AUF UND SETZE STATTDESSEN REALISTISCHE ERWARTUNGEN.

Der Aufbau eines Unternehmens bedeutet, kontinuierlich Maßnahmen zu ergreifen, zu lernen und zu wachsen. Die Dinge müssen nicht perfekt sein, sie müssen nur da draußen sein und eine Gelegenheit bekommen, getestet zu werden. Perfektionismus und Zögern sind große Feinde deines Unternehmens. Wenn du diesen Teufelskreis verlassen möchtest, fange einmal an zu planen, was du realistisch kurz- und langfristig erreichen kannst und konzentriere dich auf deine Ziele. Ein Teil des Unternehmens-aufbaus ist es, zu lernen, mit dem Unbehagen von Ungewissheit umzugehen, unvollkommen zu sein und es trotzdem zu tun.

3 - LERNE MIT ANGST UMZUGEHEN SOWIE MUT UND BELASTBARKEIT AUFZUBAUEN.

Fortschritt in deinem Geschäft bedeutet, dich aus deiner Komfortzone zu bewegen. Und jedes Mal, wenn wir unsere Komfortzone verlassen, fühlen wir Angst. Die üblichen Ängste eines jeden Unternehmers sind die Angst vor dem Scheitern, der Sichtbarkeit und dem Erfolg.

Der beste Weg, um aufzuhören vor Angst gelähmt zu sein und zu handeln, ist es, sie zu hinterfragen. Liste deine Ängste auf und mache einen Plan B. Für jede Angst, überlege was du tun würdest, wenn dieses Szenario tatsächlich eintreten würde. Wie kommst du wieder heraus? Derart deine Angst zu transformieren schafft Mut. Und glaube mir, dies ist viel weniger beängstigend als zuzulassen, dass deine Ängste die ganze Zeit zu dir flüstern.

4 - ÜBERNIMM KONTROLLE ÜBER DEIN BEDEUTUNGSSYSTEM.

Es ist realistisch, Rückschläge und Misserfolge im Geschäft zu erwarten. Worauf es ankommt, ist die Bedeutung, die du mit ihnen verbindest. Machst du dich selbst verantwortlich? Dann gehe zurück zu Punkt 1. Du und dein Unternehmen sind zwei getrennte Entitäten und das nicht zu vergessen wird dir helfen, neue kreative Lösungen zu finden, wenn Probleme auftauchen.

Dein Selbstvertrauen, Glaube und deine Denkweise beeinflussen die Art und Weise, wie du im Geschäft vorwärts gehst - oder stehen bleibst. Um sicherzugehen, dass dich nichts davon abhalten kann, deine Ziele als Unternehmerin zu erreichen, ist es entscheidend, dich bewusst mit deinen Glaubenssätzen auseinanderzusetzen.

„ICH SEHE DAS **Positive** in jeder SITUATION."

~

„ICH UMGEBE MICH MIT **positiven** UND **unterstützenden** MENSCHEN."

~

„ICH BIN VOLLER **positiver Energie** UND **positiver Gedanken.**"

Joana Breidenbach

Joana Breidenbach ist gebürtige Hamburgerin, ging aber schon während der Schulzeit nach England und studierte Kulturanthropologie und Kunstgeschichte an der LMU in München. Ein Umzug nach Berkeley in die USA mit ihrem Mann, den sie in ihrer Münchener WG kennengelernt hatte, sowie ein Auslandssemester in London erweiterten Joanas wissenschaftlichen Fokus dann um weitere aktuelle soziale und gesellschaftliche Themen, wie der kulturellen Globalisierung. Dies sollte auch ihre zukünftige Arbeit maßgeblich prägen. Nachdem Joana promoviert hatte und Mutter von zwei Kindern geworden war, widmete sie sich längeren Feldforschungen und diversen Publikationen. Während einer Weltreise mit ihrer Familie werden Joana und ihr Mann Stephan auf sogenannte Graswurzel-Projekte aufmerksam und gründen daraufhin 2007 in Berlin die Online-Plattform betterplace.org, wo sich weltweit Initiativen präsentieren und ihr Fundraising abwickeln können. 2010 gründete Joana zudem das betterplace lab, einen Think-Tank, in dem Trendforschung zu Themen wie Digitalisierung und Gemeinwohl stattfindet.

DR. JOANA BREIDENBACH

UNTERNEHMEN
betterplace.org,
betterplace lab

GRÜNDUNGSJAHR
2007

MITGRÜNDER
Stephan Breidenbach,
Till Behnke, Moritz Eckert,
Jörg Rheinboldt,
Stephan Schwahlen

STADT
Berlin

🌐 WWW.BETTERPLACE.ORG
WWW.BETTERPLACE-LAB.ORG

Wie bist du denn auf die Idee zu der Spendenplattform betterplace.org gekommen?

Ich arbeitete damals an einem Buchprojekt, das sich jedoch leider aufgrund von Unstimmigkeiten mit dem Verlag nicht realisieren ließ. Daraufhin gönnte ich mir erst einmal eine Arbeitspause und machte mit meinem Mann Stephan und unseren beiden Kindern für fünf Monate eine Weltreise. Auf unserer Reise lernten wir dadurch mehrere lokale soziale Initiativen kennen, was uns sehr inspirierte. Wir wollten diese Projekte publik machen. Die Idee war simpel: Je mehr Menschen solche Projekte kennen, desto mehr wollen sie sich auch sozial engagieren. Wir wollten eine Spendenplattform aufbauen, damit sich die Menschen vor Ort mit dem gesammelten Geld selbst helfen können.

Wie ging es dann weiter?

Zurück in Berlin haben wir uns in einem kleinen Team zusammengesetzt und an der Umsetzung unserer Idee gearbeitet. Nach etwa fünf Monaten haben wir per Zufall über das Internet unseren Mitgründer Till Behnke kennengelernt, der mit Freunden bereits an der Umsetzung einer ähnlichen Idee arbeitete. Wir trafen uns zu einem Abendessen und stellten fest, dass wir uns nicht nur sehr sympathisch finden, sondern auch ähnliche Ziele verfolgen. Daher entschlossen wir uns, gemeinsam die Spendenplattform zu gründen. Das war toll, denn normalerweise stehen NGOs in Konkurrenz zueinander. Aber dadurch, dass wir an einem Strang ziehen, haben wir mehr Talent, Geld und ein größeres Netzwerk zur Verfügung.

„Wenn man etwas macht, worin man gut ist, dann entwickelt sich die Leidenschaft und die Motivation von selbst."

2007 waren Digitalisierung und Gründung noch ganz neue Themen. Wo habt ihr denn den Mut zur Gründung hergenommen?

Es gab damals viele internationale digitale Innovationen, die aber nur zu einem Bruchteil in Deutschland ankamen. Das war unser Antrieb. Zudem hatten mein Mann und ich bereits fundierte Karrieren, weshalb sich das Risiko nicht so groß anfühlte. Die Menschen sprangen auch schnell auf die Idee an und so fanden wir bald Mitmacher und Unterstützer. Das beflügelte uns noch mehr, mit diesem Projekt fortzufahren.

Wie genau funktioniert betterplace.org?

Das Grundkonzept der Plattform betterplace.org ist, dass sich soziale Initiativen aus der ganzen Welt auf betterplace.org präsentieren können. Dabei können sie anschaulich und transparent darstellen, was genau an sozialer Arbeit geleistet wird, welche Fortschritte erzielt werden und wo noch Unterstützung gebraucht wird. Zudem haben wir 2010 noch das betterplace lab gegründet. Das ist ein Think-Tank, in dem es um digitale Innovationen und deren Nutzen für das Gemeinwohl geht. Dort machen wir viel Forschung, beispielsweise wie die Digitalisierung im sozialen Sektor aufgegriffen wird.

Wo liegt momentan dein beruflicher Fokus: Bei der Plattform oder beim betterplace lab?

Ich habe die Plattform sieben Jahre in Vollzeit unterstützt und mit aufgebaut, aber 2010 bis 2015 konzentrierte ich mich vor allem auf das betterplace lab und baute dort ein erfolgreiches Team auf. Seit 2015 bin ich aus der operativen Leitung beider Unternehmen ausgestiegen. Nun sitze ich im Aufsichtsrat unserer gemeinsamen Aktiengesellschaft gut.org und berate die Plattform und das betterplace lab acht Tage im Monat.

Du hast durch deine Arbeit im Bereich der Innovationsforschung einen guten Einblick in die Entwicklungen der Zukunft. Was denkst du, sind die nächsten großen Themen in der Wirtschaft und in unserer Gesellschaft?

Die Arbeitswelt wird sich massiv verändern, wie bereits im 19. Jahrhundert während der Industrialisierung. Durch die derzeitige Automatisierung werden neue Arbeitsfelder entwickelt. Alte Jobs fallen weg und neue entstehen. Das ist ein sehr spannendes Feld, in dem uns in den kommenden Jahrzehnten noch viel Neues erwartet. Es wird zu einer neuen Definition kommen, was eigentlich lohnende Arbeit ist. Wer sagt, dass der Mensch arbeiten muss, um seinen Lebensunterhalt zu verdienen? Wer sagt, dass man angestellt sein muss? Auch das Thema ,Künstliche Intelligenz' ist interessant. Wenn immer mehr von dem, was wir als Menschen gut können, von Maschinen sogar besser gemacht werden kann, stellt sich die Frage: Was bedeutet das eigentlich für den Menschen? Wo sind unsere Stärken, wo können wir uns weiterentwickeln? Das sind extrem spannende Fragen, mit denen wir uns zukünftig beschäftigen müssen.

Mit gut.org habt ihr eine gemeinnützige Aktiengesellschaft gegründet. Warum habt ihr euch für diese Form der Firmierung entschieden?

Wir sind soziale Unternehmer und keine von Spenden abhängige Organisation. Das bedeutet, dass wir ein Geschäftsmodell entwickelt haben, mit dem wir uns vollständig refinanzieren können. Dafür war die Aktiengesellschaft das beste Modell, denn sie hat die höchste Transparenzpflicht in Deutschland. Wir stehen für den transparenten sozialen Sektor und wollten dies auch für uns selbst anwenden. Das Gemeinnützige daran ist, dass wir nonprofit sind, was eine relativ ungewöhnliche Form ist. Alle Gelder, die wir verdienen, fließen in den Erhalt und Aufbau unserer Aktivitäten. Damit wollen wir zeigen, dass es uns um die Idee geht und nicht darum, dass wir wirtschaftlich davon profitieren wollen.

Wie lange hat es gedauert, bis ihr ein funktionierendes Geschäftsmodell aufgebaut habt?

Wir haben viele Geschäftsmodelle ausprobiert. Für unsere Dienstleistung zahlen vor allem Unternehmen, für die wir ein spezielles Geschäftsmodell entwickelt haben. Wir bieten gegen Bezahlung an, für die Unternehmen ein Portal für ihr soziales Engagement zu erstellen. Wir stellen Spendenquittungen für sie aus und betreuen die lokalen Projekte. Somit können die Unternehmen ihr Engagement zeigen und wir verdienen Geld für unser Team. Neben diesem Modell gibt es zudem die Möglichkeit, dass uns Projektspender beim Check-Out-Prozess ein Trinkgeld geben können, das wir dann direkt erhalten. Seit neuestem zahlen uns auch die Projektmacher 2,5 Prozent der Spendensumme, die sie über die Plattform einnehmen. Damit können wir unsere Transaktionskosten, wie u.a. Bankgebühren, decken. Mit diesen Konzepten konnten wir seit 2011 die Refinanzierung unserer Plattform sichern.

Welche Pläne und Visionen hast du für die kommenden Jahre für dich persönlich?

Was mich am meisten interessiert ist nicht unbedingt, was ich mache, sondern vielmehr, wie ich es mache. Alles was ich mache, sollte zu einer besseren Welt beitragen. Das liegt mir sehr am Herzen. Derzeit arbeiten wir im betterplace lab daran, das Team soweit zu entwickeln, dass jeder selbstorganisiert arbeitet und jeder Mitarbeiter sozusagen Chef ist. Das ist auch generell für die Arbeitswelt ein spannendes Thema, und wir können das im betterplace lab sehr gut austesten. Ganz allgemein hoffe ich, dass wir in den kommenden Jahren gesamtgesellschaftlicher arbeiten werden und so soziale Missstände aufheben können.

Du hast gemeinsam mit deinem Mann gegründet. Das scheint bei euch sehr gut zu funktionieren. Was ist euer Geheimnis?

Vieles an betterplace.org war Stephans Idee, die Umsetzung habe ich dann allerdings übernommen. Natürlich haben wir wichtige Entscheidungen gemeinsam besprochen und in vielen Abendgesprächen über betterplace.org geredet, aber Stephan war nie im operativen Geschäft tätig. Mein Mann ist für mich eine wichtige Inspirationsquelle, denn er hat viele gute, oftmals auch unkonventionelle Ideen. Dieser Blick aus einer anderen Perspektive ist sehr wertvoll.

„Mein Mann ist für mich eine wichtige Inspirationsquelle. Dieser Blick aus einer anderen Perspektive ist sehr wertvoll."

Wie bist du mit den anfänglichen Unsicherheiten, die eine Gründung mit sich bringt, zurecht gekommen?

Jeder Mensch hat eine unterschiedliche Risikobereitschaft. Manche Menschen brauchen viel Halt und Sicherheitsstrukturen, andere nicht. Ich selbst hätte mit 25 Jahren nicht gründen können, weil ich damals persönlich noch nicht so weit war, mir das wirklich zuzutrauen. Aber mit den Jahren und durch meine Mutterrolle baute ich Sicherheitsstrukturen in mir auf, mit Hilfe derer ich mittlerweile mit Unsicherheit, Ambivalenz und Risiko ganz gut umgehen kann. Geholfen hat sicher auch, dass ich davor eine erfolgreiche Karriere hatte und daraus bereits ein gewisses Selbstbewusstsein mitnehmen konnte. Trotzdem habe ich auch heute manchmal noch schlaflose Nächte. Aber generell habe ich eine gute Distanz zu den eigenen Ängsten entwickelt.

Worauf kommt es deiner Meinung nach an, um motiviert zu sein?

In meinem Menschenbild hat jeder Mensch eine Kernintelligenz, mit der er auf die Welt kommt. Wenn man mit dieser in Kontakt ist, ist genau diese Intelligenz der Motivator. Ich werde oft gefragt, warum ich soviel Energie für bestimmte Themen habe, wieso ich gerne jeden Morgen aufstehe, viel arbeite und trotzdem keinen Burnout habe. Aber wenn man etwas macht, worin man gut ist und wofür man eine natürliche Affinität hat, dann entwickeln sich die Leidenschaft und die Motivation von selbst.

Claudia Helming

Claudia Helming studierte Romanistik und Tourismus in München, bevor sie 1999 bei lastminute.com, einem Onlineportal für günstige Reiseangebote, die Stelle als Head of Operations antrat. Sie war sofort fasziniert von den vielen Möglichkeiten, die das Internet bietet, sowie den diversen Start-ups, die aus diesen Möglichkeiten entstanden sind. Im Jahr 2003 wechselte Claudia zu dem Start-up Passado, einer Online-Community für alte Schulfreunde, wo sie den Passado-Gründer und ihren zukünftigen Mitgründer Michael Pütz kennenlernte. 2006 gründeten dann Claudia und Michael in Berlin das Unternehmen DaWanda, einen Online-Marktplatz für personalisierte Geschenke, Selbstgemachtes und DIY-Material mit derzeit über 360.000 Herstellern. Daneben stellt die Plattform mit DIY-Anleitungen und Trend-Reportagen auch nützliche Tipps für seine über 7,3 Millionen Nutzer*innen bereit. DaWanda ist Europas führender Online-Marktplatz für Handgemachtes und Unikate.

CLAUDIA HELMING

UNTERNEHMEN
DaWanda

GRÜNDUNGSJAHR
2006

MITGRÜNDER
Michael Pütz

STADT
Berlin

🌐 WWW.DAWANDA.COM

Wie entwickelte sich aus deinem Interesse für die Start-up-Szene schließlich die Idee zum Online-Marktplatz und eurem Unternehmen DaWanda?

Nach meinem Studium gab es zunächst keine Bereiche, die mich ein Leben lang gefesselt hätten - bis das Internet populär wurde. Die Möglichkeiten und das Potenzial des Internets fand ich überaus spannend und fing an bei lastminute.com zu arbeiten. Die Unternehmensstrukturen waren locker und die Branche sehr kreativ, was mich damals stark inspiriert hat. Dann kam 2005 die Web 2.0 Hochphase und die Entstehung der Netzwerke, wie beispielsweise der Sozialen und Business Netzwerke. Die vielen neuen Start-ups waren eine große Inspiration für meinen Mitgründer Michael und mich. Nach einem missglückten Bastelabend - Michael und ich wollten Weihnachtsgeschenke für unsere Familien selber machen - kam uns dann die Idee: eine Plattform für Menschen zu gründen, die gerne etwas Individuelles verschenken möchten, selbst aber nicht das nötige Talent dazu haben.

Wolltest du schon immer dein eigenes Unternehmen gründen?

In meiner Familie gibt es keine Unternehmer, also war das kein Berufsweg, der mir bereits vertraut war. Mein Gründungswunsch kam erst mit der Zeit des Web 2.0 und der Entstehung von Internet-Start-ups. Das war dann der Moment, in dem ich mir dachte: „Warum mache ich es nicht einfach auch?"

Auf welche Erfahrungen konntest du bei der Gründung zurückgreifen?

Ich hatte natürlich schon einiges an Berufserfahrung, weil ich bereits Businesspläne entworfen und an Finanzierungsrunden in einigen Unternehmen teilgenommen hatte. So habe ich viele Bereiche kennengelernt und auch geleitet. Alles andere, was man als Gründer sonst wissen muss, lernt man.

Wie seid ihr auf den Namen "DaWanda" gekommen?

Als wir einen Namen für unser Unternehmen finden mussten, haben wir ein Babynamen-Buch gekauft, um uns so inspirieren zu lassen. Dort fanden wir den afrikanischen Frauennamen DaWanda, der „Die Einzigartige" bedeutet. Das hat wunderbar zu unserem Konzept gepasst. Zudem kann man sich den Namen gut merken und er ist auch international verständlich und aussprechbar.

Was war eure größte Angst bei der Gründung? Und wie seid ihr damit umgegangen?

Unsere einzige Sorge war, direkt zu scheitern. Im besten Fall hatten wir jedoch etwas zu gewinnen. Deshalb haben wir uns entschlossen, diese Sorge beiseite zu schieben und mit Mut an unserem Projekt zu arbeiten. Mein Tipp an junge Unternehmerinnen ist daher auch, sich selbst zu fragen: „Was sind die schlimmsten Dinge, die passieren könnten?" Sobald man sich dies vorstellt, stellt man fest, dass man selbst mit einem negativen Ausgang umgehen kann.

Eure Website ist in sechs Sprachen verfügbar und ihr seid in mehreren europäischen Märkten aktiv. Hast du Tipps für eine erfolgreiche Internationalisierung?

In mehr als 90 Prozent der Fälle agiert ein Internet-Unternehmen nicht mehr nur lokal, sondern ist bereits in irgendeiner Form international. Insofern ist mein erster Tipp, am besten so früh wie möglich zu internationalisieren. Mein zweiter Tipp ist, an dem Projekt dran zu bleiben, selbst wenn es mitunter nicht so positiv aussieht. Zusätzlich sollte man auch in mehrere Marketingstrategien investieren. Wichtig ist ebenfalls, ein gutes, kommunikatives Team aufzubauen und immer die Ruhe zu bewahren.

Worauf legt ihr bei eurer Unternehmenskultur besonders Wert?

Zu unserer Unternehmenskultur gehört vor allem eine flache Hierarchie. Wir sind ein Unternehmen, wo Mitarbeiter sehr freundlich und unterstützend miteinander umgehen. Die Wärme und Herzlichkeit, die DaWanda auf der Website zeigt, leben wir auch nach innen. Wir bieten zudem zur besseren Vereinbarkeit von Familie und Beruf unseren Mitarbeitern flexible Arbeitszeiten und Home-Office an.

„Als erfolgreiche Unternehmerin muss man eine gewisse Kampfeslust und Durchsetzungsvermögen mitbringen."

Wie seid ihr vorgegangen, um potenzielle Investoren für euer Projekt zu finden?

Unsere Investorensuche war immer persönlich. Michael und ich verfügen über ein großes Netzwerk und so wurden wir einem potenziellen Investor meist über einen gemeinsamen Bekannten vorgestellt. Ein gutes Netzwerk ist für jede Gründerin extrem wichtig. Das gilt insbesondere für die Investorensuche, denn kaltes Kontaktieren ist leider meist nicht erfolgreich. Daher ist der Austausch mit anderen Gründern in so einem Netzwerk sehr wichtig. Wir haben auch festgestellt, dass wir als gemischtgeschlechtliches Gründerteam einen Vorteil hatten, da sich Investoren bei Männern meist besser fühlen. Trotzdem habe ich keine schlechten Erfahrungen gemacht, weil ich eine Frau bin.

DaWanda liegt ein Social-Commerce-Geschäftsmodell zugrunde. Warum habt ihr euch dafür entschieden?

DaWanda ist kein klassisches E-Commerce-Business, sondern einfach ein Markt. Die Vermenschlichung des Handels, welche wir betreiben, macht mir sehr viel Spaß. Dies betrifft sowohl die Produkte als auch den Umgang mit dem Kunden. Das Individuum steht viel stärker im Zentrum. Hierin besteht momentan der größte Wandel im Social Commerce, aber die Branche steht erst am Anfang. Das ist eine tolle und spannende Zeit.

Warum gründen Frauen so selten?

Die Frage muss eher lauten: „Was gründen Frauen?" Denn oftmals gründen Frauen vor allem kleinere Unternehmen oder Dienstleistungsfirmen. Meist steckt der Gedanke dahinter, dass solche Unternehmen mit wenigen Mitarbeitern einfacher zu handhaben sind. Zudem können die Gründerinnen viel selber machen und haben ein hohes Maß

an Kontrolle. Die Branche, in der gegründet wird, spielt sicher auch eine Rolle. Zwar gibt es in der IT-Branche mittlerweile auch immer mehr Gründerinnen. Doch oftmals erscheint ein Internet-Start-up thematisch für viele Frauen nicht besonders attraktiv, da viele Unklarheiten dabei sind. Gegründet wird dann lieber in Bereichen, in denen man mit der Thematik gut vertraut ist.

Welche Fähigkeiten braucht eine erfolgreiche Unternehmerin?

Als erfolgreiche Unternehmerin muss man eine gewisse Kampfeslust und Durchsetzungsvermögen mitbringen. Zudem sind Ausdauer und eine starke Selbstmotivation sehr wichtig. Und es schadet auch nicht, ein gutes Zahlenverständnis und eine große Portion gesunde Selbsteinschätzung zu haben.

Woher schöpfst du jeden Tag deine Energie?

Der Alltag ist kein ruhiger Fluss, sondern es kommt immer wieder zu Höhen und Tiefen. Mich motivieren vor allem die Höhen, um dann auch die Tiefen durchzustehen. Beispiele sind Projekte, die gut vorankommen, und Ziele, die ich mir gesetzt habe. Diese dann zu erreichen, ist sehr aufregend und motiviert mich, auch durch Momente zu kommen, in denen es zum Beispiel einen hohen Zeit- und Erfolgsdruck gibt.

Du hast einmal in einem Interview gesagt: „Wenn ich mit DaWanda die Weltwirtschaftsordnung ein wenig untergraben und dabei gleichzeitig nachhaltig und wirtschaftlich erfolgreich sein kann, ist das wunderbar."

Ich bin kein Mensch, der alleine durch Geld zu motivieren wäre. Und DaWanda wurde nicht mit dem Ziel gegründet, uns reich zu machen. Michael und mich faszinieren vor allem die Aspekte des Sozialen und der Gerechtigkeit, die unser Marktplatz bietet. Die Weltwirtschaftsordnung wird DaWanda zwar nicht sprengen, aber es trägt dazu bei, dass Menschen mit dem, was sie gut machen und worin ihre Leidenschaft liegt, wirtschaftlich erfolgreich sein können. Folglich verteilt sich der Umsatz durch handgemachte Produkte nicht allein auf Großmarken, sondern auch auf einzelne Personen. Damit geht auch eine Nachhaltigkeit einher, welche sowohl im sozialen als auch im wirtschaftlichen Sinne besteht. Das ist ein ganz spezieller Erfolg, etwas zu erschaffen, das nicht nur kurzfristig überlebt, sondern Jahrzehnte bestehen kann.

„ **Ein gutes Netzwerk** ist für jede Gründerin **extrem wichtig.** "

5 Strategien zum Aufbau deines Netzwerks

Mit diesen fünf einfachen Strategien lernst du, wie du dir als Gründerin ein erfolgreiches Netzwerk aufbauen und dir dabei selbst treu bleiben kannst.

ANNA KOROVATSKAYA

BIO
Nach einem Jahrzehnt in der Unternehmenswelt als Steuerberaterin und Geschäftsentwicklerin hat Anna ihr Leben verändert, indem sie in ihre eigene emotionale Entwicklung und ihr Glück investiert hat. Derzeit bietet sie Unterstützung bei der Persönlichkeitsentwicklung von Führungskräften an. Sie ist zudem Mitbegründerin der exklusiven Netzwerkplattform „Swiss Russian Premium Network"
www.srpn.ch.

FACEBOOK
AnnaKorovatskayaFan

TWITTER
@akorovatskaya

LINKEDIN
Annakorovatskaya

🌐 WWW.
ANNAKOROVATSKAYA
.COM

1 - DU WEISST, WAS DU WILLST.

Wenn du ein neues Business starten möchtest, dein Unternehmen zu erweitern planst, einen zuverlässigen Partner finden oder deinen Job wechseln willst, ist es immer hilfreich, ein erfolgreiches Netzwerk von Gleichgesinnten und unterstützenden Menschen zu haben. Es gibt vier Hauptfragen, die dir dabei helfen können, herauszufinden, was du willst.

1. Ist es mehr Geschäftserfolg, ein neuer Job oder etwas anderes, was du willst?
2. Deckt sich deine Wunschvorstellung mit deiner langfristigen Vision oder hast du vielleicht keine Vision?
3. Was brauchst du? (Mehr Sicherheit, Vielfalt, Beziehung, Wachstum, Anerkennung, Beitrag leisten).
4. Warum willst du das, was du willst?

Hierbei können weitere Fragen entstehen: Decken sich deine Wünsche mit deinen Bedürfnissen? Welchen Beitrag kannst du leisten? (dein Fachwissen, deine Persönlichkeit, dein Zugang zum Netzwerk etc.) Wie kannst du zusätzlichen Wert und eine Win-win-Situation schaffen?

2 - WÄHLE DIE RICHTIGE NETZWERK-PLATTFORM AUS.

Sobald du Antworten auf die Fragen 1-4 erhalten hast, kannst du eine Netzwerk-Plattform auswählen, die dir und deinen Partnern dabei hilft, eure Ziele zu erreichen. Du kannst auch eine eigene Netzwerk-Plattform aufbauen.

3 - BLEIB GELASSEN, AUCH WENN DU DICH NICHT WOHL FÜHLST.

Oft spürt man Unbehagen, wenn man sich mit neuen Menschen trifft. Meiner Meinung nach, ist es wichtig, sich an dieses Unbehagen zu gewöhnen und sich in einer neuen oder herausfordernden Situation gelassen zu fühlen. Mit jeder neuen Beziehung wirst du dich immer wohler und besser fühlen. Denk daran, dass du am weitesten kommst, wenn du dir selbst treu bleibst.

4 - BAUE BEZIEHUNGEN AUF, BEVOR DU AUF DIESE ANGEWIESEN BIST.

Wenn man ein guter Geschäftspartner oder Freund sein möchte, ist es notwendig, in regelmäßigem Kontakt zu stehen. Ruf Geschäftspartner und Freunde an und erkundige dich über das allgemeine Wohlbefinden der Person und du wirst über eine positive Rückmeldung überrascht sein. Menschen schätzen aufrichtige Aufmerksamkeit. Ergreife die Initiative und lade Geschäftspartner zu deinem oder einem bereits bestehenden Netzwerk ein.

5 - UMGEBE DICH MIT MENSCHEN, DIE DEINE INTERESSEN TEILEN.

Was machst du gerne? Suchst du Menschen nach deinen Interessen aus? Triff dich vorzugsweise mit Personen, die zu deiner geschäftlichen oder privaten Weiterentwicklung beitragen!

Diese sechs Fragen helfen dir bei der Wahl des richtigen Personenkreises:

1. Hältst du dich mit Menschen auf, die dich runterziehen oder mit solchen, die zum Erfolg motivieren?
2. Bevorzugst du lieber Spaß und Freude oder willst du dich gelangweilt fühlen?
3. Bist du kreativ oder konservativ?
4. Bist du Individualist oder Teamplayer, Visionär oder Skeptiker, Unterstützer oder Egoist?
5. Bist du ziel- und zukunftsorientiert oder konzentrierst du dich eher auf die Gegenwart?
6. Fühlst du dich gestärkt, nachdem du dich mit einer Person getroffen hast oder fühlst du dich eher erschöpft?

Wenn deine Interessen klar definiert sind, wird es für dich einfacher sein, die richtige Personenauswahl zu treffen. Halte dich mit Personen auf, die deine Interessen und Visionen teilen. Suche aktiv nach Möglichkeiten, Beziehungen aufzubauen und trage dazu bei, diese aufrechtzuerhalten. Langfristig können du und andere Menschen am meisten davon profitieren, wenn du dir selbst treu bleibst und dein Bestes gibst. Genieße es einfach!

„ ICH BIN
verantwortlich
FÜR MEINEN
Erfolg. "

~

„ ICH VERDIENE EINE
erfüllende
UND GUT BEZAHLTE
Tätigkeit. "

~

„ ICH GLAUBE AN
meinen eigenen
Erfolg
UND STRAHLE
Kompetenz
AUS. "

Sabrina Schönborn & Laura Gollers

Die beiden Schwestern Sabrina Schönborn und Laura Gollers hatten selbst immer Probleme, einen passenden BH zu finden und machten kurzerhand aus der Not eine Tugend. 2012 starteten die beiden ihr eigenes Dessouslabel SugarShape, das BHs in diversen Größen anbietet, sodass jede Kundin etwas finden kann. In der Textilbranche jedoch, kannten sich die Schwestern bislang nicht aus. Sabrina studierte Wirtschaftspsychologie, arbeitete im Burda-Verlag und machte sich danach als Medienberaterin selbstständig. Laura hingegen sammelte zunächst Praxiserfahrung in einem Start-up, wo sie eine Online-Community betreute, bevor sie ihr Studium in Germanistik und Kulturwissenschaften begann. Aber genau diese Erfahrungen halfen den beiden auch dabei, das Erfolgskonzept von SugarShape zu gestalten und die Kundinnen aktiv in den Prozess der Produktentwicklung mit einzubeziehen. Die Gründerinnen konnten mit ihrer Idee schnell Investoren sowie Juroren von Gründerwettbewerben überzeugen und erhielten dadurch viel Aufmerksamkeit, sodass dank gutem Wachstum mittlerweile 45 Mitarbeiter bei SugarShape in Hamburg arbeiten.

SABRINA SCHÖNBORN [LI.] & LAURA GOLLERS [RE.]

UNTERNEHMEN
SugarShape

GRÜNDUNGSJAHR
2012

STADT
Hamburg

🌐 WWW.SUGARSHAPE.DE

Wodurch kam euer Interesse an der Gründung eures eigenen Unternehmens?

SABRINA: Wir haben beide schon immer gerne eigene Projekte angestoßen und wir lieben die Herausforderung. Zuvor hatten wir bereits wertvolle Erfahrungen in der Start-up-Welt gesammelt. Daher ist mein Tipp für Gründungsinteressierte, zunächst einmal in diese Welt hineinzuschnuppern. Letztlich entschieden wir uns aber für die Gründung aufgrund der Idee, die eher zufällig kam.

Erzähl uns von dem Moment, in dem ihr die Idee zu SugarShape hattet!

SABRINA: Etwa ein dreiviertel Jahr vor der Gründung haben wir uns beim Familienfrühstück mal wieder darüber beschwert, dass wir beide einfach keine schönen BHs in unserer Größe finden. Alle Frauen in unserer Familie haben eine große Oberweite und alle haben dasselbe Problem. Mein Mann meinte dann: „Entweder ihr hört auf, euch ständig zu beschweren, oder ihr macht selber etwas dagegen." Laura und ich haben uns angesehen und gedacht, dass er eigentlich Recht hat. Unsere Recherche zeigte dann, dass viele Frauen unzufrieden sind mit ihren BHs und der Markt kaum Alternativen anbietet. Wir haben dann einen Monat später an dem Startup Weekend Hamburg teilgenommen.

„Es ist sinnvoll, über seine Idee zu sprechen, um viel Feedback zu erhalten und seine Gedanken besser ordnen zu können."

Wie lief das Startup Weekend ab?

SABRINA: Wir haben unsere Idee vorgestellt, wurden ausgewählt und konnten dann mit einem Team das ganze Wochenende daran arbeiten. So haben wir unseren ersten Prototypen von SugarShape.de erstellt. Diesen durften wir vor der Jury präsentieren und gewannen den ersten Platz. Damit hatten wir überhaupt nicht gerechnet und so kam der Stein dann richtig ins Rollen. Durch die darauf folgende Berichterstattung wurden auch Frauen, die nicht auf dem Event waren, auf uns aufmerksam. Viele hatten sich für unseren Newsletter angemeldet und uns gefragt, wann die BHs produziert werden. Das hat unsere Entscheidung zu gründen, nochmal gefestigt.

Wie ging es dann weiter?

SABRINA: Einen Monat später wurden wir zu einem weiteren Business-Model-Wettbewerb eingeladen, wo wir ebenfalls den Jury-Preis gewannen. Dadurch wurde die Crowdinvesting-Plattform Seedmatch auf uns aufmerksam, über die wir unsere Start-up-Finanzierung bekommen haben. So konnten wir unsere erste Kollektion entwerfen. Ausgehend von einer kleinen Idee sind wir also Schritt für Schritt vorangegangen, ohne weit im Voraus zu planen.

Was war euer Erfolgsfaktor bei eurer Crowdinvesting-Kampagne?

SABRINA: Es war hilfreich, dass wir ein Produkt haben, worunter sich die Leute etwas vorstellen konnten. Da wir kein großes Budget hatten, haben wir das Video einfach selbst gefilmt. Wir saßen in einem kleinen Studio und haben von unserer Idee erzählt. Dadurch wurden wir und unser Team als sehr authentisch und vertrauenswürdig empfunden. Zudem haben wir noch ein kleines animiertes Video von einem Grafiker machen lassen, um SugarShape genauer zu erklären. Seedmatch hat uns ebenfalls stark geholfen und durch Features die Werbetrommel für uns gerührt. Nach der Kampagne konnten wir dann weitere Investoren, die so auf uns aufmerksam geworden sind, gewinnen.

Ihr habt euch auch immer wieder Feedback geholt, um eure Produkte zu verbessern. Wie entscheidet ihr, auf welche Tipps ihr hört?

SABRINA: Das allerwichtigste Feedback kommt von unseren Kunden, die bei uns absolut im Fokus stehen. Wir hören auf unsere Kunden und ihre Wünsche. Dadurch haben wir auch das Konzept von SugarShape immer wieder angepasst und optimiert. Generell ist es sinnvoll, über seine Idee zu sprechen, um viel Feedback zu erhalten und seine Gedanken besser ordnen zu können.

LAURA: Genau. Allerdings sollte man auch unterscheiden zwischen Feedback einholen und auf jeden hören. Es ist wichtig, mit unterschiedlichen Menschen zu sprechen, und auch mit denen, die Kritik an der Idee äußern. Solche Gespräche sollte man im Nachhinein dann für sich filtern und man muss auch nicht jeden Vorschlag aufgreifen. Wenn man an etwas glaubt, dann sollte man sich auch nicht beirren lassen. Uns wurde auch oft gesagt, dass SugarShape nur eine Nische ist und daraus nichts wird. Aber uns gibt es immer noch und wir sind sehr erfolgreich. Hätten wir auf jeden gehört, dann wären wir jetzt nicht an diesem Punkt.

Wie seid ihr dann mit konkreten Produkten gestartet?

LAURA: Wir kommen selbst nicht aus der Textilbranche und haben sehr lange nach geeigneten Schneiderinnen gesucht. Wir fingen dann an in der Türkei zu produzieren, aber als uns die Resultate nicht zufrieden stellten, sind wir schnell mit der Entwicklung und Produktion der BHs nach China gegangen. Dort gibt es mehr Möglichkeiten und bessere Qualität.

Ihr bietet diverse Körbchengrößen an. Wie entscheidet ihr, was ihr im Sortiment mit aufnehmt?

LAURA: Angefangen haben wir mit einer Marktlücke: BHs für Frauen, die eher einen schmaleren Unterbrustumfang haben, aber größere Körbchen brauchen. Später haben sich dann Frauen gemeldet, die das umgekehrte Problem haben. So haben wir Stück für Stück unser Sortiment erweitert und bieten mittlerweile über 60 verschiedene Größen an. Jede kann bei uns ihre Maße im Profil angeben, und wenn genügend Nachfrage nach einer bestimmten Größe besteht, nehmen wir diese mit ins Sortiment auf und benachrichtigen die Kundinnen. Zudem können die Kundinnen an Votings teilnehmen sowie Ideen und Vorschläge für neue Kollektionen einreichen. Wir stellen die Bedürfnisse der Kundinnen in den Mittelpunkt und finden für jede Frau eine Lösung!

Ein Unternehmen aufzubauen verlangt auch ein starkes Maß an Durchhaltevermögen. Was hat euch motiviert, nicht aufzugeben und immer weiter zu machen?

LAURA: Das waren unsere Kundinnen, die von Anfang an Feuer und Flamme für unsere Idee, Philosophie und die Produkte waren. Wenn man tagtäglich hört, dass man dadurch Frauen glücklich macht und ihr Leben verändert, ist das ein ganz besonderer Erfolg. Das motiviert uns stärker als irgendwelche Zahlen oder die eigene Selbstverwirklichung. Aber auch unsere Familie hat uns sehr unterstützt und stets an unsere Idee geglaubt.

Welche Vorteile hat es mit der Schwester zu gründen? Und wie geht ihr mit Konfliktsituationen um?

SABRINA: Generell würde ich immer mit jemanden gründen, den ich schon besser kenne und gut einschätzen kann. Das muss nicht unbedingt die eigene Schwester sein. Der Vorteil mit meiner Schwester gegründet zu haben, ist, dass wir uns wirklich hundertprozentig aufeinander verlassen können. Und ich wusste, dass Laura nicht bei der ersten Schwierigkeit schnell wieder weg ist, sondern das mit mir durchzieht. Oft denken wir auch das Gleiche und können auch sehr ehrlich miteinander umgehen. Und wenn es tatsächlich mal einen Konflikt gibt, ist es so, dass wir zwei ganz klar abgetrennte Aufgabenbereiche haben. Wenn wir uns einmal nicht einig sind, trifft diejenige die Entscheidung, die für das jeweilige Thema verantwortlich ist. So gibt es auch keinen Streit.

„Alles braucht meist mehr Zeit und Geld, als man denkt."

Was bedeutet es für euch, einen erfolgreichen Tag gehabt zu haben?

SABRINA: Ich bin ein großer Fan von To-do-Listen, die ich nicht nur für mich, sondern auch gerne für andere schreibe. Wenn ich da viel abhaken kann, fühlt es sich nach einem erfolgreichen Tag an. In Start-ups kommen jeden Tag viele neue Aufgaben dazu und je größer eine Firma wird, desto mehr Bereiche gibt es auch, wo man aktiv werden muss. Es ist eben immer was los.

Sabrina, du hast ja auch einen Sohn. Wie funktioniert das im Start-up-Alltag?

SABRINA: Wo ein Wille ist, ist auch ein Weg. Drei Wochen nach der Geburt meines Sohnes hatte ich bereits wieder einen fünfstündigen Investoren-Termin, in dem ich mehrere Stillpausen einlegen musste. Das hat sehr gut geklappt und die Investoren waren sehr verständnisvoll. Sie haben gesehen, dass ich trotzdem noch Geschäfte machen kann. Im Alltag habe ich zudem viel Hilfe von meinem Partner, meiner Mutter und einem Kindermädchen bekommen. Mittlerweile ist mein Sohn allerdings in der Kita und alles ist etwas entspannter für mich.

Was war euer größtes Learning bisher?

LAURA: Alles braucht meist mehr Zeit und Geld, als man denkt. So ist es tatsächlich im Start-up und man unterschätzt das ständig. Aber trotzdem funktioniert dann doch alles irgendwie. Und ich glaube, wenn wir vorher gewusst hätten, wie herausfordernd eine Gründung sein kann, dann hätten wir es vielleicht gar nicht erst gemacht. Aber jetzt haben wir es trotz allem geschafft und das macht uns sehr glücklich.

Verena Pausder

Verena Pausder kommt aus einer Unternehmerfamilie mit 300-jähriger Tradition und kann bereits auf ihre eigene erfolgreiche Laufbahn als Unternehmerin zurückblicken. Zwar wird einem nicht automatisch das Unternehmertum in die Wiege gelegt, doch die Erfahrung, dass Scheitern nicht das Ende bedeutet und nach einem Misserfolg einfach ein neues Projekt gestartet werden kann, sollte Verena maßgeblich auf ihrem Weg zum Erfolg begleiten. Mit bereits 19 Jahren eröffnete sie zusammen mit ihrer Schwester eine Sushi-Bar in Bielefeld, während sie parallel dazu Betriebswirtschaftslehre an der Universität St. Gallen studierte. Zwar scheiterte die Sushi-Bar, doch Verena ließ sich davon nicht unterkriegen und startete mit Mitte 20 ihr zweites Unternehmen Delius Capital. Mit 25 Jahren wechselte sie dann in die Online-Branche, wo sie 2010 die Geschäftsführung des Spieleunternehmens Goodbeans, zusammen mit dem Gründer Moritz Hohl, übernahm. Schließlich entschieden sich die beiden 2012 gemeinsam ein neues Unternehmen zu gründen: Fox&Sheep. Das Start-up entwickelt Spiele-Apps mit hochwertigen Illustrationen für Kinder im Vorschulalter mit über 15 Millionen Downloads weltweit und wurde 2014 mehrheitlich an den Spielzeughersteller HABA für einen zweistelligen Millionenbetrag verkauft.

VERENA PAUSDER

UNTERNEHMEN
Fox&Sheep

GRÜNDUNGSJAHR
2012

MITGRÜNDER
Moritz Hohl

STADT
Berlin

🌐 WWW.FOXANDSHEEP.COM

Du kommst aus einer Unternehmerfamilie. Was machen deine Eltern und welche Tipps haben sie dir mitgegeben?

Mein Vater führt unser Familienunternehmen, das technische Gewebe produziert, bereits in 9. Generation. Er hat es geschafft die Firma zu einem forschungs- und innovationsgetriebenen Unternehmen umzubauen. Meine Mutter gründete vor 30 Jahren ein eigenes Unternehmen, wo sie sich auf die Inneneinrichtung von Hotelketten und größeren Privathaushalten spezialisierte. Unter anderem liefert sie die textile Inneneinrichtung für die Hotelkette Motel One. So habe ich hautnah mitbekommen, wie es ist, ein eigenes Unternehmen zu leiten. Das schreckt einen entweder total ab oder es fasziniert einen. Bei mir überwog immer die Faszination. Inspirierend fand ich dabei zu sehen, wie man sich neu erfindet, immer weiter strebt und dabei lernt: Von nichts kommt nichts. Unternehmertum hat nichts mit dem goldenen Löffel zu tun, sondern man muss jeden Morgen aufstehen und immer weiter machen als Unternehmer. Dabei kann auch viel schief gehen, aber für mich war es interessant zu sehen, wie man auf solche Rückschläge reagiert und dabei nicht den Mut verliert. Insofern waren es keine Tipps, sondern Lebenserfahrungen, die ich mitbekommen habe.

Woher kommt deine persönliche Begeisterung für das Unternehmertum?

Das liegt zum einen an der Erziehung, aber auch an meiner Persönlichkeit. Ich brauche permanent eine neue Herausforderung und will meine Tage mit Aufgaben füllen, die mir Spaß machen und einen Sinn haben. Mit 80 Jahren bin ich lieber platt von all diesen Dingen, anstatt mich ein Leben lang gelangweilt zu haben.

Das hört sich auch nach viel Kreativität an. Bist du ein kreativer Mensch?

Bei mir ist das wohl eher Neugier als Kreativität. Ich habe lange Zeit gedacht, dass man nur kreativ ist, wenn man beispielsweise Grafik-design studiert hat oder Illustratorin ist. Kreativität ist aber auch, Ideen zu haben und diese in die Tat umzusetzen. Meine Kreativität kommt aus der Faszination an Neuem. So kam es auch zu Fox&Sheep. Es gab keine digitale Werkstatt, in der Kinder lernen können zu programmieren. Das hatte vor mir noch keiner gemacht und deshalb wollte ich das probieren. In diesem Sinne habe ich sicherlich einen Pioniergeist in mir. Mein Motto lautet: Einfach mal versuchen!

pendelte jede Woche zwischen den beiden Städten. Das war auch emotional eine schwierige Zeit für mich und hat leider ebenso mein Privatleben stark belastet. Neben diesen privaten Schwierigkeiten war das Unternehmen sehr risikoreich und lief nicht besonders gut. Ich musste etwa die Hälfte der Mitarbeiter entlassen, was mir schwer fiel, denn ich arbeite lieber in einem harmonischen Umfeld. Es belastete mich damals sehr, weder meiner Familie noch meinem Unternehmen wirklich gerecht zu werden. Zwar schafften wir bei Goodbeans noch-mal einen kleinen Aufschwung, aber die Transformation von einem Web-Unternehmen zu einem Mobile-Unternehmen gelang uns letzt-lich nicht. Das Ende vom Lied war die Insolvenz im Januar 2015. Weil wir alles gegeben hatten, fühlte es sich zwar wie Scheitern an, aber

„ Man kann nicht Everybody's Darling sein. "

Du hast bereits sehr früh angefangen zu gründen. Mit 19 Jahren hast du mit deiner Schwester eine Sushi-Bar eröffnet. Wie kam es dazu und was hast du daraus gelernt, so jung zu gründen?

Unsere Eltern hatten in Bielefeld eine Ladenfläche und gaben uns die Chance, uns ein gutes Geschäftskonzept dafür zu überlegen. Das war 1999 und damals gab es noch keine Sushi-Läden in Bielefeld. Mit-hilfe von familiärem Startkapital, haben wir uns dann entschlossen, es einfach mal auszuprobieren. Meine Erkenntnis daraus: Unternehmer-tum bedeutet nicht einen vorhandenen Laden zu managen, sondern diesen von Null an aufzubauen. Wir hatten nur begrenzt Geld und mussten daher kreativ sein. Zum Beispiel haben wir für die Deko einen japanischen Kalender bei IKEA gekauft, die Bilder ausgeschnitten und in günstige Bilderrahmen getan. Das kostete nur etwa 30 Euro, aber unser Laden sah fantastisch aus. Als wir dann eröffneten, kam aber leider niemand zum Essen herein. Wir stellten daraufhin draußen ei-nen Aufsteller hin und verteilten Flyer in der Fußgängerzone. Diese Mischung aus wenig Budget, Pragmatismus und viel Kreativität sind Erfahrungen, für die ich sehr dankbar bin.

Du hast dann dein zweites Unternehmen Delius Capital gegründet, wo du Fonds konzipiert und Großprojekte finanziert hast. Danach hast du die Geschäftsführung bei Goodbeans übernommen.

Das Unternehmen wurde von Moritz Hohl und seinem damaligen Geschäftspartner gegründet, der uns allerdings nach meinem Eintritt verließ. Daraufhin entschieden Moritz und ich, das Unternehmen weiter-zuführen. Drei Monate nach der Geburt meines zweiten Sohnes habe ich dort als Geschäftsführerin in Vollzeit mit 60 Mitarbeitern in Berlin angefangen. Ich lebte damals privat in Hamburg und ich

ich schäme mich keineswegs dafür. Wir waren in der Kommunikation mit den Mitarbeitern immer sehr transparent, so dass jeder wusste, wie es um das Unternehmen steht. Das bedeutet für mich eben auch Unternehmertum: geradlinig sein, niemanden täuschen, niemanden versuchen zu schützen und offen sein! Man muss weiterhin in den Spiegel schauen können und lernen, dass es manchmal eben auch bergab gehen kann.

Du gehst sehr offen mit dem Scheitern um, was sehr bemerkenswert ist. Macht es dir keine Angst dich dadurch angreifbar zu machen?

Selbst in den ganz schweren Phasen bin ich mir selbst treu geblieben. Ich habe keine Lust auf Menschen, die nicht echt sind. Das ist Zeitver-schwendung, denn was nützt eine zurechtgelegte Story? Mich haben immer vielmehr die Menschen fasziniert, die auf der Bühne stehen und sich angreifbar machen, weil ich mich damit besser identifizieren kann. Denn jedem geht es mal schlecht und jeder hat Selbstzweifel. Als mein Mann sich in der Zeit von Goodbeans von mir getrennt hat, bin ich am Tag darauf ins Büro gegangen und habe zu meinem Mit-gründer Moritz gesagt, dass ich gerade nicht weitermachen kann. Ich wollte auch unseren Mitarbeitern erzählen, was passiert ist, damit sie nichts in mich hineininterpretieren müssen. Ich übte vor dem Spiegel, nicht zu weinen, aber bin dann bei dem Meeting natürlich in Tränen ausgebrochen. Alle Mitarbeiter hatten jedoch Verständnis und keiner dachte ich sei eine schwache Chefin, sondern alle fanden mich einfach nur menschlich. Ich bin mit meiner Ehrlichkeit immer sehr gut gefahren. Und Menschen, die dich nicht mögen, nutzen das möglicherweise aus. Aber diese Menschen mögen dich so oder so nicht. Man kann eben nicht Everybody's Darling sein.

Nach Goodbeans und der Trennung kam aber wieder etwas Positives - die Gründung von Fox&Sheep. Erzähl uns etwas über die ersten Schritte damals!

Ich war von 2010 bis 2013 bei Goodbeans, konnte aber mit der Genehmigung der Investoren ab 2012 bereits Fox&Sheep gründen. Es gab zwar bereits einen Markt für Kinder ab acht Jahren, die mit Apps spielen, allerdings fehlte es noch an Apps, mit denen Kinder sicher in die digitale Welt eingeführt werden. Das ist das Konzept hinter Fox&Sheep. Wir fingen an, indem wir zwei Apps, die bereits auf dem Markt waren, kauften. Diese bildeten also das Fundament, worauf wir aufbauend weitere Apps entwickelten. Unsere Nutzer bekamen wir aus den zwei gekauften Apps. Zudem hatten wir ein gutes Timing, gute Produkte, ein gutes Team und eine gute Finanzierung, denn uns gehörten 90 Prozent des Unternehmens. So konnten wir Fox&Sheep führen, wie wir es wollten und ein erfolgreiches Unternehmen aufbauen. Geholfen haben dabei sicherlich auch die vielen Erfahrungen aus den vorherigen Unternehmen, ohne die wir nicht dieses perfekte Start-up hätten kreieren können.

Kannst du selbst auch programmieren? Und wie wichtig findest du es technische Kenntnisse zu haben?

Ich kann zwar nicht programmieren, aber ich habe im Alltag gelernt, die Sprache der Entwickler zu sprechen. Das ist wie eine Fremdsprache und viel leichter als es zuerst aussieht. Trotzdem musste ich auch lernen, nachzudenken was technisch möglich ist, anstatt nur deskriptive Anweisungen zu geben. Das Interesse an technischen Möglichkeiten wie dem Programmieren sowie an der Start-up-Welt soll bei Kindern auch durch unsere Digitalwerkstatt geweckt werden. Beispielsweise können Kinder bei uns einen Tag hinter die Kulissen schauen oder ein Praktikum machen. Damit wollen wir vor allem Frauen und Mädchen dazu ermutigen, in diesen Bereich einzusteigen. Frauen können das, haben aber nur zu wenige Vorbilder, und trauen sich das oftmals dann selbst nicht zu. Das ist auch mein Antrieb, junge Frauen zu fördern und ihnen das nötige Selbstvertrauen zu geben.

Wie wichtig ist es dir, selbst Vorbild zu sein?

Ich fühle mich als Botschafterin für Unternehmertum und will als Vorbild für junge Frauen dienen. Dabei entsteht die Gefahr, so zu wirken als wolle man sich nur profilieren, aber da muss man drüberstehen. Ich selbst mag es zwar nicht so sehr, ein Postergirl zu sein, aber viel wichtiger ist es, andere Frauen zu inspirieren und junge Talente in die Branche zu holen.

Du bist ja Mutter von zwei Söhnen. Hast du eine Botschaft für andere angehende Gründerinnen mit Kindern?

Meine Botschaft ist Gelassenheit. Ich habe mir immer Kinder gewünscht und gehofft, dass das Leben trotz Familie in all seiner Vielfalt immer noch möglich ist. Durch diese Hoffnung hat es auch geklappt. Als Mutter und Gründerin braucht man eine hohe Frustrationstoleranz,

wenn nicht immer alles genauso läuft, wie man das gedacht hat, aber eben auch die Gelassenheit, dass man nicht alles perfekt machen muss. Ich bin sehr geradlinig und ausgeglichen, schreie nicht herum und finde das Meiste nicht wirklich schlimm. Man kann ja über alles reden. Meine Kinder wissen, dass sie mir vertrauen können, und dadurch sind wir uns sehr nah. Ich habe immer alles so gut wie möglich gemacht, ohne dabei Konventionen und Zwängen zu folgen. Meine Kinder sind glücklich und das ist das Wichtigste.

Ein Unternehmen zu gründen und zu führen, kann manchmal auch ziemlich überfordern. Welche Tipps hast du, um mit solchen Situationen umzugehen?

Als Kind habe ich mir für jene Momente, in denen alles etwas zu viel wurde, eine Phantasiewelt geschaffen. Ich stellte mir vor, ich sei auf einem anderen Planeten und schaue auf die Welt. Aus dieser Perspektive wurden vermeintlich große Probleme klein und unwichtig. Dieses Bild habe ich bis heute im Kopf, und es hilft mir sehr mich immer wieder zu beruhigen, und gleichzeitig größer zu denken. Die Welt dreht sich weiter, auch wenn man mal einen schlechten Vortrag bei einer Konferenz gehalten hat. Es braucht ein dickes Fell, sich immer gegen den Wind zu stellen, aber man kann es lernen.

> „Selbst in den ganz schweren Phasen bin ich mir selbst treu geblieben."

Muss man aus einer Unternehmerfamilie kommen, um auch erfolgreich ein eigenes Start-up zu gründen?

Wenn man sich die Startup-Szene ansieht, dann sind die erfolgreichen Unternehmen nicht die, die von Unternehmerkindern gegründet wurden, sondern Menschen aus ganz verschiedenen Elternhäusern. Elternhaus ist kein Wettbewerbsvorteil, sondern es besteht eine absolute Chancengleichheit, die so in keinem anderen Beruf existiert. Kein Investor interessiert sich dafür, wer deine Eltern sind oder wie viel Geld du auf dem Konto hast, sondern ob deine Idee gut, tragfähig und skalierbar ist. Kapital spielt natürlich eine große Rolle dabei, ob ein Start-up groß wird oder nicht. Doch es hangt nicht mehr von der Herkunft ab, sondern von dem eigenen Potenzial und Fleiß.

Die beste Idee kann aber auch die schlimmste Finanzkrise nicht überstehen. Wie schätzt du allgemein das Thema Zeitpunkt ein?

Man kann den Zeitpunkt zwar nur bedingt beeinflussen, aber er ist sehr wichtig. Es ist eine Mischung aus: nah am Puls der Zeit sein, Trends früh erkennen, mit vielen Menschen reden und irgendwie schauen, was als Nächstes kommt. Aber es ist eben auch irgendwo Glück, ob man die Chance bekommt im richtigen Zeitfenster einen Trend zu erkennen. Notfalls kann man alles aber auch ein wenig hinauszögern, wenn der Zeitpunkt noch nicht der Richtige ist. Mein großes Glück war sicherlich, dass ich die erste Welle der New Economy während des Studiums erlebt habe, in der Rezension gearbeitet habe und dann die zweite Welle für meine Gründung nutzen konnte.

Wie wichtig findest du Leidenschaft bei der unternehmerischen Tätigkeit?

Leidenschaft ist das Wichtigste und eine der unternehmerischen Kerneigenschaften. Für mich wäre es nicht denkbar, meine Unternehmen ohne Leidenschaft zu leiten. Leidenschaft ist stark mit Mut verbunden, denn seiner Sache treu zu bleiben, heißt ja nicht immer, den rational besten Weg zu gehen. Es gibt so viele Aufs und Abs. Also muss man für sein Unternehmen brennen, da man sonst einfach aufgeben würde. Wenn man also das macht, was einem wichtig ist, dann bleibt man auch dabei.

Der beste Produktivitätsboost: Nein sagen!

Nein sagen zu können bedeutet Freiheit und Souveränität. Und weil wir alle wissen, wie schwer es ist, Nein zu sagen, sind hier sechs Tipps zum Neinsagen, inklusive gutem Gewissen!

TIM JAUDSZIMS

BIO
Tim Jaudszims ist Unternehmer und Angel Investor. Er hält aktuell fünf Beteiligungen und hat gerade das 'Change Journal' gestartet. Ein Mitmachbuch mit 24 Ideen, die dein Leben einfacher und besser machen.

FACEBOOK
changejournal.de

TWITTER
@ChangeJournal

🌐 WWW.
CHANGEJOURNAL.DE

Der Schreibtisch brennt, du hechtest von einem Meeting ins nächste und deine To-do-Liste wird länger statt kürzer – stopp. Ich sehe da ein paar ideale Momente, um ein höfliches und bestimmtes Nein zu platzieren. Doch was gibt es stattdessen? Floskeln mit gespielter Freundlichkeit und einer Stimme, der man anhört, dass sie sich nicht wehren kann: „Okay", „Ja klar", „Aber nur, weil du es bist", „Kein Problem".

Warum kommt vielen ein Nein so schwer über die Lippen? Warum ist das geradezu eine Kunst, die viele Menschen nicht beherrschen? Einfach ausgedrückt: Es passt nicht zum Selbstbild. Man möchte hilfsbereit sein, positiv, dem anderen zugewandt. Da passt ein Nein nicht. Mit einem Nein fürchtet man, die Person zu enttäuschen. Nein ist Absage. Nein signalisiert Ablehnung. Nein macht unbeliebt. Denkt man. Und das macht vielen sehr zu schaffen. Auch auf der taktisch-praktischen Seite lauern Bedenken: Vielleicht brauche ich die Unterstützung des anderen auch mal: Eine Hand wäscht die andere. Oder man lässt sich unter Druck setzen und gibt nach (ich glaube ja nicht an das Feature, aber hey). Gerade zu Beginn einer Produktentwicklung kann man nicht alles auf einmal schaffen. Umso wichtiger sind auch hier viele Neins zu vielen tollen Ideen. In der Vielfalt der Möglichkeiten kannst du dich und deine Ressourcen schnell verlieren. Somit ist es immer eine gute Übung und zugleich eine große Kunst, herauszufinden, was nicht essentiell ist. Und dazu muss es ein klares Nein geben. Denn egal wie man es dreht: Du wirst es sowieso nie allen recht machen können!

Das Gute: Das muss gar nicht schwierig sein. Und es muss sich schon gar nicht negativ auf deine Beziehung zu anderen Menschen auswirken. Im Gegenteil: ein höfliches, ehrliches Nein ist eine klare Ansage. Damit kann man arbeiten. Besser wegbleiben als genervt und halbherzig mitmachen. Das würdest du bei anderen doch auch akzeptieren, wenn nicht sogar erwarten, oder?

Hier sind sechs Tipps zum Neinsagen, inklusive gutes Gewissen:

1. Deine eigene Zeit ist wertvoll. Lies den Satz noch einmal.

2. Du musst nicht jedem gefallen. Erstens ist das nicht möglich und zweitens furchtbar anstrengend. Dein Bauch sagt dir, wer dir im Grunde egal ist. Diese Menschen sind ideal, um Neinsagen zu üben.

3. Du musst dein Nein nicht rechtfertigen. Nur bei denen, die dir wichtig sind, ist es oft netter, wenn du es kurz begründest.

4. Übe bei immer mehr Gelegenheiten, Nein zu sagen. Es wird dir immer leichter fallen. Und wahrscheinlich wirst du feststellen, dass dich trotzdem (oder gerade deswegen?) alle Menschen, die wichtig sind, weiter lieb haben!

5. Spiel auf Zeit. Aus dem Reflex heraus wollen wir sofort eine Antwort liefern, obwohl wir die Konsequenzen nicht einschätzen können. Nimm dir Bedenkzeit.

6. Oft passen individuelle Kundenwünsche nicht zu deinem standardisierten Business. Wenn es wirklich eine Minderheit gibt, die nicht zu deinem Core-Business passt, dann musst du Nein sagen. Wenn es die Mehrheit ist, solltest du dein Core-Business überdenken ;)

Du wirst schnell erkennen, wie befreiend das ist – und wie viel mehr Zeit du für dich und deine Prioritäten hast!

„ WER NICHT „ NEIN" SAGEN KANN, DER WIRD SEIN „ JA " OFT NICHT HALTEN KÖNNEN. "
- ANONYM

„ ICH BIN
zielorientiert
UND
tatkräftig. "

~

„ ICH HABE
einen starken
Willen. "

~

„ JEDE
Herausforderung
MACHT MICH
stärker
UND
weiser. "

Jasmin Taylor

Jasmin Taylor ist gebürtige Iranerin, musste aber während des ersten Golfkriegs fliehen und kam mit gerade einmal 17 Jahren alleine und ohne erforderliche Sprachkenntnisse nach Deutschland. Doch mit viel Ehrgeiz und Disziplin erlernte Jasmin die deutsche Sprache und absolvierte das Abitur innerhalb von vier Jahren. Ihr Studium in Psychologie und Human Relations schloss Jasmin mit Bestleistungen in den USA ab und erfüllte sich Anfang der 2000er Jahre ihren persönlichen Traum, als sie in ihrer Wahlheimat Berlin ein Reiseunternehmen gründete. Was anfangs nur als „Eine-Frau-Betrieb" mit PC und eigener Website startete, entwickelte sich nach einem TV-Beitrag schnell zu einem erfolgreichen Online-Reisebüro. Im Jahr 2009 gründete Jasmin Taylor ihren eigenen Reiseveranstalter: JT Touristik ist ein etablierter Anbieter mit Expertise vor allem für Reisen in die Vereinigten Arabischen Emirate und bietet darüber hinaus 150 Urlaubsdestinationen mit mehr als 15.000 Traumhotels an. JT Touristik beschäftigt mittlerweile 65 Mitarbeiter in Jasmins Jugendstilvilla im Berliner Westend, wo sie Wohnen und Arbeiten unter einem Dach vereint. Jasmin engagiert sich zudem mit ihrer Aktion SIS für Flüchtlinge. Die erfolgreiche Unternehmerin zeigt, wie man auch unter schwierigen Voraussetzungen mit einem starken Willen und viel Fleiß seinen Traum verwirklichen kann.

JASMIN TAYLOR

UNTERNEHMEN
JT Touristik

GRÜNDUNGSJAHR
2009

STADT
Berlin

🌐 WWW.JT.DE

Du wurdest im Iran geboren. Wie verlief deine Jugend dort und wie war der Weg, der dich nach Deutschland geführt hat?

Ich verbrachte eine wunderbare Kindheit im Iran, wo ich mit meinen Eltern, sechs Geschwistern und Großeltern in einem Haus lebte. Doch dann brach erst die Revolution und später der erste Golfkrieg aus. Meine Jugend war daher von dieser schrecklichen Zeit geprägt und als ich 17 Jahre alt war, beschloss ich wegzuziehen, da die Situation im Iran nicht mehr tragbar war. Da meine Eltern jedoch nicht mitkonnten, machte ich mich alleine auf den Weg nach Deutschland. Anfangs machten mir vor allem die Einsamkeit und die Kommunikation zu schaffen. Zwar sprach ich Englisch, aber kaum Deutsch. Aber ich dachte mir: Was mich nicht umbringt, macht mich nur stärker! Und da wir im Iran einen hohen Bildungsstandard haben, wollte ich unbedingt mein Abitur machen und anschließend studieren. Also lernte ich Deutsch, besuchte vier Jahre das Gymnasium und ging für mein Studium dann in die USA.

Du hast neben dem Abitur zudem in einem Fünf-Sterne-Hotel gearbeitet. Das war bestimmt ziemlich anstrengend?!

Ja, das war nicht ganz einfach. Ich war Schülerin und habe nebenbei im Hotel gearbeitet. Aber ich hatte das Glück, dass ich meinen Job flexibel gestalten konnte. Und da die Hotelarbeit körperlich und die Schule geistig anstrengend war, war es eine gute Mischung. Rückblickend kann ich zudem sagen, dass ich ohne diesen Job mein Abitur nicht geschafft hätte.

Ich hatte nämlich Deutsch als Leistungskurs gewählt, obwohl das sehr schwierig war. Durch meine Arbeit als Zimmermädchen, an der Rezeption und am Buffet, realisierte ich, dass ich das nicht mein ganzes Leben lang machen will. Genau das gab mir dann Kraft, weiter intensiv für mein Abitur zu lernen.

Ich kann mir vorstellen, dass man sich dann ein schöneres Leben vorstellt. Was hast du dir damals gewünscht?

Ich wollte eine gute Ausbildung machen, damit ich ein schönes Leben habe und mir schöne Dinge leisten kann. Also eine Mischung aus materiellen und immateriellen Dingen, aber konkrete Pläne hatte ich damals noch nicht. All das, was ich mir gewünscht habe, habe ich mittlerweile auch erreicht, und ich bin sehr dankbar dafür. Ich lebe mein Leben und fühle mich angekommen. Trotzdem will ich mich nicht zur Ruhe setzen, sondern habe noch sehr viele Pläne! Für mich bedeutet Leben, viel zu erleben.

Qualität, aber einen relativ niedrigen Preis hatten. Darauf wurde ein Journalist aufmerksam, der mich dann zu meinem Unternehmen interviewte. Und es folgten weitere Interviews durch andere Medien und so kam der Stein ins Rollen. Durch die viele Publicity kamen dann auch mehr Kunden.

Was war dein Erfolgsfaktor, um diese Publicity zu erhalten?

Der Erfolgsfaktor war unser Angebot. Selbst die beste Publicity nutzt nichts, wenn der Inhalt nicht stimmt. Da muss man authentisch bleiben. Das hat bei mir alles gestimmt. Heutzutage geht das alles auch viel einfacher durch das Internet und die sozialen Medien. Dort kann man mit originellen Ideen und origineller Werbung schnell viele Menschen erreichen.

„Es ist wunderbar, sein Leben und seine Arbeit selbst zu gestalten.“

Was waren dann deine ersten Schritte in die Selbstständigkeit? Wie hast du dich finanziert?

Da ein Laptop sehr teuer war, kaufte ich mir einen PC, um somit die Buchungen verwalten zu können. Ich gründete mit meinen Ersparnissen und einem Darlehen einer Freundin. Ich glaube, sie dachte, dass sie ihr Geld nie wiedersieht - aber sie wollte so sehr, dass ich aus meiner Idee etwas mache. Mit meinen finanziellen Ressourcen bin ich dann sehr sparsam umgegangen und habe beispielsweise die Website von einem Freund gestalten lassen. So konnte ich das Darlehen bereits nach wenigen Monaten wieder zurückzahlen. Das Bootstrapping hat für mich sehr gut geklappt, denn ich hatte mehr Entscheidungsfreiheit als wenn ich einen Investor dabei gehabt hätte. Trotzdem muss man bescheiden leben. Ich bin zu meinem Bruder gezogen und habe meine persönlichen Ausgaben stark reduziert. Das wenige Geld, was da war, habe ich für Geschäftsreisen und Networking ausgegeben - also für alles, was das Geschäft weiterbringt.

Dann bist du ja durch mehrere TV-Beiträge sehr bekannt geworden. Wie kam es zu dieser Publicity?

Um die Nachfrage nach unserem Reiseangebot zu vergrößern, habe ich unter anderem Gewinnspiele im Rahmen von Kooperationen angeboten. Unser Markenzeichen war, dass die Reisen eine hohe

Was macht dein heutiges Unternehmen JT Touristik gegenüber anderen Anbietern so besonders?

Unser Alleinstellungsmerkmal ist unser tagesaktuelles Angebot zum besten Preis auf dem Markt und zu hoher Qualität. Wir orientieren uns daran, was unsere Kunden wollen und bieten auch genau dies an. JT Touristik verfügt über die TÜV-Zertifizierung „Safer Shopping" und ist mit seinen Angeboten auf einer Vielzahl von Reiseportalen sowie in über 10.000 Reisebüros vertreten. Dieses Paket überzeugt unsere Kunden.

Die Tourismusbranche ist tendenziell auch eher eine Männerdomäne. Wie war es, dich trotzdem in diesem Markt zu etablieren?

In der Größenordnung, in der ich Geschäfte betreibe, bin ich tatsächlich sogar die einzige Frau. Doch ich bin mir immer treu geblieben und habe mich weder betont weiblich gegeben noch mich als männlich dargestellt, um in die Branche zu passen. Anfangs hatte ich aber durchaus mit vielen Vorurteilen zu kämpfen. Es gab auch Leute, die mir direkt gesagt haben, dass sie mich für fehl am Platz halten. Aber ich habe immer an mich geglaubt und weitergemacht.

Das ist sicherlich gar nicht immer so einfach. Wie behältst du dir dein Selbstvertrauen in solchen Momenten?

Ich habe einen sehr guten Coach, der schon seit der Unternehmensgründung dabei ist und mir immer wieder Mut zuspricht. Auf fast jedem Branchen-Event hat irgendjemand etwas Unschönes zu mir gesagt. Leider ist es so, dass es in Europa viel Neid gibt und die meisten Menschen versuchen, andere klein zu halten. Anerkennung hierzulande ist rar und man muss sich davor mehrmals beweisen. Im Iran gibt es ein Sprichwort: „Man lernt die Höflichkeit von unhöflichen Menschen". Das ist auch der Ansatz, aus dem ich mir meine Inspiration hole. Ich analysiere Sachen, Umstände oder Verhaltensweisen, die mir nicht gefallen, und lebe mein Leben dahingehend, diese Dinge nicht zu tun.

Was reizt dich besonders am Unternehmertum?

Der Reiz liegt darin, dass ich als Unternehmerin mein Leben weitestgehend so gestalten kann, wie ich es möchte. Ich hatte schon immer einen starken Drang zur Selbstbestimmung und Freiheit. Natürlich muss man als Selbstständige viel mehr arbeiten und sich auch mehr engagieren, aber es ist wunderbar, sein Leben und seine Arbeit selbst zu gestalten. Das ist ein wichtiges Gut, das ich in meinem Leben nicht mehr missen möchte.

Woher kommt dein Drang nach dieser unternehmerischen Selbstbestimmung?

In meiner Kindheit war die iranische Gesellschaft sehr traditionell. Die Frauen haben zwar studiert, aber nur, um hauptsächlich eine gute Partie zu heiraten und später die Kinder gut erziehen zu können. Zudem sollte die Frau immer ihrem Mann folgen. Eine solche Abhängigkeit war für mich eine Horrorvorstellung. Die Selbstständigkeit hingegen war immer mein Ziel, um frei in meiner Entscheidung und Gestaltung sein zu können. Ich liebe es, Dinge aus dem Nichts zu kreieren. Ein tolles Beispiel hierfür ist mein Anwesen. Das war ein stark heruntergekommenes Grundstück und mittlerweile sieht es großartig aus. Für mich macht der Weg zum Ziel einfach am meisten Spaß.

Was bedeutet es für dich, ein selbstbestimmtes Leben zu führen?

Das selbstbestimmte Leben fängt an, indem man an einem Ort arbeitet, den man mag. Ich liebe Berlin und wollte sehr gerne hier leben und arbeiten. Es gab aber nicht den passenden Job und deswegen kreierte ich ihn einfach selbst. Natürlich erledigt man an einem 12-Stunden-Arbeitstag nicht nur Aufgaben, die man gerne macht, aber meine Arbeit ist eine gute Mischung aus Routine und Kreativität. Und das macht mir sehr viel Spaß!

„ Ich habe
immer an mich
geglaubt
und
weitergemacht. "

Maxie Matthiessen

Maxie Matthiessen studierte internationale Ökonomie an der Copenhagen Business School in Dänemark, wo sie auch ihre Mitgründerinnen Julie Weigaard Kjaer und Veronica D'Souza kennenlernte. Die drei vereinte der Wunsch, mit ihrer Arbeit die Welt ein Stückchen besser zu machen. Nachdem Maxie von ihrer Schwester auf die Menstruationstasse, als gesunde und umweltfreundliche Alternative zu Tampons und Binden, aufmerksam gemacht wurde, entschieden sich die drei Frauen 2011 zur Gründung ihres Unternehmens Ruby Cup. Noch immer ist Menstruation weltweit ein Tabuthema und in manchen Regionen können junge Mädchen während ihrer Regelblutung nicht die Schule besuchen. Mit dem Prinzip „Buy one, Give one" wird mit jedem gekauften Ruby Cup ein weiterer an ein Mädchen in Kenia gespendet. Mit diesem erfolgreichen Social Business Modell haben die Gründerinnen zahlreiche Preise, unter anderem den „Global Social Entrepreneurship Award", gewonnen.

MAXIE MATTHIESSEN

UNTERNEHMEN
Ruby Cup

GRÜNDUNGSJAHR
2011

MITGRÜNDERINNEN
Julie Weigaard Kjaer,
Veronica D'Souza

STADT
Berlin

🌐 WWW.RUBYCUP.COM

Wie entstand die Idee zur Menstruationstasse Ruby Cup und dem Social-Business-Ansatz dahinter?

Ich wollte schon immer die Welt verbessern und hatte nur nach der richtigen Idee gesucht. Eines Tages erzählte mir meine Schwester von der Menstruationstasse als Alternative zu den üblichen Hygieneprodukten und empfahl mir, diese auszuprobieren. Die Idee der Menstruationstasse ist also nicht neu und ist vor allem in Dänemark, England und den USA sehr populär. Zu dieser Zeit las ich zudem in einem Artikel, dass Millionen von Mädchen in Entwicklungsländern aufgrund ihrer Regelblutung nicht zur Schule gehen können. Das war ein neuartiges Phänomen für mich, denn ich dachte, dass in diesen Ländern die größten Probleme Hunger und Wohnungsnot wären. Wie allerdings ein so natürliches Phänomen die Mädchen von der Schule und somit notwendiger Bildung fernhält, war mir unbegreiflich. Dann kam mir der Gedanke, dass der Ruby Cup die perfekte Lösung für dieses Problem wäre.

Wie ging es dann weiter?

Meine Mitgründerinnen sind ehemalige Kommilitoninnen von mir und waren ebenfalls begeistert von der Idee. Nachforschungen im Internet haben dann ergeben, dass es bereits ein Pilotprogramm in Kenia gibt, und so starteten wir dort. Unsere ursprüngliche Idee war, die Ruby Cups über lokale Frauen vor Ort zu verkaufen. Das testeten wir sechs Monate in drei verschiedenen Slums mit fünfzehn (fünf in jedem Slum) verschiedenen Verkäuferinnen aus. Leider hat das aber nicht funktioniert, da der Preis der Ruby Cups zu hoch war. Zum Vergleich: In Kenia kosten Binden einen Dollar, die Ruby Cups hingegen fünf Dollar wenn es marktwirtschaftlich funktionieren soll. Die Menschen dort leben mit zwei bis drei Dollar pro Tag und haben kein finanzielles Polster. Obwohl die Kostenersparnis auf 10 Jahre gerechnet bei 95 Prozent liegt, war diese einmalige Investition von fünf Dollar zu hoch.

„Ich wollte schon immer die Welt verbessern und hatte nur nach der richtigen Idee gesucht."

Wie habt ihr die erste Produktion der Ruby Cups finanziert?

Wir haben zunächst einen Businessplan geschrieben und bewarben uns damit für das „Innovationen gegen Armut"-Programm einer schwedischen Entwicklungsorganisation. So erhielten wir 20.000 Euro, die wir in die Produktentwicklung und Produktion der Ruby Cups, die insgesamt ein Jahr dauerten, investierten. In dieser Phase wurden die Menstruationstassen mehrmals getestet und verändert. Das fertige Design wurde dann in China produziert und Mitte 2012 kam die erste Lieferung von 10.000 Ruby Cups in Kenia an.

Euer erster Ansatz, die Ruby Cups direkt an kenianische Frauen zu verkaufen, scheiterte aufgrund des Preises. Wie habt ihr eure Verkaufsstrategie dann verändert?

Zwei Jahre nach der Gründung waren wir finanziell an einem kritischen Zeitpunkt und wir mussten umdenken. Denn trotz des großen Bedarfs und der Begeisterung vieler Kenianerinnen, blieb das Produkt unerschwinglich. Zu diesem Zeitpunkt entschlossen wir uns, das Projekt auf Spendenbasis durchzuführen und entwickelten die „Buy one, give one"-Strategie. Ich zog zurück nach Deutschland und fing dort an, die Ruby Cups zu verkaufen. Für jede verkaufte Menstruationstasse wird jetzt eine weitere an ein Mädchen in Kenia gespendet.

Sicherlich habt ihr in dieser Zeit aber trotzdem auch wertvolle Erfahrungen sammeln können.

Klar. Auch wenn diese zwei Jahre in Kenia finanziell gesehen für das Unternehmen nicht so gut waren, haben wir wichtige Einblicke in die Kultur sowie die lokalen Herausforderungen erhalten. Beispielsweise konnten wir in einigen Regionen die Ruby Cups überhaupt nicht verteilen, da an den dortigen Schulen kein Wasser vorhanden ist. Das ist jedoch wichtig, weil man sich vor dem Einführen des Ruby Cups natürlich die Hände waschen muss und die Tasse auch einmal im Monat auskochen sollte. Außerdem haben wir in dieser Zeit mit der Golden Girls Foundation, Femme International und dem Roten Kreuz in Uganda auch wichtige Projektpartner gefunden, die uns bei der Verteilung und vor allem unseren Mentorinnen-Projekten unterstützen. So beantworten die Mentorinnen den Mädchen alle Fragen zum Gebrauch der Menstruationstassen und helfen bei Problemen.

War es denn schwierig das Thema Menstruation in der kenianischen Bevölkerung anzusprechen?

Anfangs waren wir uns in diesem Punkt auch sehr unsicher. Als uns nach unserer Ankunft am Flughafen in Kenia ein Taxifahrer begrüßte und fragte, was wir denn in Kenia vorhätten, drucksten wir zunächst ein wenig herum, bis wir ihm erzählten, dass wir mit einem Frauenhygiene-Produkt hier sind. Nach zwei Minuten meinte er: „Ihr müsst unbedingt zu mir in mein Dorf kommen - meine Frau und meine drei Töchter müssen unbedingt euer Produkt haben!" Diese Offenheit gegenüber Neuem haben wir immer wieder erlebt. Sogar die lokalen Behörden haben uns immer tatkräftig unterstützt. Das Thema war dort

lange Zeit ein Tabu, aber sobald man darüber redet, werden die Menschen hellhörig und sehr offen. Das war sehr erstaunlich.

Ihr seid dann auf das „Buy one, Give one" - Modell umgestiegen und habt die Ruby Cups auf den deutschen Markt gebracht. Waren die Reaktionen auch so offen?

Komischerweise ist das Thema Menstruation in Deutschland ein größeres Tabu als in Kenia. Ich merkte zum Beispiel, dass, wenn ich auf einer Konferenz über dieses Thema sprach, viele Zuhörer beschämt auf den Boden sahen. Und auch das Produkt mussten wir erst einmal auf dem Markt mit viel Aufklärungsarbeit etablieren. Anfangs reagierten Frauen eher ablehnend auf Ruby Cup, weil sie diese merkwürdig fanden. Und ehrlich gesagt ging es mir anfangs ähnlich, ich war damals in Dänemark auch skeptisch, als meine Schwester mir die Tasse vorstellte. Doch als ich sie dann ausprobierte war ich sofort überzeugt. Mittlerweile steigt auch die Nachfrage nach Menstruationstassen in Deutschland sehr stark an, auch Dank der Arbeit von unserem tollen Ruby Cup Team. Und es ist auch wirklich eine sehr zeitgemäße Lösung mit sehr vielen Vorteilen für Frauen, deren Gesundheit und die Umwelt.

Welche Vorteile bietet der Ruby Cup denn?

Ein Vorteil unseres Produktes ist, dass es sich über mehrere Jahre hält und man so sehr viel Geld spart. Der zweite Vorteil ist der Umweltschutz und die Nachhaltigkeit unseres Produktes. Da man das Produkt über mehrere Jahre hinweg verwenden kann, werden 12.000 Tampons pro Frau im Leben gespart und somit auch eine erhebliche Menge an Müll. Der dritte Vorteil ist die Verträglichkeit. Der Ruby Cup ist aus medizinischem Silikon hergestellt und hypoallergen. Im Gegensatz dazu sind Tampons beispielsweise mit Chlor gebleicht, was dazu führen kann, dass die natürliche Balance des Intimbereichs erheblich gestört wird. Dies wiederum kann zu Infektionen oder im Extremfall auch zu einem toxischen Schock mit Todesfolge führen. Es gibt also viele gute Gründe, auf eine Menstruationstasse umzusteigen.

Den Ruby Cup kann man ja zehn Jahre nutzen. Somit hat die Kundin nach dem Kauf aber auch für lange Zeit keinen Bedarf mehr an Hygienemitteln.

Der Ruby Cup ist in der Tat gut für die Natur, gut für den Menschen und schlecht für die Firmen-Ökonomie. So sind einige Einzelhändler mehr daran interessiert, jeden Monat Tampons zu verkaufen, anstatt alle zehn Jahre eine Menstruationstasse. Deswegen war es auch schwierig in den Einzelhandel zu kommen, was uns das Bekanntwerden erschwert hat, da niemand unser Produkt im Regal sehen konnte. Wir haben dann über das Internet relativ günstig Marketing gemacht und so unsere Verkäufe gesteigert. Mittlerweile kontaktieren uns die Einzelhändler von sich aus und haben verstanden, dass wir natürlich kein FMCG (fast moving consumer good) sind, allerdings eine sehr gute Marge bieten, die für die Einzelhändler durchaus attraktiv ist. Natürlich wollen wir aber trotzdem, dass unsere Kunden auch häufiger Ruby Cups kaufen. Und da kam es gelegen, dass sich unsere Kunden, zum Beispiel, neue Farben und verschiedene Größen gewünscht haben. Deswegen bieten wir Ruby Cup jetzt in verschiedenen Farben und Größen an. Und dazu auch „add on" Produkte, sowie Reinigungsmittel oder Kegel Trainer, die den Beckenboden stärken.

Um eure zweite Produktion zu finanzieren, habt ihr 2014 zudem eine Crowdfunding-Kampagne durchgeführt. Welche Tipps hast du für ein erfolgreiches Crowdfunding?

Der erste Tipp ist, dass man das Funding-Ziel nicht zu hoch stecken sollte. Zum einen sind niedrigere Ziele leichter zu erreichen und zum anderen ist die mediale Aufmerksamkeit wesentlich größer, wenn man sein Funding-Ziel erheblich übererfüllt. Mein zweiter Tipp ist, komplett hinter der Kampagne zu stehen und immer aktiv zu sein. Zum Beispiel bin ich während der Kampagne stets mit einer Krone aus Ruby Cups unterwegs gewesen. Das hat viele Menschen beeindruckt, da sie merkten, dass ich es ernst meine und wirklich hinter dem Produkt stehe.

Du hast mal gesagt: „Wir wollen die Welt durch wirtschaftliche Lösungen verändern". Das Thema Social Commerce liegt euch also sehr am Herzen. Was bedeutet das konkret für dich?

Mein Vater treibt als Mitglied des Landtages für ‚Die Grünen' die Energiewende voran und setzt sich für die Umwelt ein, meine Mutter ist passionierte Psychologin. Daher brennen beide auf unterschiedliche Weise für Lösungsansätze für unterschiedliche gesellschaftliche Herausforderungen und haben mich auch in diesem Sinne erzogen. Der Sinn des Lebens kann nicht nur sein, Geld zu scheffeln, sondern es muss auch etwas Gutes dahinter sein, was jemandem nützt. Nur Geld als Ziel oder nur einen Exit anzustreben wäre doch auch stink langweilig und hohl. Für mich muss mehr dahinterstehen. Ich selbst habe mich viel mit Entwicklungshilfe beschäftigt und bin zu der Erkenntnis gekommen, dass nachhaltige wirtschaftliche Lösungen sehr wichtig und häufig auch effizienter sind, um die globale Ungleichheit zwischen Arm und Reich zu bekämpfen. Mit Ruby Cup als soziales und zugleich wirtschaftliches Unternehmen kommen wir dem näher - zumindest ein Stück.

Ihr habt Ruby Cup zu Dritt gegründet. Welche Vorteile hat die Gründung im Team und worauf sollte man achten?

Wenn man zu zweit oder zu dritt gründet, kann man sich die Last teilen. Daher empfehle ich es jedem, mit mindestens einer anderen Person zu gründen. Gleichzeitig sollte man darauf achten, dass die Charaktereigenschaften zueinander passen und sich die Fähigkeiten komplementieren. Zudem rate ich jedem, sich ebenfalls rechtlich abzusichern - für den Fall, dass es Streit gibt oder ein Mitgründer aussteigt.

„Es gibt viele gute Gründe, auf eine Menstruationstasse umzusteigen."

Nach fünf Jahren hast du das Management abgegeben, um dich neuen Herausforderungen zu widmen. Im Juni 2016 hast du dann mit deiner Mitgründerin Emily Casey dein neues Start-up Femna gegründet. Wie entstand die Idee und was steckt genau dahinter?

Nachdem ich bereits durch Ruby Cup helfen konnte, das Leben vieler Frauen zum Positiven zu verändern, wollte ich noch mehr Produkte entwerfen, die Frauen helfen mit Freude und beschwerdefrei durch den Alltag zu gehen. Da ich selbst auch oft Menstruationsschmerzen habe und diese sehr gut mit Heilkräutertees in den Griff bekommen habe, entstand die Idee zu Femna (www.femna.eu). Egal ob PMS, Menopause oder Menstruationsbeschwerden, wir bieten diverse natürliche Produkte mit Heilkräutern in unserem Online-Shop femna.de an. Heilkräuter haben oftmals noch ein Kräuterhexen-Image und sind im digitalen Zeitalter noch nicht ganz angekommen. Wir wollen natürliche Heilmittel sexy machen und mit Witz und Humor Tabus rund um Frauenthemen brechen. Denn es ist an der Zeit, dass wir anfangen sollten, normal mit natürlichen Begebenheiten umzugehen. Keine Frau sollte sich dafür schämen eine Frau zu sein.

Was für Ziele hast du sonst noch im Leben?

Mein Ziel im Leben ist es, die richtige Mischung aus sinnvoller Arbeit und einem erfüllten Privatleben zu finden. Ich kann mir beispielsweise vorstellen, mit Freunden in einer Gemeinschaft zusammen zu wohnen, in der man sich gegenseitig unterstützt - weg vom individualistischen Trend in unserer Gesellschaft und hin zum Gemeinschaftsgedanken.

Business ist menschlich:
Der Aufstieg der bewussten Wirtschaft

Wir betreten ein neues Zeitalter, wo Generationen - wie die Millennials - die Vorreiter in der Wirtschaft sind und gleichzeitig die größten Verbrauchergruppen darstellen. Erfahre hier, wie du in dieser neuen Wirtschaft Erfolg haben kannst!

DANIEL JORDI

BIO
Daniel Jordi ist der CEO von LeadersBridge.org, einem Business Enabler, der sinnvolle Verbindungen zwischen Stakeholdern ermöglicht, die eine bewusste Wirtschaft kreieren. Er ist auf einer Mission, wieder Menschlichkeit in unsere Geschäftsprak-tiken zu bringen.

LINKEDIN
Danieljordi

🌐 WWW.
JORDICO.COM

WWW.
LEADERSBRIDGE
.ORG

Was Millennials und zukünftige Generationen mehr interes-siert als alles andere, ist zum einen der Sinn und Zweck der Arbeit, die sie verrichten, und zum anderen die Nachhaltigkeit der Produkte und Dienstleistungen, die sie kaufen. Man kann kaum übersehen, was momentan in der Wirtschaft geschieht und welche Verschiebung unsere globale Wirtschaft durchläuft. Richard Branson veröffentlichte das Buch „Screw Business as Usual". Eine Bewegung namens „Conscious Capitalism" und „Impact Investing" sind dominante Trends in der Zukunft der Finanzen. Um also nicht nur mit den kommenden Veränderungen Schritt zu halten, sondern ihnen voraus zu sein, müssen wir unsere Geschäftspraktiken gesellschaftlich bewusster verfolgen. Fügt man diese Ideen, Bewegungen, Begriffe und neuen Geschäftsmodelle zusammen, erhalten wir etwas, das wir ‚Die bewusste Wirtschaft' nennen können. Es ist ein Ökosystem, geführt von einer Generation, die sich mehr um Sinn und Zweck kümmert, als um alles andere. Um in die-ser neuen Wirtschaft voranzukommen, müssen wir die Werte, die sie verkörpert, erfassen und annehmen. Hier sind zwei gesellschaftlich bewusste Wirtschaftsprinzipien, die du in deine Geschäftspraktiken einbringen kannst.

ALLES MUSS EINEM HÖHEREN ZWECK DIENEN

Seit Beginn unserer Zeit, konnten Unternehmen, die einen höheren Zweck verfolgt haben, erfolgreich wachsen – doch nur solange bis sie diesen Zweck nicht aus den Augen verloren. Jetzt, in der neuen Wirtschaft, ist diese Wahrheit noch präsenter als zuvor, weil sich die Menschen bewusster für Sinn und Zweck interessieren. Früher konnte man gewinnen, indem man über Preispolitik oder feindselige Geschäftaktiken konkurriert hat. Heute jedoch, wo alles transparent verläuft und der jungen Generation vor allem der Sinn ihres Tuns wichtig ist, werden diese Geschäftspraktiken langsam aber sicher aussterben.

Die ganze Welt schaut dir zu. Bevor Menschen überhaupt irgendetwas unternehmen, fragen sie sich: „Warum sollte ich mich wirklich dafür interessieren?". In dieser Situation ist der einzige Weg um erfolgreich zu sein, indem du deinen höheren Zweck an erster Stelle setzt.

ALLES IST VERBUNDEN

Es gibt ein brilliantes Gespräch über dieses Prinzip von Google X Mitbegründer Tom Chi. Wenn wir alles in dieser physischen Welt auf den wesentlichen Punkt bringen, erkennen wir, dass wirklich alles das Gleiche ist. Es werden lediglich ver-schiedene Strukturen und Formen benutzt, um etwas Materielles zu manifestieren. Wenn wir Dollar-Scheine aufgliedern, be-kommen wir Papier, Holz, Bäume, Natur und schließlich Partikel. Wenn wir uns selbst aufgliedern bekommen wir Gewebe, Zellen, DNA und schließlich Partikel. Es ist alles das Gleiche, sodass wir uns nicht von irgendetwas trennen können. Das bedeutet, alles was wir ausscheiden, wirkt sich direkt auf uns aus. Wenn wir die Umwelt verschmutzen, verschmutzen wir unsere Zellen. Wenn wir schlecht von anderen sprechen, sprechen wir schlecht von uns. Wenn wir Ärger und Hass auf unsere Konkurrenten richten, richten wir dies gleichzeitig auch auf uns selbst.

Also, wenn du das nächste Mal den Preis für deine Produkte und Dienstleistungen festsetzt, frage dich: „Ist das wirklich, was ich wert bin?" Das nächste Mal, wenn du einem poten-ziellen Kunden oder Partner mailst, frage dich: „Ist das die höch-ste Version von mir selbst, durch die ich kommunizieren könnte?" Das nächste Mal, wenn du ein Produkt oder einen Service kreierst, frage dich: „Warum kümmere ich mich wirklich darum?"

„ ICH UMARME DIE
Veränderungen
IN MEINEM
Leben. "

~

„ ICH
fokussiere
MICH AUF DIE DINGE, DIE ICH
verändern
KANN. "

~

„ ICH
genieße
DIE KLEINEN DINGE
des Lebens
UND ICH KANN
loslassen. "

Gabriele Schwarz

Gabriele Schwarz liebt das Reisen und studierte internationale Politik und BWL mit dem Ziel, Auslandskorrespondentin zu werden und so ihre Leidenschaft zum Beruf zu machen. Eher durch Zufall landete sie dann in der IT-Branche und erarbeitete sich in kurzer Zeit die Position als Geschäftsführerin. Als nach dem Börsengang des Konzerns die familiäre Atmosphäre auf der Strecke blieb, entschied sich Gabriele zu kündigen und eine eigene Marketingagentur zu gründen. Gleichzeitig bereiste sie weiterhin die Welt und beobachtete in afrikanischen Ländern eine noch stark fehlende Infrastruktur, insbesondere im Energiebereich. Vor diesem Hintergrund entstand die Idee zu ihrem zweiten Unternehmen Bonergie, welches sie im Alter von 50 Jahren in München gründete. Bonergie heißt „gute Energie" und ist ein Social Business, das seinen Kunden eine große Produktpalette auf Basis von Solarenergie anbietet und somit Zugang zu Licht, Strom und Wasser ermöglicht. Mittlerweile lebt Gabriele selbst im Senegal und leitet ihr Unternehmen direkt vor Ort.

GABRIELE SCHWARZ

UNTERNEHMEN
Bonergie

GRÜNDUNGSJAHR
2009

STADT
München

🌐 WWW.BONERGIE.COM

Bonergie ist ja nicht dein erstes eigenes Unternehmen. Wie kam es zur Gründung deines ersten Business?

Ich arbeitete zunächst bei einem Konzern in der IT-Branche und half als Geschäftsführerin unter anderem dabei, das Unternehmen an die Börse zu bringen. Doch nach dem Börsengang arbeiteten wir nur noch für die Investoren. Alles Familiäre, wie gemeinsam Projekte erfolgreich durchzuführen, ging dadurch verloren. Ab diesem Punkt erfüllte mich mein Job nicht mehr und so verkaufte ich meine Aktien und gründete aus dem Erlös mein erstes Unternehmen, eine Marketingagentur für die IT-Branche. Dort half ich ausländischen Firmen im deutschen Markt Fuß zu fassen.

Welche Erfahrungen hast du gemacht, als du dich das erste Mal selbstständig gemacht hast?

Ich habe definitiv die Herausforderung unterschätzt. Davor war ich Geschäftsführerin und hatte meine Mitarbeiter und eine Sekretärin. Ich dachte, ich könnte diese Infrastruktur auch sehr einfach wieder in meinem Unternehmen aufbauen. Aber auf einmal saß ich mutterseelenallein an meinem Tisch und wusste nicht, wo ich anfangen sollte. Diese Unsicherheit hat mich am Anfang auch sehr belastet. Dann stellte ich mich aber der Herausforderung und baute eine erfolgreiche Agentur mit einem Team von 25 Mitarbeitern auf, welche ich dann sechzehn Jahre leitete.

„Wenn man dem inneren Impuls folgt, ohne Angst zu haben, was andere über einen denken, dann kann man viel bewirken!"

Warum hast du diese Position aufgegeben und mit Ende vierzig noch einmal neu angefangen?

Es kam der Moment, in dem ich die Routine satt hatte. Alltag ist einfach nichts für mich. Ich bin kein Mensch, der jeden Tag dasselbe machen kann und musste mich dann neu erfinden. Ich habe auch schon gesagt, dass selbst Bonergie noch nicht das Ende ist. Vielleicht mache ich mit sechzig oder siebzig noch einmal etwas ganz Neues. Ich finde wirklich, dass jedes Alter gut ist um zu gründen, aber fünfzig ist eigentlich ideal. Mein Kind ist bereits erwachsen und so hatte ich diesen Aspekt meines Lebens schon erfüllt. Das eröffnet einem Räume und ich konnte auf eine gewisse Erfahrung zurückgreifen. Unternehmerin zu sein, ist nicht unbedingt die leichteste Aufgabe. Aber je mehr Erfahrung man hat, desto besser geht es.

Findest du also, dass es ein Vorteil sein kann, bei der Gründung bereits etwas älter zu sein?

Auf jeden Fall. Es ist aber auch schön im jungen Alter zu gründen, weil man noch nichts zu verlieren hat. Da kann man etwas mehr ausprobieren. Ich bin damals dann mit einem Koffer los, habe mir Geld geliehen, die ersten Solarlampen gekauft und bin in den Senegal gefahren, um meine Idee zu testen.

Warum hast du dich für den Senegal entschieden?

Ich bin schon immer wahnsinnig viel und gerne gereist, wodurch es mich unter anderem auch nach Afrika verschlagen hat. Zum Beispiel bin ich mit dem Auto durch die Wüste gefahren und habe dabei auch die westafrikanischen Länder bereist. Ich habe dort aber auch sehr viel Armut gesehen. Wenn ich ein solches Problem sehe, versuche ich dieses zu lösen, indem ich ein Business drumherum gründe. Ich kannte durch mein Hobby, das Tanzen, auch schon viele Afrikaner hier in München. Da sie hohe Positionen hatten, trug ich ihnen meine Idee vor. Viele waren begeistert, aber nur ein Senegalese bot konkrete Unterstützung an. So wurde es eben der Senegal.

Dein Ziel ist es mit einer Geschäftsidee ein konkretes Problem zu lösen. Wie entstand die Idee zu Bonergie?

Ich habe mich gefragt, warum unsere Industriestaaten so gut entwickelt sind und die sogenannten Entwicklungsländer hingegen noch immer in der Entwicklung stecken. Mein Verständnis ist, dass jeder Mensch mit dem gleichen Potenzial auf die Welt kommt. Mir fiel dann ein, dass jedes Potenzial und jede Idee fehlschlägt, wenn die notwendige Infrastruktur nicht vorhanden ist. Diese Basis, also Strom, Wasser und Licht, fehlt in vielen Regionen in Afrika, also entwickelte ich ein entsprechendes Social Business Konzept. Da die angebotene Lösung auch ökologisch sein sollte, fiel meine Wahl auf die Solarenergie.

Was waren dann deine ersten Schritte?

Ich habe nicht alleine gegründet, sondern mit zwei jungen Männern aus meiner damaligen Agentur. Diese hörten aber nach einem Jahr wieder auf. Da sind einfach zu unterschiedliche Lebenskonzepte aufeinander geprallt und sie hatten auch nicht das Durchhaltevermögen. Nach deren Ausstieg war ich ganz froh, das Unternehmen alleine leiten zu können. Ich habe dann ziemlich schnell im Senegal Mitarbeiter gefunden, die sehr gut ausgebildet sind. Meine erste Übersetzerin fand ich durch ein anderes Social Business, das Sprachunterricht anbot. Ich probierte diesen Service aus, da ich mein Französisch, die Sprache im Senegal, verbessern wollte. Die junge Frau war damals sehr begeistert von meinem Unternehmen und arbeitet bis heute für mich. Mittlerweile sind wir 25 Mitarbeiter im Senegal und drei in Deutschland.

Wie hast du deine Gründung finanziert?

Anfangs habe ich alles mit der Hilfe von Freunden finanziert. Die Idee war zu exotisch für potenzielle Investoren, denn ich konnte noch nichts Konkretes vorzeigen, und wurde so auf die Zukunft vertröstet. Es war sehr hart, das Unternehmen in kleinen Schritten aufbauen zu müssen. Ich war oft verzweifelt und musste weinen, denn ich wusste, dass ich das Richtige tue, aber es ging mir einfach nicht schnell genug. Rückblickend waren diese kleinen Schritte allerdings genau richtig. Hätte man mir am Anfang eine Million gegeben, hätte ich diese nur versenkt. Ich war wirklich ein Pionier auf diesem Gebiet und musste daher häufig neu anfangen und verschiedene Strategien ausprobieren.

Welche Produkte bietet ihr bei Bonergie an?

Wir bauen Solarsysteme, um Energie auch in die Regionen zu bringen, die momentan nicht die notwendige Infrastruktur haben. Die Produktpalette ist sehr groß und beginnt mit kleinen und großen Lampen, mit denen man beispielsweise ein Handy aufladen kann. Die Steigerung davon sind Solar-Home-Systeme, die neben Licht auch Strom produzieren. Zudem bieten wir auch solare Kühl- und Gefrierschränke an. Das ist beispielsweise sehr praktisch für Hühnerfarmen. Ohne Kühlung muss man das geschlachtete Gut am gleichen Tag verkaufen oder eben wegschmeißen. Mit den Kühlsystemen kann die Ware hingegen konserviert werden. Darüber hinaus gibt es auch solare Wasserpumpen, die den Bauern bei der Bewässerung der Felder helfen oder in einem Dorf Trinkwasser fördern.

Wie haben die Menschen vor Ort eure Produkte angenommen?

Bei denen musste ich große Überzeugungsarbeit leisten. Die Ablehnung hatte aber eher moralische Gründe. Die Menschen wollen ungern Kreditvereinbarungen eingehen, denn wenn sie mit Schulden sterben sollten, würde ihre Seele nicht zur Ruhe kommen. Ich gebe den Menschen aber die Chance, die Produkte über zwei bis drei Jahre kleinteilig abzubezahlen und versichere ihnen, dass nichts Schlimmes geschieht. Mittlerweile haben wir eine stabile Kundenbasis und können erste Gewinne einfahren.

Gibt es eine Geschichte, wo du mit einem verkauften Solarprodukt das Leben eines Menschen verändert hast?

Eine besonders schöne Geschichte ist die eines Bauern im Senegal. Er zeigte uns sein Feld, das nur noch eine Wüste war. Das Dorf, in dem er lebte, starb langsam aus, da alle jungen Menschen nach Europa flüchteten und nur die alten Leute zurückblieben. Der Farmer wollte daran etwas ändern und installierte eine solare Wasserpumpe, um sein Land wieder zu bewirtschaften. Sechs Monate später war alles grün und er produzierte tonnenweise Zwiebeln, Chili und Tomaten. Wir standen auf dem Feld und alles war voller Schmetterlinge und Bienen. Die jungen Leute kamen zurück, in dem Dorf wurde eine Bäckerei aufgemacht und das Leben begann wieder. Das war der Wahnsinn.

Kommt für dich nur die Möglichkeit des Social Business in Frage? Und was bedeutet das für dich?

Die Menschheit ist auf dem Weg in eine andere Art des Lebens, welches sehr viel sozialer ist. Die Wirtschaftsform des reinen Kapitalismus hat ausgedient. Junge Menschen setzen nicht mehr nur auf Sicherheit, sondern möchten sinnvolle Dinge tun. Das unterstütze ich, und gehe gerne voran, um neue Konzepte des Social Business auszuprobieren und andere Menschen zu inspirieren. Für mich bedeutet Social Business, dass man ein Business für die Menschen macht, das heißt der Mensch steht im Vordergrund. Man kann in jedem Bereich ein Social Business kreieren. Die Essenz ist, dabei etwas für den Menschen oder die Natur zu tun.

Gab es auch ein Projekt, das sich nicht so entwickelt hat wie du wolltest?

Es gab ein Projekt, bei dem die Idee noch nicht ausgereift war und ich zu früh mit der Produktentwicklung begonnen hatte. Ich suchte mir daraufhin Unterstützung und traf auf einen Geschäftspartner in Deutschland, der allerdings nur auf den Profit spekuliert hat und dem der soziale Aspekt dabei leider egal war. Das kristallisierte sich allerdings erst nach und nach heraus. Aufgrund dieser verschiedenen Sichtweisen haben wir uns dann auch wieder getrennt. Ich hatte jedoch von Anfang an ein komisches Bauchgefühl, hatte aber auf das Beste gehofft.

Man sollte also öfters auf sein Bauchgefühl hören?

Ich kann wirklich nur jedem raten, immer auf sein Bauchgefühl zu hören, denn es ist die innere Stimme, die die Wahrheit spricht. Vor meiner Gründung von Bonergie bin ich in eine tiefe Sinnkrise gefallen. Daraufhin habe ich mich der Spiritualität zugewandt und in Kalifornien eine Ausbildung zum Dream-Coach gemacht, um anderen Menschen zu helfen, ihre Bestimmung zu finden. Für mich ist die Spiritualität der Taktgeber. Ich habe gelernt mit mir in Verbindung zu gehen und frage mich immer wieder: „Wie fühlst du dich gerade? Ist das in Ordnung?" Wenn es nicht gut ist, dann gehe ich woanders hin.

Welche Zukunftspläne hast du?

Mit Bonergie haben wir unser Geschäftsmodell erfolgreich etabliert. Dieses möchte ich nun gerne als Franchise anbieten, damit Menschen aus anderen Ländern es ebenfalls nutzen können. Momentan gibt es Interessenten aus Kenia und Brasilien, um diese Idee auszutesten. Zudem bereite ich derzeit auch ein vollkommen neues Projekt vor. Ich möchte im Senegal in der Casamance, einem subtropischen Flussdelta, eine Farm und ein Konferenzzentrum aufbauen. Zum einen soll die Farm mit einer Kombination aus biologischem Anbau und erneuerbaren Energien gute Ernten einbringen. Zum anderen plane ich ein Konferenzzentrum, das Visionäre an einem Ort zusammenbringen soll, wo sie verrückte Ideen austauschen können. Verbunden damit möchte ich ein Hotel bauen, in dem ich Ökotourismus auf sehr hohem Niveau anbieten werde. Meine Freundinnen sagen, dass ich verrückt bin. Aber ich brauche eben immer etwas Neues.

Was kann man als Einzelner tun, wenn man die Welt ein Stück besser machen möchte?

Ich empfehle immer im unmittelbaren Umfeld auf Zustände zu achten, die nicht tragbar sind. Dann sollte man sich überlegen, was man besser machen könnte und dies auch umsetzen. Aus diesen kleinen Aktionen kann man immer größere Kreise ziehen, denn man kann nicht von jetzt auf gleich die Welt retten. Aber wenn man dem inneren Impuls folgt, ohne Angst zu haben, was andere über einen denken, dann kann man viel bewirken.

Welche Menschen inspirieren dich?

Mich hat Muhammad Yunus, der Vater des Social Business, sehr inspiriert. Er hat für die Erfindung der Mikrokredite und des Social Business den Friedensnobelpreis erhalten. Yunus musste gegen viele Widerstände kämpfen, hat dabei aber nicht aufgegeben. Neben ihm inspirieren mich grundsätzlich Menschen, die leidenschaftlich sind und von innen leuchten. Es geht darum, seinem Herzen zu folgen und die Dinge zu tun, die einem Spaß machen. Spaß ist immer ein guter Hinweis, dass man etwas macht, was mit Leidenschaft zu tun hat!

„Ich finde
wirklich,
dass jedes
Alter gut
ist um zu
gründen. "

Lea-Sophie Cramer

Lea-Sophie Cramer hat in Mannheim BWL studiert und anschließend bei Boston Consulting Group, Rocket Internet und Groupon gearbeitet, bevor sie mit ihrem Umzug zurück nach Berlin in die Gründerszene eintauchte. Ihren Wunsch, selbst Unternehmerin zu werden, realisierte sie 2012 zusammen mit Sebastian Pollok, als beide das Start-up Amorelie gründeten. Amorelie ist ein Online-Lifestyleshop, der Lovetoys, Dessous, Kosmetikprodukte, Bücher und Massageöle mit Stil verkauft.

LEA-SOPHIE CRAMER

UNTERNEHMEN
Amorelie

GRÜNDUNGSJAHR
2012

MITGRÜNDER
Sebastian Pollok

STADT
Berlin

🌐 WWW.AMORELIE.COM

Du hast dich nach drei Jahren als Angestellte für die Gründung von Amorelie entschieden. Woher kam dein Gründungswunsch?

Meine Eltern waren den Großteil ihres Lebens angestellt und haben sich erst spät selbstständig gemacht. Deswegen war Selbstständigkeit kein Thema mit dem ich aufgewachsen bin. Der Wunsch zu gründen kam, als ich nach dem Studium zurück in meine Heimatstadt gezogen bin. Da hatte ich bereits Interesse fürs Gründen, aber erst als ich 2010 in die Start-up-Szene eingetaucht bin, habe ich mich angekommen gefühlt. Das waren alles Menschen, die keine Lust hatten ihre Motivation, Leidenschaft und Feuer in einem Konzern in eine Schublade einzusperren. Sie wollten Großes bewegen. Das war schön, denn ich war unter Gleichgesinnten.

Wie bist du mit deinem Mitgründer Sebastian auf die Idee zu Amorelie gekommen?

Sebastian habe ich bereits Jahre zuvor im Praktikum bei einer Unternehmensberatung kennengelernt. Wir haben uns dann durch denselben Bekanntenkreis in Berlin wieder getroffen, und er erzählte mir, dass eines der meistverkauften Produkte bei einem Onlineshop für Designereinrichtung hochwertige Designvibratoren sind. Ich fand das sehr überraschend. Ich war in jener Zeit auch oft in der Bahn von München nach Berlin unterwegs und sah, dass viele Menschen ganz offen das Buch „Fifty Shades of Grey" lasen. Ich habe die Leute dann direkt darauf angesprochen, dass sie derart unbefangen öffentlich über Sexszenen lesen und gemerkt, dass sich der Umgang mit Sexthemen gerade in der Gesellschaft stark verändert. Im Rahmen dessen, dass „Shades of Grey" total okay ist und Designvibratoren gerade sehr gut verkauft werden, haben wir uns überlegt, wo wir eigentlich diese Produkte kaufen würden. Und da dieser Branche ja ein ziemliches Schmuddel-Image anhaftete, kam uns die Idee, genau in diesem Bereich etwas Ansprechendes aufzubauen. Gesagt, getan. Wir haben dann relativ schnell einen Pitch zusammengeschrieben und haben gemerkt, dass uns das Thema nicht mehr loslässt.

„Man sollte möglichst früh mit Anderen über seine Idee sprechen, um Feedback zu erhalten."

Was waren dann konkret die ersten Schritte?

Wir haben zunächst den Business Case berechnet, den Markt sowie die Konkurrenz analysiert. Darüber hinaus haben wir uns Gedanken über das Geschäftsmodell gemacht, wie wir damit Geld verdienen wollen und was man konkret für den Start benötigt. Wir haben eine Pitch-Präsentation erstellt und früh mit anderen Menschen darüber gesprochen. Viele Gründer/innen denken oft, man sollte nicht über die Idee sprechen, da sie sonst geklaut werden könnte. Aber ich würde Gründern genau das Gegenteil empfehlen. Meiner Meinung nach, sollte man möglichst früh mit Anderen über seine Idee sprechen, um Feedback zu erhalten. Und einer der besten Tipps ist, wirklich zu Leuten zu gehen und um ein Investment zu pitchen. Nur dann bekommst du deren echte Meinung und Einschätzung deiner Idee - ablehnen kannst du das Geld ja immer noch.

Gab es auch Fehler, die du in deiner Gründungszeit gemacht hast?

Am Anfang haben wir unsere Idee noch leicht unterschätzt, weshalb wir in Finanzierungsrunden relativ viele Anteile abgegeben haben. Man weiß eben nicht genau, wie viel die Geschäftsidee wert ist. Klar hat das Risiko eines Start-ups auch einen entsprechenden Gegenwert, aber ich denke, rückblickend haben wir uns zu sehr verunsichern lassen. Außerdem würde ich das nächste Mal den Mitarbeitern noch mehr Unternehmensanteile geben, denn wenn man sehr gute Leute hat, dann ist das genau richtig investiert. Rückblickend würde ich mich zudem früher von Mitarbeitern trennen, wenn man merkt, dass es nicht richtig passt.

Worin siehst du die Vorteile, mit einem Mann gegründet zu haben und ein geschlechtergemischtes Team zu sein?

Es ist bei unserer Thematik sehr hilfreich, ein gemischtes Team zu sein, da Sexualität ein Thema ist, das beide Geschlechter betrifft. Für mich hat es gut funktioniert, da ein Mann eine komplett andere Perspektive hat. Es ist auch gut, vor Investoren zweigeschlechtlich vertreten zu sein. Ich habe einen ganz anderen Zugang zu männlichen Investoren als

Sebastian, und andersherum gilt das natürlich genauso. Sebastian hat von mir gelernt, immer alles sofort anzusprechen, was auch nur in der kleinsten Form Bauchschmerzen bereitet und ich habe von ihm gelernt, ruhig bleiben zu können und gesetzte Strukturen auch einfach mal konsequent einzuhalten - wir ergänzen uns gegenseitig und bringen uns voran. Ich würde auf jeden Fall immer zu zweit gründen. Wenn jemand krank, schwanger oder im Urlaub ist, gibt es den anderen, der das Geschäft voll übernimmt. Man motiviert sich gegenseitig und baut eine sehr enge Beziehung auf.

Hast du erlebt, nicht ernst genommen zu werden?

Das habe ich glücklicherweise selten erlebt. Aber einmal hatten wir beispielsweise einen Termin mit einem DAX-Unternehmen. Es war eines meiner Themen, aber unser Gesprächspartner hat die ganze Zeit Sebastian angesehen während ich sprach. Ich habe mich weiter nach vorne gesetzt, aber auch das hat nicht geholfen. Ich habe dann gesagt: „Herr XY, ich weiß nicht, ob es Ihnen auffällt, und wahrscheinlich machen Sie es nicht absichtlich, aber Sie schauen mich nicht an. Sie müssen mit mir den Vertrag verhandeln! Ich bin Ihr Ansprechpartner!" Mein Gesprächspartner war daraufhin völlig geschockt.

Welchen Tipp hast du ganz allgemein, mit solchen Situationen umzugehen?

Man muss in solchen Situationen charmant sein, Selbstsicherheit in sich tragen, sie ausstrahlen und keine Angriffsfläche bieten. Wenn man noch keine Selbstsicherheit hat, ist mein Tipp: Einfach so tun als ob! Und wenn alles nicht funktioniert, sollte man das Problem ansprechen! Diese Situationen sind nicht boshaft gemeint, sondern resultieren aus Stereotypen in der Gesellschaft.

Woher nimmst du deine Selbstsicherheit?

Meine Eltern haben immer gesagt, dass ich alles werden kann, was ich will. Und sie haben sich immer stark für Frauenrechte eingesetzt und versucht, das in ihre Firmen einzubringen. Ich wurde so erzogen, mich wegen des Frau-Seins nicht anders zu fühlen als jeder andere Mensch. Es hilft aber auch, ehrlich zu sich selbst zu sein. Wenn das Studium gerade erst absolviert wurde, ist es klar, dass keine Berufserfahrung vorhanden ist. Das ist völlig okay! Man muss keine Angst vor dem Neuen haben, sondern sich sagen: ‚Hier stehe ich, das kann ich und das kann ich nicht, aber ich werde mein Allerbestes geben. Das, was ich nicht kann, lerne ich dazu!' Diese Selbstsicherheit kann jeder in sich tragen, egal, wo er gerade in seiner beruflichen Laufbahn steht.

Über Sex wird zwar in der Gesellschaft mittlerweile offener gesprochen, aber wie waren deine Erfahrungen mit Geschäftspartnern, Investoren und Medien über dieses Thema zu sprechen?

Für mich ist es genau das richtige Thema. Ich mag es, ein wenig zu provozieren und aus der Reihe zu fallen. Ich war aber vorher auch relativ konservativ und kenne so genau die Zielgruppe, die wir ansprechen. Für uns war das Thema am Anfang eine große Chance, weil wir damit ein Außenseiter waren. Es hat uns jeder zweimal angesehen und nie vergessen. Wir waren ein ganzes Jahr lang auf Roadshow. Die potenziellen Investoren saßen vorne im Saal, aber waren die ganze Zeit mit ihrem Handy oder Laptop beschäftigt. Wir haben dann unsere Präsentation damit angefangen, unsere Produkte mit auf die Bühne zu nehmen und diese zu erklären. Das war das einzige Mal, dass das Publikum fokussiert war und mit offenem Mund auf die Bühne geschaut hat. Erst dann haben wir unser Unternehmen präsentiert. Zwar gibt es auch Herausforderungen in unserem Bereich, da wir bspw. keine Werbung auf Facebook schalten oder Investoren oft nicht in unseren Bereich investieren dürfen. Aber es bietet ebenso Chancen. So werden wir häufig auf Konferenzen eingeladen und auch seitens der Presse besteht ein großes Interesse an unserem Start-up. Daher haben wir beschlossen, diese positiven Aspekte zu nutzen, die Stärken darin zu sehen und das Beste daraus zu machen.

Du warst schon mit 23 Jahren sehr erfolgreich als Vice President International für den asiatischen Markt bei Groupon tätig. Wie erklärst du dir diesen Erfolg?

Erfolg ist immer ein Dreiermix aus Möglichkeiten, Fähigkeiten und Willen. Die Möglichkeit zu bekommen, etwas zu schaffen, die eigenen Fähigkeiten, dies umzusetzen, sowie Motivation, Fleiß, Ehrgeiz und Leidenschaft zu haben, führen, alle gepaart miteinander, meiner Meinung nach zum Erfolg. Ich habe außerdem viel Glück gehabt, dass meine Fähigkeiten, mein persönlicher Charakter und das, was ich bis dahin gelernt hatte, sehr gut zu meiner damaligen Stelle gepasst haben. Ich hatte einen starken Ehrgeiz und wollte mich sehr engagieren. Ich glaube aber auch, dass es Dinge gibt, die dich befähigen, leichter in Führungspositionen zu gelangen, wie beispielsweise Selbstsicherheit mitzubringen und auszustrahlen, damit sich Mitarbeiter sicher bei dir fühlen. Zudem sollte man eine unglaubliche Wissbegierde mitbringen, den Willen, ganz viel zu lernen, eine schnelle Auffassungsgabe haben und stets selbstkritisch bleiben. Am wichtigsten ist aber das innere Feuer. Gerade als Chef musst du deine Mitarbeiter mitreißen können und wirklich für das brennen, was du tust. Dann kannst du dies auch auf andere übertragen und sie ebenso begeistern.

Wie wichtig ist dir dein Bauchgefühl?

Meine Eltern haben BWL und Psychologie studiert, mir wurde daher bereits in die Wiege gelegt ganz viel über mein Inneres und Unterbewusstes nachzudenken. Mir liegt es am Herzen, mit mir selbst im Reinen zu sein und ich glaube ganz fest, dass das Bauchgefühl genau aus diesen Erfahrungen, die man nicht genau greifen kann, entsteht. Ich habe mich immer ganz stark auf mein Bauchgefühl verlassen und dieses hat mir auch bisher gute Dienste geleistet.

Start-ups sind insbesondere für ihre attraktive Unternehmenskultur bekannt. Wie gestaltet ihr diese bei Amorelie?

Die Unternehmenskultur ist bei uns so entstanden, dass Sebastian und ich uns überlegt haben, was wir persönlich gut finden. Wir wollen vor allem transparent sein, und daher kennen unsere Mitarbeiter einfach alles im Unternehmen - außer die Einzelgehälter, die wir nicht transparent machen. Wir setzen zudem stark auf Feedback unserer Mitarbeiter und haben eine ausgeprägte Feedbackkultur. Wir haben viele Rückzugsorte und Entspannungsmöglichkeiten in unserem Büro geschaffen, unter anderem einen Raum für Sport oder Nickerchen. Wir versuchen einen Vertrauensvorschuss zu geben, indem wir jedem Einzelnen vertrauen, dass er bspw. seinen Urlaub eigenständig und vorausschauend plant. Unser Credo ist: Company first and no Ego! [Das Unternehmen zuerst und kein Ego.] Bei uns ist es wichtig, Spaß zu haben, aber auch gute Leistung abzuliefern. Jeder hat seinen Beitrag zu leisten.

Gesundheit und Energie sind dir sehr wichtig. Wie löst du das für dich? Wie schaffst du dir einen Freiraum?

Das ist mit das schwierigste Thema. Ein perfekt ausgeglichenes Leben und gleichzeitig erfolgreich gründen - das funktioniert einfach nicht. Es gibt eben Phasen, da muss man auf alles andere verzichten und nur reinhauen! Am Anfang der Gründung gab es auch einmal eine schwierige Phase mit meinem Partner. Aber die Herausforderungen haben uns stärker zusammengeschweißt und wir haben mittlerweile eine wundervolle Familie mit unserem kleinen Sohn. Ich hole mir jetzt Unterstützung durch eine Reinigungskraft, die mich im Haushalt unterstützt, sowie ein Au-pair, die an dreieinhalb Tagen in der Woche die Kinderbetreuung übernimmt. Auch meine Mutter unterstützt mich in der Kinderbetreuung und mein Partner versucht, in seinen beruflichen Möglichkeiten ein gleichberechtigtes Elternteil für unser Kind zu sein. Morgens und abends verbringe ich Zeit mit meinem Sohn und am Wochenende versuche ich wirklich, die Zeit für meine Familie frei zu halten. Meine Gesundheit zu bewahren ist das Allerschwierigste. Mir hat es geholfen, am Mittag Sport zu machen. Dafür habe ich mir einen Personal Trainer und kurzfristig auch eine Ernährungsberaterin gegönnt. Ich schaffe also viel auch nur mit viel externer Hilfe. Das ist halt mein Weg, der für mich funktioniert. Für viele andere passt ein anderer.

> „Gerade als Chef musst du deine Mitarbeiter mitreißen können und wirklich für das brennen, was du tust."

Du wurdest zu den Forbes 30 Under 30 gewählt und giltst als erfolgreiche Geschäftsfrau und Vorbildgründerin. Wie ist das für dich?

Wie man dargestellt wird, zeigt mehr über die Gesellschaft als über mich. Vor allem zeigt es, dass wir anscheinend immer noch sehr wenig Frauen in Führungspositionen haben. Es fehlen immer noch die Vorbilder. Erfolg ist ein temporäres Konzept, gerade im Start-up-Bereich. Man kann nicht sagen, ob man in zwei Jahren noch existiert. Ich fühle mich aber gut mit dem was ich mache. Ich gebe gerne die Sachen weiter, die ich gelernt habe. Ich wollte aber eigentlich nicht für „dieses Frauenthema" stehen, weil ich nicht auf das Frau-Sein reduziert werden wollte. Aber da es einen großen Bedarf an Vorbildern gibt, mache ich etwas in diesem Bereich - weil ich die Chance habe, etwas zu bewegen. Im Moment bin ich eine Frau, die ein erfolgreiches Geschäft führt. Ich denke, man kann immer versuchen, viel zu lernen, sich selbst treu zu bleiben und seine Stärken immer weiter zu verbessern.

Dein Lean Start-up: Wie aus Kohlenstoff Diamanten entstehen!

Auch mit wenigen finanziellen und personellen Ressourcen und unter Zeitdruck kannst du mithilfe der Lean-Startup-Methode aus deiner Idee ein erfolgreiches Start-up kreieren!

MAREN LESCHE

BIO
Maren Lesche ist eine Start-up-Expertin, Bloggerin und Netzwerkerin. Als Mentorin bei Programmen wie TechStars, Startupbootcamp und IBHubs Indien unterstützt sie Gründerinnen in der ersten Phase, in der aus Ideen Start-up-Diamanten entstehen. Sie ist ebenfalls Mitgründern des deutsch-indischen Wundernova Women Leaders Club.

TWITTER
@Maren_Lesche

INSTAGRAM
@Startupchallenges

LINKEDIN
marenlesche

WWW. STARTUPCHALLENGES .EU

„Diamonds are a girl's best friend" – in der Start-up-Branche sind Unicorns das Äquivalent der begehrten Edelsteine. Ähnlich wie Unicorns entstehen Diamanten unter harten Bedingungen: Hohe Temperaturen und Druckverhältnisse machen nahezu wertlosen Kohlenstoff zum Diamanten, dem härtesten natürlichen Stoff der Welt – und einem begehrten Sammlergegenstand.

Doch wie kreiert man als junge Gründerin aus einer ersten Idee – dem Kohlenstoff – unter erschwerten Bedingungen – ohne Budget und großes Team und vor allem unter Zeitdruck – ein erfolgreiches Start-up – also einen Diamanten? Seit einigen Jahren hat sich die Lean-Startup-Methode etabliert. Bekannt wurde sie durch das 2011 erschienene Buch des US-Entrepreneurs Eric Ries „The Lean Startup: How Today's Entrepreneurs Use Continuous Innovation to Create Radically Successful Businesses".

Das Konzept ist simpel und findet sich auch im Design Thinking wieder: Ein schlankes, schlagkräftiges Team entwickelt Produkte Schritt für Schritt anhand von kontinuierlichem Nutzerfeedback weiter. Lange Diskussionen um das perfekte Feature oder sichere Geschäftsmodelle gibt es nicht – agil und iterativ sind Produktentwicklung und Start-up-Aufbau. Überflüssiger Ballast – Prozesse und Hierarchien – wird abgestoßen. Zeit ist kritisch; Perfektion ein Luxus.

Die Umsetzung ist ebenfalls denkbar einfach – auch wenn die Realität guten Lean-Startup-Plänen oft einen Strich durch die Rechnung macht: Drei Mantras muss jeder Gründer laut Ries immer im Blick behalten: „Build", „Measure" und „Learn". Jede Produktidee kommt mit einer Hypothese einher, wird hinterfragt, kontinuierlich anhand definierter sogenannter Metrics getestet – und besonders wichtig: Jeder gefundene Fehler, jede Kritik

ist ein Glücksfall. Nur durch echtes Nutzerfeedback kann das Produkt weiterentwickelt – also aus Fehlern gelernt – werden. Gründer mit Egos haben keine Chance. Jede Idee, die auf dem Papier brillant klang, kann durch den Nutzertest durchfallen. Dann heißt es „build" – neu starten und besser machen. Warum also ein perfektes Produkt schaffen und Zeit investieren in etwas, was ggf. den Test nicht besteht? Ein MVP, ein Minimal Viable Product, kostet weniger, bringt aber das gleiche Ergebnis. Jede Stunde kann sich das Produkt um die eigene Achse drehen – also „pivoten". In kürzester Zeit, unter Druck und wahrscheinlich auch hoher Temperatur, Schweiß und Tränen, entsteht so ein Produkt, das gute Chancen hat, zu einem Diamanten zu werden.

Eric Ries wirft auch eine spannende Frage auf: Kann man „Entrepreneurship" lernen? Seine Antwort ist klar: „Der Startup-Erfolg kann erschaffen werden, indem man dem Lean-Startup-Prozess folgt, was bedeutet, dass dieser gelernt und damit auch gelehrt werden kann." Obwohl noch weit mehr zum Start-up-Erfolg gehört als man im Lean-Startup-Buch lesen kann, gibt es zumindest ein wichtiges Signal: Gründen kann jeder Mann und jede Frau. Alter, Geschlecht, Ausbildung und Nationalität sind nicht entscheidend. Die Einstellung – das Mindset oder der Spirit – ist entscheidend.

Zu Erinnerung: In der Natur kommen Diamanten, die in der Regel mehr als 600 km unter der Erde liegen, nur durch Meteoriteneinschläge oder Vulkane zum Vorschein!

Die Lean-Startup-Methode auf einen Blick

Was steckt eigentlich genau hinter der Lean-Startup-Methode? Und wie genau kannst du vorgehen, um diese Methode für deine Geschäftsidee zu nutzen? Das erfährst du in diesem Beitrag!

Der Begriff „Lean Startup" heißt in deutsch übersetzt „Schlankes Start-up" und beschreibt, wie mit möglichst wenig Kapital und reduzierten Prozessen ein erfolgreiches Unternehmen gegründet und aufgebaut wird. Bei dieser Methode geht es darum, so schnell wie möglich einen Prototypen oder eine Beta-Version an den Markt zu bringen und dann im Learning-by-Doing Verfahren das Produkt bzw. die Dienstleistung kontinuierlich zu verbessern. Die Elemente des Lean-Startup-Prozesses bestehen aus einem interaktiven Produkt-Launch, einem sehr kurzen Produktentwicklungszyklus sowie dem Kundenfeedback, welches das wichtigste Element darstellt. Durch das Feedback der Kunden wird sowohl der unternehmerische Lernprozess sowie die Verbesserung des Produkts vorangetrieben. Anhand der Kundenwünsche können messbare Erkenntnisse ermittelt werden und in einem weiteren Produktentwicklungszyklus wird das Angebot weiterhin verbessert, um dieses nach und nach bestmöglich den Zielgruppenbedürfnissen anzupassen.

Beispiel

Du willst einen Online-Shop für Kaffeeprodukte gründen. Im Sinne der Lean-Startup-Methode bietest du zunächst nur eine Sorte Kaffee in einer Verpackungsgröße an und testest somit, ob die Menschen bereit sind, dein Produkt zu kaufen. Im Austausch mit deinen Kunden bringst du dann in Erfahrung, welche Kaffeeprodukte noch erwünscht sind, wie der Prozess der Bestellung, Bezahlung und Lieferung verlaufen ist und was ihnen sonst noch aufgefallen ist. Mit diesem Kundenfeedback kannst du dann deine Prozesse sowie dein Produktangebot (bspw. weitere Kaffeeprodukte anbieten) verbessern.

DER ‚ENTWICKELN-MESSEN-LERNEN'-PROZESS

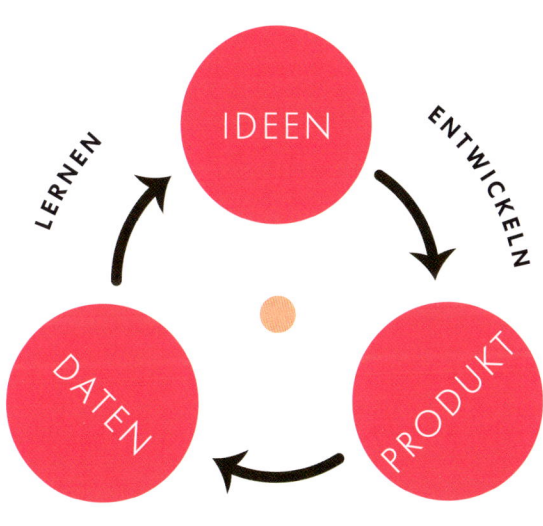

MVP (MINIMUM VIABLE PRODUCT)

Eine Kernkomponente der Lean-Startup-Methode ist der „Entwickeln-Messen-Lernen"-Prozess. Der erste Schritt ist herauszufinden, was das Problem ist, welches es zu lösen gilt und dann ein Minimum Viable Product, also ein Produkt mit minimalen Eigenschaften, zu entwickeln um frühestmöglich in den Prozess des Lernens zu kommen.

Anna Alex

Anna Alex, die ursprünglich aus Hamburg kommt, studierte Wirtschaft in Freiburg und Paris. Als sie während ihres Studiums ein Praktikum in einer Unternehmensberatung absolvierte, machte Anna eine Schlüsselerfahrung: Die junge Frau erlebt wie all ihre Ideen immer wieder abgeblockt werden. Doch Anna möchte verändern und gestalten. Und so entsteht langsam der Wunsch nach einem eigenen Unternehmen, in dem sie ihre Ideen tatsächlich verwirklichen kann. Doch zuvor sammelt Anna noch Startup-Erfahrung bei den Online-Plattformen smava.de und deindeal.ch sowie bei dem Start-up-Inkubator Rocket Internet in Berlin, wo sie auch ihre Mitgründerin Julia Bösch kennenlernt. Nachdem die beiden bei einem New York Trip die Begeisterung eines Freundes erleben, der Personal Shopping ausprobiert, kommt den beiden Frauen die Idee E-Commerce und Personal Shopping zu verbinden, um somit Männern das optimale Einkaufserlebnis zu bieten. 2012 erfüllen sich Anna und Julia dann ihren Traum vom eigenen Unternehmen und gründen OUTFITTERY in Berlin.

ANNA ALEX

UNTERNEHMEN
OUTFITTERY

GRÜNDUNGSJAHR
2012

MITGRÜNDERIN
Julia Bösch

STADT
Berlin

🌐 WWW.OUTFITTERY.DE

Mit OUTFITTERY bietet ihr Personal Shopping über das Internet an. Wie genau funktioniert das für den Kunden?

Unsere Kunden sind vielbeschäftigte Männer, die gut aussehen wollen, aber ihre Zeit lieber mit Freunden und Familie verbringen als einzukaufen. Auf unserer Website können sich unsere Kunden anmelden und bekommen dann eine persönliche Stylistin zugeteilt. In einem kurzen Telefonat klären diese mit den Männern ab, was sie sonst tragen und wofür sie das Outfit brauchen. Mithilfe dieser Informationen sucht die Stylistin verschiedene Outfits für den Kunden aus, der seine Outfit-Box dann einige Tage später erhält. Er kann alle Teile anprobieren und die, die er gut findet behalten und alles andere an uns wieder zurücksenden. Der ganze Service sowie der Versand und der Rückversand sind kostenlos. Seit neuestem holen wir auf Wunsch sogar die Retoure beim Kunden ab. Unser Ziel ist es, dem Kunden immer einen Schritt voraus zu sein und zu wissen, was er will, bevor er es selbst weiß. Denn genau das macht einen guten Service aus - zu wissen, was der Kunde möchte und darauf dann vorbereitet zu sein.

Gab es auch mal eine außergewöhnliche Kundenbestellung?

Ja, einer unserer Kunden war einmal zu der ‚Galactic Party' von Unternehmer Richard Branson eingeladen und suchte dafür noch ein passendes Glitzersakko. Ein solch spezielles Kleidungsstück hatten wir natürlich nicht im Sortiment, aber wir haben uns trotzdem des Auftrags angenommen und haben so lange gesucht, bis wir etwas Passendes gefunden hatten - inklusive eines Paares Plateauschuhe. Das war schon sehr abgefahren.

Woher kennst du deine Mitgründerin Julia und wie entstand die Idee zu OUTFITTERY?

Ich habe damals bei Rocket Internet gearbeitet und Julia beim Tochterunternehmen Zalando, wo wir uns über ein Projekt schließlich kennenlernten. Wir stellten schnell fest, dass wir sowohl vom Charakter als auch von unseren Ambitionen her sehr gut zueinander passen. Die erste Inspiration für unsere Geschäftsidee hatten wir, als wir in New York einen Freund von Julia besuchten, der sich einen „Personal Shopper" zum Einkaufen seiner Kleidung gönnte. Eigentlich ging der Kumpel nie gerne einkaufen, doch als er eine Stunde später wieder zurückkam, war er ganz begeistert und erzählte uns, dass dies sein bestes Einkaufserlebnis gewesen sei. Julia und ich hatten auch bereits Ambitionen, ein eigenes Unternehmen zu gründen und wussten, dass das Potenzial im Herrenmodemarkt sehr groß ist. Da aber das Angebot meist immer nur auf Frauen abzielt, entschieden wir, dass wir Männern eine einzigartige Kauferfahrung bieten wollen. An einem Abend bei mir in der Küche besprachen wir dann verschiedene Business-Modelle und beschlossen schließlich unsere Jobs zu kündigen, um mit unserer Geschäftsidee für OUTFITTERY loszulegen.

„Unser Credo ist, sich auch Fehler einzugestehen und aus diesen zu lernen."

Wie war es für dich, deinen Job zu kündigen?

Ich denke generell nicht lange nach, sondern mache einfach. Bei der Gründung von OUTFITTERY war ich gerade einmal Mitte zwanzig. Ich wohnte in einer WG und hatte weder ein Auto noch ein Haus, die ich hätte abbezahlen müssen. Die Risiken waren also minimal. Was hatte ich schon groß zu verlieren? Wenn es in einem Jahr nichts geworden wäre, dann hätten wir uns eben wieder einen neuen Job gesucht. Wenn man jung ist, sollte man sich nicht zu sehr vor der Zukunft fürchten. Und ich kann sagen, dass ein eigenes Unternehmen eine tolle Erfahrung ist, denn ich habe in den letzten fünf Jahren mehr gelernt als in all den Jahren zuvor.

Was schätzt du zudem an einer eigenen Unternehmensgründung?

Während des Studiums habe ich mal ein Praktikum in einem großen Wirtschaftsunternehmen gemacht, was die schlimmsten drei Monate meines Lebens waren. Ich hatte so viele Ideen und die Energie, diese umzusetzen, doch mein Chef blockte die immer wieder ab. Ich habe mich dadurch sehr eingeengt gefühlt. Daher motiviert es mich heutzutage umso mehr, in einem Umfeld zu arbeiten, in dem ich meine Ideen umsetzen kann. Es gibt wirklich keinen Ort auf der Welt, an dem ich lieber wäre.

Wie sind die ersten Schritte in die Selbstständigkeit abgelaufen?

Wir haben in Julias Wohnzimmer angefangen und ich erinnere mich noch an Silvester 2011: Wir feierten zusammen und als wir angestoßen haben, sagten wir uns: „Das wird unser Jahr!" Wir legten dann direkt im Januar los, zunächst vom Wohnzimmer aus. Die ersten Monate der Selbstständigkeit waren eine spannende Zeit, denn wir haben so viele Dinge zum ersten Mal gemacht. Wir haben das erste Büro gemietet und den ersten Mitarbeiter angestellt. Alles war damals noch selbst finanziert und daher haben wir auch an allen Ecken gespart. Zum Beispiel kümmerten wir uns um die gesamte Logistik, packten und verschickten die Pakete selbst. Als es dann immer mehr wurde, mussten wir die Pakete per Taxi zur Post bringen. Aber das haben die Taxifahrer nicht lange mitgemacht. Generell haben wir letztlich alles gut hinbekommen, da wir uns bei Fragen auch immer an Freunde aus der Gründerszene wenden konnten. Aber man sollte aufpassen vor unseriösen Beratern, die womöglich noch Anteile am Unternehmen wollen. Das sollte man auf keinen Fall machen, sondern lieber mit Menschen sprechen, die selbst schon gegründet haben und wissen wovon sie reden.

Welche Investoren konntet ihr für eure Geschäftsidee damals begeistern?

Wir wollten von Anfang an ein großes Unternehmen aufbauen und haben daher schon sehr früh mit der ersten Finanzierungsrunde gestartet. Einer unserer ersten Investoren war Holtzbrinck Ventures, ein Risikokapital-Unternehmen, das uns und unsere Arbeitsweise bereits aus der Zeit bei Zalando und Rocket Internet kannte. Mittlerweile haben wir fünf Finanzierungsrunden hinter uns. Dabei haben die Investoren vor allem immer in unser starkes Team investiert.

Ihr beschäftigt mittlerweile 300 Mitarbeiter. Wie ist es innerhalb so kurzer Zeit zur Chefin des eigenen Unternehmens zu werden?

Was die Mitarbeiter am meisten schätzen, ist, dass man authentisch bleibt. Trotzdem sollte man auch ein paar Grundwerte haben, an denen man festhält. Für mich bedeutet das, etwas zu lernen, Feedback von meinen Mitarbeitern zu bekommen und mich selbst weiterzuentwickeln. Dazu gehört auch, Fehler einzugestehen und aus diesen zu lernen. Dies ist auch unser Credo. Unser Team ist jung und höchst motiviert, aber ich kann nicht versprechen, dass zu jeder Zeit alles perfekt ist. Aber was ich immer versprechen kann, ist, dass ich immer offen für Veränderungen bin und ein offenes Ohr für Kritik und Feedback habe. Und genau das Gleiche erwarte ich auch von meinen Mitarbeitern.

Du und deine Mitgründerin Julia werdet als sehr erfolgreiches Gründerteam wahrgenommen. Was ist das Erfolgsgeheimnis eurer guten Zusammenarbeit?

Wir hatten immer dasselbe Ziel, nämlich ein großes Unternehmen aufzubauen. Dieses Ziel hat uns immer miteinander verbunden.

Außerdem haben wir verschiedene Bereiche untereinander aufgeteilt, in denen wir dann jeweils die Handlungsvollmacht haben. Hierbei vertrauen wir uns und lassen einander alle Freiheit für Entscheidungen. Das ist für uns das Erfolgsrezept. Darüber hinaus sind wir auch sehr gut miteinander befreundet und treffen uns nach wie vor ebenfalls privat. Eine Mitgründerin zu haben finde ich sehr gut, da wir alles besprechen und schwere Entscheidungen auch mal gemeinsam treffen können. So haben wir zudem zwei verschiedene Perspektiven, wodurch man bessere Entscheidungen treffen kann. Ein absolutes Muss ist volles Vertrauen im Gründerteam. Für uns funktioniert das seit Jahren sehr gut. Aber wer seinem Mitgründer nicht ganz vertraut, sollte es dann lieber alleine machen.

Gab es auch Momente, die besonders schwierig bei der Gründung waren? Und wie seid ihr damit umgegangen?

Es gab immer wieder Herausforderungen, aber aus vielen Situationen konnten wir wiederum auch einiges lernen. Unser Erfolgsrezept ist, dass wir uns immer nur auf eine Herausforderung konzentrieren und diese dann mit Optimismus angehen. Wir sind nie ins Grübeln geraten, sondern haben einfach jede Herausforderung, Schritt für Schritt, aus dem Weg geräumt.

Hattest du als Kind bereits ambitionierte Berufswünsche?

Ganz früher wollte ich immer Reiseleiterin für Mondfahrten werden, da mich alles Technische und der Weltraum sehr interessierten. Als wir in der Schule einen Berufsorientierungskurs hatten und die Mitschüler einem sagen sollten, was man später mal machen wird, hieß es bei mir, dass ich Karrierefrau werde. Ich habe schon immer einfach losgelegt und war sehr fleißig. Damals glaubte ich zwar nicht daran, aber nun ist es tatsächlich Wirklichkeit geworden.

Karrierefrau im eigenen Unternehmen - Wo siehst du dabei die Vorteile in der Selbstständigkeit?

Ich bin kein Typ dafür, einen Job zu machen, der mir keinerlei Spaß bringt. Dafür ist das Leben zu kurz und es gibt so viele spannende Sachen, die man machen kann. Deswegen ist es für mich ganz wichtig, etwas aufbauen und erreichen zu können. Und dabei mit tollen Leuten zusammenzuarbeiten, von denen ich selber noch einiges lernen kann, macht mir viel Spaß. Ein klassischer Job ist prinzipiell nicht schlecht, nur ist das einfach nichts für mich. Ich habe früh gemerkt, dass es mich unglücklich macht, wenn ich Dinge nicht verändern und beeinflussen kann. Und wo kann ich das nun besser realisieren als in meinem eigenen Unternehmen?

„ Wenn man jung ist, sollte man sich **nicht** zu sehr vor der **Zukunft** fürchten. "

Delia Fischer

Delia Fischer hatte schon immer ein Faible für schöne Dinge. Bereits während ihres Studiums in Modejournalismus und Medienkommunikation in München begann Delia bei der Modezeitschrift Elle zu arbeiten. Nach ihrem Abschluss wechselte sie als Redakteurin zur Elle Decoration, einer Zeitschrift für Einrichtungs- und Wohntrends. Delias Leidenschaft für Interior und Design, die auch stark vom feinen Einrichtungsgespür ihrer Mama geprägt wurde, und das Entdecken einer Marktlücke, brachten die junge Gründerin schließlich auf die Idee zu Westwing. Westwing ist Europas größter Shopping-Club für Möbel und Interior-Accessoires mit 30 Millionen Mitgliedern in 14 Ländern, in denen das Unternehmen mittlerweile aktiv ist. „Einrichten soll Freude und das Zuhause gute Laune machen!" - Unter diesem Motto folgte Delia ihrer Leidenschaft für schöneres Wohnen.

DELIA FISCHER

UNTERNEHMEN
Westwing

GRÜNDUNGSJAHR
2011

MITGRÜNDER
Stefan Smalla, Matthias Siepe,
Tim Schäfer, Georg Biersack

STADT
München

🌐 WWW.WESTWING.DE

Schöne Interior-Produkte online kaufen - damit hast du eine Marktlücke in Deutschland erkannt und die Chance genutzt Westwing zu gründen. Wie kam es dazu?

Mein Job bei Elle und Elle Decoration hat mir zwar sehr viel Spaß gemacht, aber ich wollte ab einem bestimmten Punkt auch etwas Eigenes gründen. Ich war immer etwas offener und habe mich nach neuen Möglichkeiten umgesehen. Ich hatte damals dann auch mehrere Geschäftsideen, allerdings verwarf ich auch alle wieder. Durch meinen Job stellte ich dann fest, dass es viel Mode im Internet zu kaufen gab, aber kaum Einrichtungsgegenstände. Und selbst in einer Stadt wie München war es schwierig, kleinere Interior-Marken zu bekommen. Erst recht in kleineren Orten und Dörfern gibt es nahezu keine Geschäfte für schöne und individuelle Interior-Produkte. Und gerade dort haben die Menschen große Häuser und Gärten, die sie schön einrichten wollen, da sich auf dem Land das soziale Leben insbesondere zu Hause abspielt. Geschäftsideen können oftmals auch aus persönlichen Bedürfnissen entstehen. Mich hat beispielsweise

die Spanx-Gründerin Sara Blakely sehr inspiriert. Sie wollte unter ihrem Kleid eine schmalere Silhouette und als es kein passendes Produkt gab, hat sie es einfach selbst gemacht. Durch diese Inspiration entstand die Idee zu Westwing, einem Online-Kaufhaus, in dem hübsche Interior-Produkte verkauft werden.

Kannst du das Konzept von Westwing genauer erklären?

Unsere Idee war, dass wir ein inspirierendes Home & Living Angebot zeigen wollten. Auf das Shopping-Club-Modell kamen wir dann aus verschiedenen Gründen. Zum einen bietet der Home & Living Markt viele Marken und Produkte. So arbeiten wir derzeit mit über 5.000 Anbietern zusammen. Zum anderen ermöglicht der exklusive Shopping-Club unseren Kunden, ihre Lieblingsmarken durch verschiedene zeitlich limitierte Angebote, welche wir täglich in unserem Newsletter kommunizieren, kostengünstig kaufen zu können. Auf Westwing präsentieren wir die verschiedenen Marken und teilen dort auch Storys über die Designer und ihre Produkte.

Zum Beispiel gibt es eine Porzellanmanufaktur aus Österreich bereits seit 1992. Diese Marke kennen nur wenige, aber sie läuft bei uns sehr erfolgreich, weil wir die Geschichte dazu zeigen, wie alles noch von Hand bemalt wird. Der Westwing Club ist ein bisschen wie eine Boutique, in der man schöne, kuratierte Dinge kaufen kann. In unserem Magazin zeigen wir zudem, wie man mit den Produkten sein Zuhause schön gestalten kann. Durch dieses Konzept haben wir nicht nur eine hohe Wiederkaufsrate von 71 Prozent, sondern auch sehr treue Kunden.

Wie sind eure Kompetenzen im Gründerteam aufgeteilt?

Meine Kernkompetenz ist das Konzept von Westwing. Dazu zählen Produkte, Marken, Preise und Angebote. Stefan ist wiederum stark im Finanz- und IT-Bereich und der Customer Journey. Auch in organisatorischen Dingen kann ich mich auf Stefan verlassen. Wir hatten zum Beispiel am Anfang ein riesiges Chaos im Lager und Stefan hat dann alles sehr gut strukturiert und organisiert. Wir haben uns immer gut ergänzt. Stefan kümmert sich um die Business-Seite und ich bin für die kreative Seite und den Style von Westwing verantwortlich.

„ Man muss lernen, bestimmte Dinge zu delegieren und den Mitarbeitern dafür auch die notwendige Verantwortung zu übergeben. “

Du hattest die Geschäftsidee zu Westwing, aber dann im Team mit vier Mitgründern gegründet. Wie entstand diese Zusammenarbeit?

Mein Mitgründer Stefan Smalla und ich kannten uns bereits lange vor der Gründung. Da Stefan der einzige Mensch war, den ich in der Start-up-Szene kannte, erzählte ich ihm damals von meiner Idee zu Westwing. Als er daraufhin etwas Marktforschung betrieb, stellte sich heraus, dass es tatsächlich eine Marktlücke gab. Stefan hat zu der Zeit zwar noch bei einer Unternehmensberatung gearbeitet, suchte jedoch nach einer neuen Herausforderung. Und so haben wir uns entschlossen, zusammen Westwing zu gründen. Wir haben dann zusammen einen Businessplan geschrieben und gemeinsam unseren ersten Investor gesucht. Doch als bald klar wurde, dass wir noch ein größeres Gründer-Team benötigen, haben wir dann unsere drei weiteren Mitgründer Georg Biersack, Tim Schäfer und Matthias Siepe ins Boot geholt. Jeder Mitgründer hatte wichtige Stärken und spezielle Kompetenz. Man kann nicht alles können. Und das muss man auch gar nicht. Wichtiger ist es, dass man ein gutes Team hat, dem man vertrauen kann.

Du bist die einzige Frau im Gründerteam. Hättest du auch gerne eine weitere Mitgründerin gehabt?

Das hätten wir alle gerne gehabt. Wir haben am Anfang deshalb auch intensiv gesucht, insbesondere im Marketing-Bereich, aber niemanden gefunden. Viele überlegten bald Mutter zu werden oder ihnen war das Thema Start-up zu unsicher. Start-ups waren vor fünf Jahren auch noch etwas exotischer. Da hat sich mittlerweile aber viel getan, auch dank Projekten wie eurem Buch. Es macht Mut und nimmt die Ängste, denn so schwierig ist die Gründung nicht.

Du bringst spürbar die Seele und die Leidenschaft bei Westwing rein. Woher kommt dein Interesse für Inneneinrichtung?

Das kam durch meine Mutter, die es bei uns zu Hause immer sehr nett und gemütlich gemacht hat, aber dabei ganz ungezwungen. Wenn wir zum Beispiel abends gemeinsam gegessen haben, wurde nicht die Küchenrolle auf den Tisch gestellt, sondern es gab Blümchen aus dem Garten und ein paar hübsche Servietten. Eben so, dass man sich freut, dass man gemeinsam Zeit verbringt. Das hat mich sehr geprägt.

Gibt es seit der Gründung auch neue Konzepte?

Wir hatten bereits vor fünf Jahren bei der Gründung die Idee, zunächst den Shopping-Club zu launchen und zu einem späteren Zeitpunkt auch einen permanenten Shop einzurichten. Daher gibt es seit 2015 WestwingNow, einen Online-Shop mit permanentem Sortiment, das wir auf Lager haben und so schnell liefern können. Wenn Kunden also etwas neu einrichten wollen oder schnell neues Interior benötigen, ist WestwingNow dafür perfekt.

Ihr habt bereits knapp ein Jahr nach der Gründung internationalisiert. Wieso habt ihr euch dafür so schnell entschieden?

Wir haben 2011 gegründet und im selben Jahr neue Investoren bekommen. Die Internationalisierung wurde dann auch von den Investoren vorangetrieben und so ging alles sehr schnell. Aber das war auch gut so. Wir arbeiten mittlerweile an insgesamt acht Standorten. Das Hauptquartier ist in München und weitere Büros in Paris, Mailand, Warschau, Moskau und São Paulo. Von einigen Standorten betreuen wir gleichzeitig auch die Nachbarländer mit, wie von Deutschland aus auch Österreich und die Schweiz sowie von Russland aus auch Kasachstan.

Allerdings habt ihr euch 2012 aus einigen Märkten auch wieder zurückgezogen. Welche Probleme sind bei der Internationalisierung aufgetreten?

Wir sind anfangs in viele Märkte eingetreten, um diese mit kleinen Teams zu testen. Die größte Herausforderung war die Logistik. Beispielsweise werden in Indien die Bestellungen auf Motorrollern ausgeliefert, was sich bei Interior-Produkten als schwierig erwies. Durch die Markttests haben wir gemerkt, dass einige Märkte für uns nicht gepasst haben und mussten diese wieder schließen. Wir haben uns dann entschlossen, dass wir uns auf die Märkte konzentrieren, in denen wir das meiste Potenzial haben.

Ihr habt innerhalb von fünf Jahren ein Unternehmen mit über 400 Mitarbeitern in Deutschland aufgebaut. Wie beschreibst du deinen Führungsstil?

Ich bin sehr persönlich, vielleicht manchmal auch etwas zu persönlich, aber so bin ich nun einmal. Mein direktes Team kommt auch gut damit klar und schätzt selbst eine solche Atmosphäre. Ich glaube daran, dass es wichtig ist, eine nette Arbeitsatmosphäre zu haben.

Hattest du auch Angst bei der Gründung deines Unternehmens?

Ich hatte natürlich Angst vor der Gründung eines eigenen Unternehmens. Die meisten Ängste sind aber oft undefiniert. Man hat einfach vor irgendetwas Angst, kann dies aber nicht wirklich in Worte fassen. Ich habe damals mit meiner Mutter gesprochen. Normalerweise sagen einem die Eltern ja eher, dass man lieber im sicheren Job bleiben sollte. Doch meine Mutter meinte, dass ich mir einfach überlegen sollte, was das Schlimmstmögliche ist, das passieren kann. Das war ein sehr guter Rat. Was war also das Schlimmste, was passieren konnte? Wenn es nach ein paar Monaten nicht geklappt hätte, dann hätte ich als Freelancer arbeiten oder einen neuen Job finden können. Ich war damals 27 Jahre und hatte keine Familie und keine Wohnung, die ich abbezahlen musste. Also, wenn nicht jetzt, wann dann?!

Sollte man möglichst jung gründen oder lieber zunächst Erfahrung durch Jobs sammeln?

Da muss jeder seinen eigenen Weg finden. Für mich war es gut, durch meinen Job bei der Elle zu lernen, wie ich mich am besten organisiere. Und von meiner ehemaligen Chefredakteurin, die auch mein Vorbild war, lernte ich effektives Management. Ich habe auch schon immer viel und gerne gearbeitet. Bereits während der Schulzeit habe ich alle möglichen Jobs gemacht. Ich habe in der Reinigung und an der Supermarktkasse gearbeitet, für unsere Lokalzeitung geschrieben, Flyer verteilt und vieles mehr. Dadurch habe ich in verschiedene Bereiche Einblicke erhalten und viel dazugelernt. Ich denke zwar, dass man durchaus seine Ziele verfolgen sollte, aber viele Sachen fügen sich auch einfach. Viele Menschen machen sich Pläne, wie sie in fünf Jahren leben wollen, aber daran glaube ich nicht. Man sollte immer offen bleiben. Ich persönlich finde es schön, wenn es im Leben Überraschungen gibt.

Wie arbeitsintensiv waren deine ersten Jahre als Gründerin?

In den ersten zwei Jahren habe ich gar keinen Urlaub gemacht und auch an Wochenenden und Feiertagen gearbeitet. Ein bis zwei Jahre kann man auch voll durchpowern, aber man sollte sich in Acht nehmen. Meine Freunde sagten damals zu mir, dass ich jetzt dringend eine Pause machen sollte und wir machten dann zwei Wochen Urlaub auf einem Boot - ohne Telefonempfang. Ich dachte erst, ich drehe durch. Aber der Urlaub und die Erholung haben mir sehr gut getan. Mittlerweile achte ich darauf, dass ich in einem bestimmten Rhythmus ein langes Wochenende nehme oder im Sommer auch mal zwei Wochen Urlaub mache. Anderenfalls ist man nur noch in seinem Hamsterrad und kommt nicht mehr auf neue Ideen. Außerdem ist Priorisieren überaus wichtig. Mir blutet zwar bei vielen Dingen das Herz, da ich einfach alles gerne machen würde. Doch das geht einfach nicht. Man muss lernen, bestimmte Dinge zu delegieren und den Mitarbeitern dafür auch die notwendige Verantwortung zu übergeben.

Was ist dir als Frau in der Start-up-Welt aufgefallen?

Ich habe teilweise das Gefühl, dass von einer Frau in der Start-up-Welt eine Anpassung an männliche Attribute und Sprache erwartet wird. Am Anfang habe ich mir auch oft gediegenere Kleidung angezogen. Mittlerweile stehe ich jedoch zu der Art, wie ich bin, und trage auch mal hohe Schuhe. Mein Tipp an alle jungen Gründerinnen ist, sich selbst treu zu bleiben und auf die eigenen Stärken zu setzen. Und Frauen sollten auch öfters mal ‚Nein' sagen, wenn sie zum Beispiel mit einer Idee im Team nicht einverstanden sind. Oft wollen Frauen gerne gemocht werden und sagen daher nichts, aber wenn man respektiert werden möchte, sollte man an seine Sache glauben und hartnäckig bleiben.

Du bist eine der erfolgreichsten Unternehmerinnen in Deutschland. Hättest du dir das jemals träumen lassen?

Ich habe immer gerne gearbeitet, deshalb war mir eine gute Karriere schon immer wichtig. Aber ich glaube, dass man sein Karriere kaum planen, sondern nur auf seine Ziele hinarbeiten kann. Der Rest steht in den Sternen. Das ist aber auch das Schöne am Unternehmertum: Man hat zwar eine Richtung, aber es gibt auch immer wieder Überraschungen. Bei mir passiert jeden Tag etwas, das nicht vorhersehbar war – und das finde ich wunderbar!

„Mein Tipp für Gründerinnen ist, sich selbst treu zu bleiben und auf die eigenen Stärken zu setzen."

Mona Rübsamen

Mona Rübsamen war vor ihrer Gründung bereits seit 1998 im Musikgeschäft bei MTV Deutschland tätig, wo sie für den Programmaufbau verantwortlich war. Unternehmertum liegt bei Mona in der Familie, denn sie gehört der 5. Generation der Unternehmer- und Industrie-Pionier-Familie von Steinbeis an. Und so war es nur eine Frage der Zeit bis Mona auch ihr eigenes Business gründen würde. 2004 startete sie dann in Berlin zusammen mit zwei Mitgründern den Radiosender MotorFM als Plattform für regionale Musikwirtschaft. Als es einige Jahre später zu Unstimmigkeiten unter den Gründern kam, wurde der Radiosender 2011 in FluxFM umbenannt und von Mona und ihrem Mitgründer Markus Kühn weitergeführt. Unter dem Claim „FluxFM - Die Alternative im Radio" hat sich der Berliner Szene-Sender auf die Musikrichtungen Alternative Pop, Indie und Elektro spezialisiert und bietet mittlerweile auch eine Plattform für die Berliner Kreativ- und Gründerszene. Mit FluxMusic werden ergänzend 25 kuratierte Radiosender als Livestream via Internet bzw. App verbreitet, wo auch ein „female artist only" Kanal mit dabei ist.

MONA RÜBSAMEN

UNTERNEHMEN
FluxFM

GRÜNDUNGSJAHR
2004

MITGRÜNDER
Markus Kühn

STADT
Berlin

🌐 WWW.FLUXFM.DE

Wie bist du dazu gekommen, einen Radiosender zu gründen?

Ich hatte lange Zeit bei MTV als Produzentin und Redakteurin gearbeitet. Als der Sender dann seine ganzen schönen Spezialsendungen abgesetzt hat, habe ich das sehr bedauert und gewann den Eindruck, dass es in Deutschland zu diesem Zeitpunkt keine Plattform mehr für neue Musik gab. Mein Mitgründer Markus und ich kannten uns aus der Zeit bei MTV und beschlossen dann, uns selbstständig zu machen. Wir wollten ein Medium nutzen, welches am besten neue Musik vorstellen kann. Radio eignet sich dafür fantastisch und bis dahin gab es kein anderes cooles, alternatives Radioprogramm. Also haben wir dieses selbst gestartet.

Was waren eure ersten Gründungsschritte?

Das Konzept war, einen Radiosender zu gründen, der besonders der lokalen Musikszene eine Plattform bietet, mit Musik und Beiträgen, die uns selbst gefallen. Mit diesem haben wir uns dann bei der Medienanstalt in Berlin um eine UKW-Frequenz beworben. Das UKW-Feld ist sehr kompliziert, hochpolitisch und streng geregelt. Wir hatten großes Glück, dass unser Konzept bei der Medienanstalt Anklang fand.

„Mit Entschlossenheit, Mut und Willen kann man es weit bringen – selbst mit utopischen Ideen."

Gibt es eine Bedeutung zu dem Namen eures Senders FluxFM?

„To be in flux" heißt im Wandel und in Bewegung zu sein. Es ist genau der richtige Name für das, was wir machen. Wir glauben an den Fortschritt durch Bewegung und Vernetzung. Unsere heutige Zeit ist in einem dauernden Wandel und diesen wollen wir begleiten. Es ist also kein bedeutungsloser Kunstname, sondern etwas, was mich jeden Tag an unsere Botschaft erinnert. „Generation Flux" ist eine Gruppierung von Menschen, die den Wandel positiv sehen und keine Angst haben. Dem verpflichten wir uns in der Art, wie wir unser Programm gestalten.

Ihr habt eigentlich zu dritt gegründet. Was ist da passiert?

Wir drei hatten in einem gleichberechtigten Verhältnis gegründet, aber dann Meinungsverschiedenheiten bei den Themen Wachstum und Finanzierung. Es ging konkret darum, ob wir einen Kapitalinvestor brauchen oder uns zunächst noch selbst finanzieren. Markus und ich waren für Unabhängigkeit, was bedeutete, alles aus dem eigenen Gesellschafterkreis zu finanzieren. Leider konnten wir diese Meinungsverschiedenheit nicht lösen und trennten uns. Die Trennung war insofern etwas komplexer, da wir eine GmbH gegründet hatten, welche dem GmbH-Recht unterliegt. Der Abschluss dauerte daher etwa zwei Jahre, wurde aber schließlich sauber gelöst. Trotzdem war es eine sehr stressige und belastende Zeit für uns.

Hast du aus dieser Situation Erkenntnisse über die Mitgründerwahl und die Organisation einer Firmengründung gewonnen, die du mit uns teilen kannst?

Bei der Gründung ist es wichtig darauf zu achten, welche Skills und Talente die Mitgründer einbringen können. Zudem sollten verschiedene Situationen schriftlich geregelt werden, beispielsweise was passiert, wenn einer der Unternehmer seinen Pflichten nicht nachkommt oder wenn es zu Meinungsverschiedenheiten kommt. Das ist sehr schwer, da man bei der Gründung in einer operativen Betriebsamkeit ist. Es macht viel mehr Spaß, das Produkt zu entwickeln, als sich um Verträge zu kümmern. Man sollte daher in der Anfangsphase optimalerweise vertrauenswürdige Berater finden, die zuverlässig und nicht zu teuer sind.

Gibt es noch andere Dinge, die du rückblickend am Anfang der Gründung gern gewusst hättest?

Ich hätte in drei Bereichen gerne mehr gewusst. Zum einen im Bereich Crossmedia, wo wir gelernt haben, dass wir mit dem ganzen Technologiebereich zeitgemäß vertraut sein müssen. Unsere Social Media Aktivitäten sind sehr gut, aber wir hätten beispielsweise unseren Videobereich schon ein bisschen früher aufbauen können. Allerdings fehlten uns dazu auch die Kapazitäten und Mittel. Eine zweite Einsicht ist die Talentförderung. Man sollte immer wieder Nachwuchs rekrutieren und aufbauen. Wir hatten eine Phase mit einigem Personalwechsel, auf die wir nicht richtig vorbereitet waren. Im Personalmanagement sollte man daher stets vorausplanen. Der dritte Bereich ist die Finanzadministration, wo wir anfangs ein paar Fehler gemacht haben. Deshalb sollte dieser gut organisiert sein, damit man jederzeit den Überblick hat.

Wie monetarisiert ihr den Radiosender?

Wir nutzen zum einen klassische Werbeformate und Markenkooperationen und zum anderen machen wir häufig Konzept-Formate mit verschiedenen Unternehmen, so dass keine penetrante Werbung im Vordergrund steht, sondern Geschichten erzählt werden.

Auf welche Bereiche habt ihr euch als Mitgründer jeweils spezialisiert?

Markus ist für die Sponsoren-Kontakte, unsere Sales-Mitarbeiter und den Bereich der technologischen Entwicklung verantwortlich, wohingegen ich den Fokus auf die inhaltliche Ausrichtung unseres Senders habe. Dazu gehört, dass ich die Programmstruktur aufstelle, Formate entwickle, unsere Mitarbeiter rekrutiere sowie für bestimmte Projekte, die wir unterstützen, zuständig bin. Die Finanzen verantworten wir gemeinsam. Bei einer Business-Partnerschaft ist es besonders wichtig, dass man sich vertrauen kann und Konflikte sofort klärt. Natürlich haben wir trotzdem auch manchmal Reibungspunkte, da ich zum Beispiel morgens ein eher unpünktlicher Mensch bin.

Unternehmertum steht auch für viel Verantwortung. Was bedeutet das für dich?

Das Thema Verantwortung spielt in meinem unternehmerischen Denken eine große Rolle. Ich bin nicht nur für dieses tolle Projekt, sondern auch für unsere 40 Mitarbeiter und deren Familien verantwortlich. Ich bin sehr stolz, dass es uns gelungen ist, ein Unternehmen aufzubauen, in der man als Mensch wertgeschätzt wird sowie Familie und Beruf verbinden kann.

Wie kommst du mit dieser Verantwortung zurecht?

Das ist auch manchmal belastend. Man muss das wie bei einem Lauftraining machen, manchmal Gas geben und dann wieder ruhiger laufen. Es gibt Zeiten, die sehr anstrengend sind, und andere, die wiederum besonders schön sind. Mittlerweile bin ich um jeden Tag und jede Woche, die einfach nur normal sind, sehr dankbar.

Wo tankst du dann wieder Kraft, um für die alltäglichen Herausforderungen besser gestärkt zu sein?

Da ich ein sehr sozial veranlagter Mensch bin, hole ich mir meine Kraft vor allem aus meinem Freundeskreis und der Zeit mit meinem Freund. Ich versuche eine gute Mischung zwischen Geselligkeit und tiefgründigen Gesprächen, die nichts mit dem Job zu tun haben, zu finden. Solche Gespräche geben mir Kraft und Inspiration, denn ich mache mir auch viele Gedanken darüber, was gerade in der Gesellschaft und der Welt passiert. Es sind schwierige Zeiten und wir sind mittendrin. Als Unternehmerin sollte man vier Bereiche gleichberechtigt pflegen: Beruf, Freunde, Partner und sich selbst. Wenn alle vier gesund und ausgeglichen sind, dann hat man die Kraft, lange durchzuhalten.

Wie wichtig ist es dir, auch Leidenschaft für das zu haben, was du machst?

Es ist schön, mit dem Radiosender eine Plattform für Musiker und die Kreativen der Stadt zu bieten. Wir haben nicht die Verantwortung, dass die Künstler reich und berühmt werden, aber wir helfen ihnen. Das macht mich glücklich und ist meine Leidenschaft. Es ist toll, jeden Tag viele neue Musiker und Menschen, die in Berlin etwas bewegen, kennenzulernen. Man spürt die Leidenschaft bei diesen tollen Menschen und diese Energie überträgt sich auch auf uns.

„Als Unternehmerin sollte man die vier Bereiche ‚Beruf, Freunde, Partner und sich selbst‘ gleichberechtigt pflegen. Dann hat man die Kraft, lange durchzuhalten.“

Du kommst aus einer Unternehmerfamilie. Inwiefern hat dich das geprägt?

Mein Urgroßvater Otto von Steinbeis ist ein großes Vorbild für mich. Er war selbst Gründer und eine beeindruckende Persönlichkeit. Er hat die erste elektrische Zahnradbahn in Bayern konstruiert, ein Projekt, das er komplett selbst finanzierte und organisierte. Innerhalb von zwei Jahren schaffte er es, Deutschlands erste Hochgebirgsbahn zu bauen. Das war 1912. Und die Bahn gibt es heute noch. Mein Urgroßvater war ein richtiger Pionier und großes Vorbild in unserer Familie. Mit Entschlossenheit, Mut und Willen kann man es weit bringen, selbst mit utopischen Ideen. Goethe hat schon gesagt: „Träume keine kleinen Träume, denn sie haben keine Kraft." Das finde ich ein sehr schönes Statement, denn Unternehmertum braucht Mut und auch Risikobereitschaft. Man schlägt einen Weg ein, ohne genau zu wissen, welche Wendungen dieser nehmen wird.

Auch wenn man den Wunsch nach einer Unternehmensgründung verspürt, haben viele oft auch Angst vor diesem Schritt. Wie denkst du darüber?

Die Angst kann man nicht komplett ignorieren. Aber man kann anerkennen, dass sie da ist und sollte sich nicht von ihr beherrschen lassen. Wenn man die Sache ganz pragmatisch betrachtet, ist es so, dass es nie Sicherheit gibt. Selbst bei einer Festanstellung kann immer etwas passieren, wie Krankheit oder eine Firmeninsolvenz. Als Gründer wird man hingegen trainiert, flexibel zu sein. Letztlich kann nichts Schlimmes passieren, wenn man gesund ist, einen guten Lebenslauf hat, teamfähig ist und gut mit Menschen umgehen kann. Dann wird man immer einen Job finden. Das ist garantiert. Leider gibt es in Deutschland, anders als in den USA, keine Kultur des Scheiterns. Wenn dort etwas nicht klappt, dann hört man eben damit wieder auf und fängt etwas Neues an. Diese Einstellung sollten junge Gründer ebenfalls in sich tragen - dann werden sie erfolgreich sein!

Ein Studium, das der Zukunft gerecht wird

Mit der CODE entsteht in Berlin eine von Grund auf neu gedachte Hochschule. In den Bachelor-Studiengängen Software Engineering, Interaction Design und Product Management sollen die digitalen Pioniere von morgen ausgebildet werden. Wir haben mit dem Gründer Thomas Bachem über dieses wichtige Projekt gesprochen.

„ WIR WOLLEN MIT KLISCHEES AUFRÄUMEN "

Thomas Bachem   Foto: Max Threlfall

WARUM MEINT IHR, DASS ES EINE EINRICHTUNG WIE DIE CODE BRAUCHT?

Weil wir der Überzeugung sind, dass bestehende Studienangebote für das digitale Zeitalter, in dem wir bereits leben, zu unflexibel, theorielastig, uninspiriert, einseitig und altmodisch sind. Wir möchten mit unserem agilen, modernen und projektbasierten Didaktikkonzept zeigen, dass Bildung auch anders funktionieren und begeistern kann. Im Zentrum steht dabei, reale Probleme im Team zu lösen. Das fördert die interdisziplinäre Zusammenarbeit – denn gute digitale Produkte brauchen viel mehr als nur Techies.

WIE STELLT IHR EUCH EURE TYPISCHEN STUDIERENDEN DENN VOR?

Wir wollen mit Klischees aufräumen. Unsere Studentinnen und Studenten sind keine bärtigen Nerds in dunklen T-Shirts, die sich nicht waschen und ausschließlich Club Mate trinken. Sie kommen aus aller Welt, sind männlich und weiblich, vielseitig, neugierig, kreativ und manchmal auch durchaus nerdy, unangepasst und empathisch, ehrgeizig und sozial. Sie stellen den Status Quo fortlaufend infrage, weil sie die Welt verändern und verbessern wollen. Genau diese Vielfalt macht uns aus und formt eine starke Community.

WAS IST EUER WICHTIGSTES ZIEL?

Wir möchten jungen Menschen eine umfassende Bildung und eine spannende berufliche Perspektive bieten und ihnen dafür die Kompetenzen vermitteln, die sie auch 20 Jahre später noch erfolgreich sein lassen. Gerade in Zeiten, in denen so viel Neues in der Welt passiert, muss es Aufgabe der Schulen und Hochschulen sein, Orientierung zu geben und zentrale Kompetenzen zu vermitteln.

LERNT MAN BEI EUCH AUCH ETWAS ÜBER ENTREPRENEUR-SHIP?

Die CODE wird von mehr als zwei Dutzend der bekanntesten deutschen Internet-Unternehmerinnen und - Unternehmer unterstützt. Gründergeist liegt also in unserer DNA, und Entrepreneurship spielt eine große Rolle in allen Studiengängen, allen voran im Produktmanagement.

WARUM GERADE BERLIN?

Berlin ist nicht nur die deutsche Hauptstadt, sondern auch ein international enorm wichtiger Tech-Hub. Unsere Studierenden sollen mittendrin sein, und sich in der lebendigen, kreativen, internationalen Szene Berlins zu Hause fühlen. Hier werden die europäischen Game-Changer von morgen gebaut.

CODE
Mehr über die CODE erfahrt ihr unter

🌐 WWW.CODE.BERLIN

ADVERTORIAL

Ein wesentlicher Grundstein für Erfolg: Leidenschaft teilen!

Julia Kopper ist Gründerin und Geschäftsführerin von muxmäuschenwild, einer Agentur für PR, Events und Marken-entwicklung, mit der sie verschiedene eigene Projekte realisiert und den wöchentlichen Stadtnewsletter versendet.

Julia Kopper   Foto: Robert Felgentreu

WARUM IST PR WICHTIG FÜR START-UPS?

Meiner Ansicht nach ist PR die kostengünstigste und effektivste Möglichkeit, Reputation und Reichweite aufzubauen. Eine Werbeanzeige beispielsweise kann erst einmal nur behaupten und für sich selbst sprechen. Doch wenn das A-Medium meines Vertrauens mir ein Produkt oder eine Marke ans Herz legt, ist das an Wert kaum zu beziffern.

WAS MACHT ERFOLGREICHE KOMMUNIKATION AUS?

Kommunikation muss einer Strategie folgen und nicht situativ oder geschmäcklerisch entschieden werden. Kommunikations-maßnahmen – egal, ob Pressemitteilung, Veranstaltung oder Werbeanzeige – sollten immer auch den Anspruch der Marke transportieren und auf konkrete kommunikative Ziele ausgerichtet sein.

DU BIST SELBST GRÜNDERIN. WAS WAR DEIN WICHTIGSTES LEARNING?

Alles steht und fällt mit dem Team. Dabei ist weniger die fachliche Qualifikation entscheidend, sondern vielmehr persönliche Ziele und individuelle Motivationen. Mitarbeiter, die sich mit der Arbeitsweise und den Arbeitsinhalten identifizieren können und die eigene Leidenschaft teilen, sind ein wesentlicher Grundstein für Erfolg. Positive Energie ist der größte Schatz einer Unternehmung.

MUXMÄUSCHENWILD

🌐 WWW.MUXMAEUSCHENWILD.DE

Nichts macht erfolgreicher, als andere erfolgreich zu machen.

Anja Tillack ist Geschäftsführerin von McFIT MODELS, die mit aktuell über 2.200 Models und einem Potenzial von über 1,4 Millionen McFIT-Mitgliedern die größte Sportmodelagentur Europas ist.

WAS BEGEISTERT DICH AM MEISTEN AN DEINEM JOB?

Mit unserer Agentur machen wir jeden Tag den Erfolg unserer McFIT-Mitglieder sichtbar und das ist meine größte Motivation. Jeder hat mit uns die Chance, im Modelbusiness Fuß zu fassen und von nationalen und internationalen Kunden gebucht zu werden. Was bei uns zählt ist ein starker Wille, sportliches Talent und Charisma.

WELCHE FÄHIGKEITEN SIND FÜR DEINE AUFGABEN WICHTIG?

Meine ausgeprägte Empathie und das Gespür für Menschen und ihre Bedürfnisse. Diese Fähigkeiten kommen mir besonders im geschäftlichen Umfeld zu Gute. Fairness und ein gelebtes Vertrauensverhältnis sind das Resultat daraus und die Schlüsselwörter für nachhaltige Beziehungen, sowohl zu bekannten Designern, großen Brands und natürlich unseren Models.

WAS WÜRDEST DU GRÜNDERINNEN MIT AUF DEN WEG GEBEN WOLLEN?

Ein Mantra begleitet mich bereits mein gesamtes Arbeitsleben: „Nichts macht erfolgreicher, als andere erfolgreich zu machen." Das sichtbare Ergebnis sind die Erfolgsgeschichten unserer Models, aber natürlich leben wir das auch in unserem Team und der Erfolg gibt uns Recht.

McFIT MODELS

🌐 WWW.MCFITMODELS.COM

Anja Tillack   Foto: Nela König

Olga Peters

Olga Peters wurde in der Ukraine geboren, wo sie auch International Economics studierte. Für ihr Masterstudium in Banking und Finance an der Universität Zürich zog sie dann in die Schweiz. Noch während ihres Studiums gründete Olga 2010 zusammen mit Francesco Dell'Endice und Paolo D'Alcini das Technologie-Unternehmen QualySense in Zürich. QualySense stellt Maschinen her, die, basierend auf verschiedenen Technologien, Getreidekörner und -samen biochemisch und nach ihrer Qualität analysieren und sortieren können. Dadurch soll die Qualität des Saatguts verbessert und die Nahrungsverschwendung reduziert werden. Der Preis einer solchen Maschine liegt bei 130.000 Franken [ca. 110.000 Euro] und mittlerweile macht das Unternehmen seinen größten Umsatz in den USA.

OLGA PETERS

UNTERNEHMEN
QualySense

GRÜNDUNGSJAHR
2010

MITGRÜNDER
Francesco Dell'Endice,
Paolo D'Alcini

STADT
Zürich

🌐 WWW.QUALYSENSE.COM

Wie formte sich die Idee zu QualySense?

Unser Mitgründer Francesco ist Weltraumingenieur und machte seinen PhD an der Uni Zürich in Zusammenarbeit mit der European Space Agency. In diesem Projekt baute er einen Sensor, der im Weltall die Qualität verschiedener Bodenkomponenten messen kann, um beispielsweise den Wassergehalt im Boden zu bestimmen. Ich fand dieses Projekt sehr faszinierend und wir diskutierten, auf welche Bereiche sich diese Technologie, die sich ‚Near Infrared Spectroscopy' nennt, noch übertragen lässt. Durch das Feedback auf verschiedenen Networking-Events realisierten wir, dass es bislang noch kein Gerät gibt, das einzelne Getreidekörner nach der biochemischen Qualität misst und aussortiert. Unseren zweiten Mitgründer Paolo haben wir bei einem Entrepreneurship-Event getroffen und er war auch sofort von unserer Idee überzeugt. 2009 initiierten wir das Projekt und gründeten 2010 QualySense. Dafür haben wir viel Unterstützung vom Staat und anderen Investoren erhalten.

Wie seid ihr auf eure Investoren gekommen?

Wir haben 2010 an dem Businessplan-Wettbewerb „Venture" teilgenommen, der jährlich in der Schweiz stattfindet. Bei der Veranstaltung dazu haben wir dann unsere ersten zwei Investoren getroffen, die uns 100.000 Franken als Gründungskapital für die Aktiengesellschaft gegeben haben.

Warum habt ihr gleich eine Aktiengesellschaft gegründet?

Wir haben von Anfang an gewusst, dass es ein sehr investitionsintensives Unternehmen ist und als Aktiengesellschaft ist es am einfachsten, die Anteile zu verteilen. Unsere ersten zwei Business Angels, die uns bei der ersten Finanzierungsrunde unterstützt haben, haben dann noch weitere Investoren eingebracht. Somit hatten wir keine großen Finanzierungsprobleme und bekamen zudem viel Unterstützung, auch durch das Netzwerk und Coaching unserer Investoren.

Was machte euer Unternehmen so attraktiv für Investoren?

Wir waren für Investoren interessant, da es bei uns um Lebensmittel geht. Einer der Investoren war früher bei Nestlé, ein anderer bei der Saatgutfirma Syngenta. So verstanden unsere Investoren, dass es durchaus ein Bedürfnis nach diesem Produkt gibt, aber keine Lösung. Zudem erkannten beide, dass die Idee patentierbar und zukunftsträchtig ist. Anfangs hatten wir nichts außer einem A4-Blatt mit Ideen. Doch unsere Investoren haben uns vollkommen vertraut.

„Ich hatte keine Angst, denn wir hatten nichts zu verlieren, sondern nur etwas zu gewinnen."

Was macht QualySense genau? Welche Geräte habt ihr entwickelt?

Unser Unternehmen hat verschiedene Technologien entwickelt, um Körner, Samen und Bohnen biochemisch und nach Qualität zu sortieren. Beispielsweise kann man so auch den Glutengehalt bestimmen, um glutenfreie Produkte herzustellen. Der Sortierer arbeitet mit sehr hoher Geschwindigkeit und analysiert und sortiert 50 Körner pro Sekunde. Unsere Geräte werden mittlerweile in den größten Nahrungsmittel-Unternehmen genutzt, um die Waren zu kontrollieren, bevor sie in die Produktion gehen. Momentan entwickeln wir ein Gerät, das auch tonnenweise sortieren kann, um unter anderem die Lebensmittelverschwendung zu reduzieren. Zum Beispiel werden jedes Jahr ein Fünftel der Körner weltweit wegen Erkrankungen vernichtet. Es gibt bis heute keine Technologie, um dieses erkrankte Getreide auszusortieren. Dadurch verlieren die Händler viel Geld und die Menschheit verliert Nahrung. Mit unserer Maschine wird es in einem Jahr möglich sein, die Qualität des Getreides in sehr großen Mengen messen und sortieren zu können.

Ihr seid zudem in den US-amerikanischen Markt eingetreten. Wie lief das ab?

Zunächst hatten wir uns auf den europäischen Markt konzentriert, doch sich hier zu etablieren war tatsächlich schwieriger als gedacht. Hier ist alles viel konservativer und langsamer als in den USA, wo innovative Produkte meist schneller eingesetzt werden. Wir kamen dann schnell mit dem US-Landwirtschaftsministerium und einem Professor, der an einem ähnlichen Projekt arbeitete, in Kontakt. Unser Mitgründer Francesco flog dann in die USA und konnte einen Auftrag im Wert von einer Million US-Dollar an Land ziehen. Mittlerweile machen wir 80 Prozent unseres Umsatzes in den USA.

Mit ‚General Mills' zählt einer der weltweit größten Nahrungsmittelkonzerne zu euren Kunden. Wie schwer war es, an solch einen großen Kunden heranzukommen?

Da die Nahrungsmittelwirtschaft sehr konservativ ist, braucht es viel Vertrauen, das man sich durch die regelmäßige Teilnahme an jährlichen Veranstaltungen aufbauen und beibehalten muss. Zudem haben wir unser Gerät in die USA gebracht, um es dort den potenziellen Kunden zu zeigen. Bevor General Mills seine Entscheidung getroffen hat, haben wir etwa ein Jahr an der Beziehung gearbeitet. General Mills war auch mehrmals in der Schweiz, um sich die Anwendung demonstrieren zu lassen. Unternehmen wie diese haben das Geld und suchen nach Innovationen, aber es dauert einfach ein bisschen, um sie zu überzeugen.

Was waren die größten Herausforderungen beim Aufbau der Unternehmensstruktur?

Eine Herausforderung war, ein neues Gebäude zu finden, da die alten Räumlichkeiten zu klein wurden. Da in Zürich jedoch Immobilien knapp sind, war es sehr zeitaufwendig, eine passende Immobilie zu finden. Eine andere große Herausforderung war, dem Team unsere Unternehmenskultur, die wir dann gemeinsam im Gründerteam definiert und aufgeschrieben haben, beizubringen. Neue Mitarbeiter klären wir sofort über unsere Kultur auf, aber wir sind auch sehr offen und wollen, dass jede Idee gehört und respektiert wird. Sonst stirbt der Entrepreneurial Spirit. Mittlerweile haben wir 22 Mitarbeiter. Da natürlich auch jeder Mitarbeiter seine Bedürfnisse hat und ich öfters um Hilfe gebeten werde, steigt auch mein Arbeitspensum, was ich entsprechend managen muss.

Wie würdest du euren Entrepreneurial Spirit beschreiben?

Unser Entrepreneurial Spirit setzt sich aus mehreren Komponenten zusammen: Selbstständigkeit, kein Mikromanagement, gute Zusammenarbeit sowie das Einbringen eigener Ideen. Ohne einen solchen Spirit gibt es keine Visionen und keine Innovationen. Vielmehr würde der Geschäftsführer über die komplette Unternehmensausrichtung entscheiden und die Mitarbeiter müssten sich danach richten. Doch das möchten wir nicht. Wir wollen, dass alle das machen, auf das sie vertrauen, weil wir alle der gleichen Vision folgen.

War QualySense deine erste unternehmerische Erfahrung?

Ja, das ist mein erstes Unternehmen. Ich habe meine Eltern schon früh beobachtet und von ihnen die Selbstständigkeit gelernt, denn sie haben, als die Sowjetunion auseinanderbrach, viele Import-Export-Geschäfte getätigt.

Was war denn deine größte Angst, als ihr gegründet habt?

Am Anfang hatte ich keine Angst, denn wir hatten nichts zu verlieren, sondern nur etwas zu gewinnen. Als wir dann das Vertrauen von

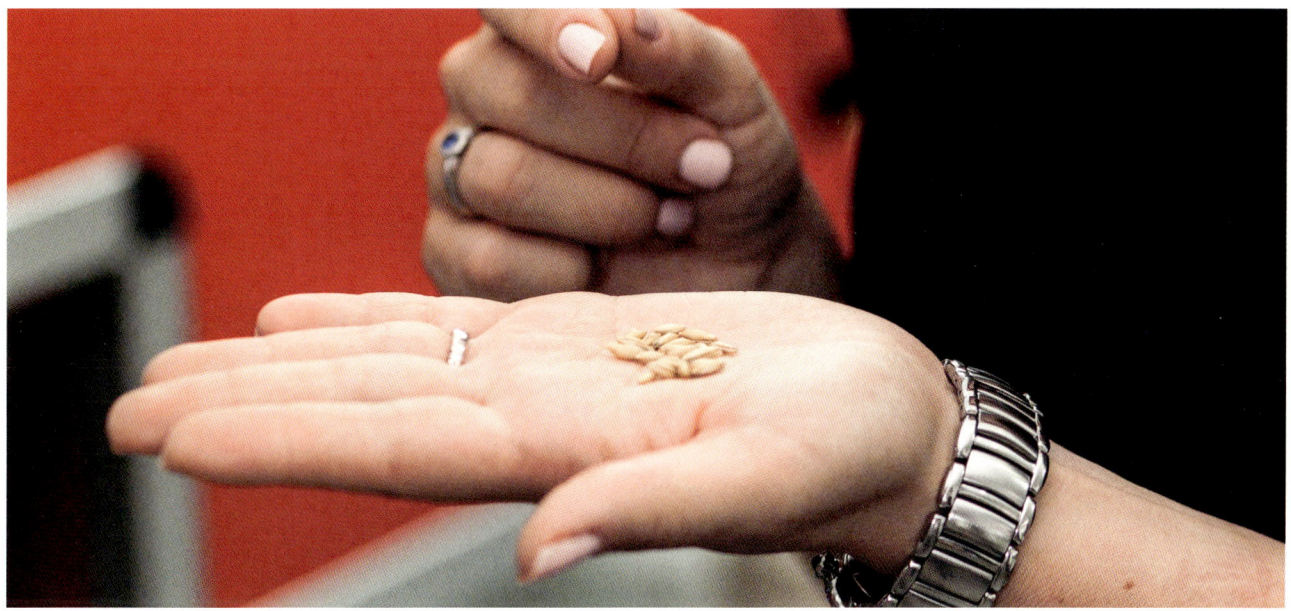

Kunden und Investoren gewonnen hatten, entstand bei mir die Angst, dass etwas schief läuft, und dass die Erwartungen, die investierte Zeit und die vielen Anstrengungen umsonst sind. Aber was mich motiviert hat, war der Gedanke, dass ich selbst beim Scheitern immer noch gewonnen hätte. Denn ich wusste, dass alles, was ich gelernt habe, auch bleibt und mir das niemand mehr wegnehmen kann. Mit dieser Erkenntnis kann ich daher sagen, dass man keine Angst vor dem Gründen haben muss.

Du hast QualySense neben deinem Studium gegründet. Wie hast du das vor allem zeitlich geschafft?

Ich habe ein bisschen länger studiert und den Fokus auf die Unternehmensgründung gelegt. In meinem Masterstudium habe ich dann vor allem Kurse belegt, die mir für die Firma halfen. Meine Freizeit habe ich dann immer damit verbracht, etwas für unser Start-up zu machen. Das war zwar eine anstrengende Zeit, aber ich war auch sehr motiviert. Am meisten half es mir, Prioritäten zu setzen und meine Zeit effektiv zu nutzen. Zum Beispiel sehe ich kein Fernsehen und spreche mit meiner Familie in der Ukraine nur während ich esse, sodass ich das gleichzeitig machen kann.

Das klingt sehr beeindruckend. Außerdem bist du dann noch Mutter geworden. Welche Auswirkungen hatte die Schwangerschaft auf deine Pläne?

Ich war bereits im ersten Monat schwanger als ich mit meiner Masterarbeit anfing. Mein ursprünglicher Plan war, diese noch vor der Geburt auch abzuschließen, doch dann musste ich mein Thema ändern. Und so habe ich fast die ganze Masterarbeit nach der Geburt geschrieben, meistens am Wochenende, wenn mein Sohn geschlafen hat. Während meines Mutterschaftsurlaubs hatte ich im Büro eine Assistentin, die mich quasi ersetzt hat. Ich habe aber trotzdem weiterhin Anrufe und Mails beantwortet und gewusst, welche Projekte gerade laufen.

Hast du eine Routine, um das alles schaffen zu können? Woher nimmst du deine Kraft?

Mein Morgen ist meist ruhig und ich kann etwas arbeiten während mein Sohn spielt. Dann geht er schlafen und ich habe etwa zwei bis drei Stunden, in denen ich ohne Ablenkung arbeiten kann. Mittags kommt mein Mann während seiner Mittagspause nach Hause und kümmert sich um unseren Sohn, während ich weiterarbeite. Am Abend spiele ich dann ein bisschen mit meinem Kind, bevor es um 20 Uhr schlafen geht und ich arbeite dann nochmal bis 23 Uhr. Dieser Tagesablauf ist sehr anstrengend, aber die Natur ist meiner Meinung nach sehr klug. Es gibt diese Hormone, die dafür sorgen, dass eine Mutter trotz Schlafmangels morgens frisch ist. Ich habe häufig den Ratschlag erhalten, zu schlafen, wenn mein Kind schläft, um meine Kraftreserven aufzutanken. Das musste ich aber dank der Hormone nie.

Gibt es ein Lebensmotto, das du hast und gerne teilen möchtest?

Mein Motto ist: „Das ‚Nein' haben wir schon, aber nach dem ‚Ja' können wir noch fragen!" Ich möchte nie bedauern, dass ich es nicht zumindest versucht habe. Chancen gibt es nicht alle Tage. Das ist dann wie ein Signal für mich, dass ich diese verfolgen muss - denn nichts passiert einfach so!

„ **Am meisten half es mir,**
Prioritäten
zu setzen und
meine Zeit effektiv
zu nutzen. "

Anna Iarotska

Anna Iarotska studierte Wirtschaft in Kiew und war danach mehrere Jahre in der Unternehmensberatung und im Investment Management tätig. Nach einem zweiten Masterstudiengang in Development Management an der London School of Economics war sie einige Monate Teil eines Technologietransfer-Projektes der Deutschen Gesellschaft für Internationale Zusammenarbeit (GIZ), wo sie unter anderem das Innovationssystem Georgiens analysierte. 2013 gründete Anna dann mit ihren beiden Mitgründern Rustem Akishbekov und Yuri Levin, die beide aus Kasachstan stammen, das Start-up Robo Wunderkind. Das Unternehmen stellt Spielzeug-Roboter her, die Kinder selbst bauen und programmieren können, womit der aktive Umgang mit Technologie gefördert werden soll.

ANNA IAROTSKA

UNTERNEHMEN
Robo Wunderkind

GRÜNDUNGSJAHR
2013

MITGRÜNDER
Rustem Akishbekov, Yuri Levin

STADT
Wien

🌐 WWW.ROBOWUNDERKIND.COM

Wie hast du deine Mitgründer kennengelernt und wie seid ihr auf die Idee zu Robo Wunderkind gekommen?

Meine Mitgründer habe ich auf dem Pioneers-Festival, einem Entrepreneurship-Event in Wien, kennengelernt. Ich wollte damals ein Teil der Technologiewelt sein und die Idee zu Robo Wunderkind, die von meinem Mitgründer Rustem kam, überzeugte mich sofort. Wir haben dann zu dritt gegründet.

Du kanntest deine Mitgründer davor also gar nicht persönlich? Viele Start-ups scheitern vor allem wegen Uneinigkeiten in Team. Woher kam deine Sicherheit, dass eure Zusammenarbeit gut funktionieren wird?

Ja, wir haben uns davor nicht gekannt. Das war ein bestimmtes Risiko, aber es hat funktioniert.

Ihr seid sozusagen ein Team von Expats, die in Österreich gegründet haben. Hattet ihr dadurch Schwierigkeiten bei der Gründung?

Nicht wirklich. Es gibt viele Stellen, die zu einer Gründung beraten und da wir ja schon seit einiger Zeit in Österreich leben, haben wir auch unsere Netzwerke aufbauen können.

Wie kann man sich euer Produkt konkret vorstellen?

Der Roboter ist für Kinder, die gerne experimentieren. Sie stellen einen Roboter aus Modulen zusammen und sehen, was mit diesen gemacht werden kann. Beispielsweise kann man aus den Modulen ein kleines Auto bauen und bestimmte Ereignisse mit Hilfe von Apps am Roboter steuern. Zum Beispiel leuchtet der Roboter rot auf, wenn er auf ein Hindernis trifft. Das Spannende dabei ist, dass die Kinder den Roboter selber bauen und programmieren können, und das alles in sehr zugänglicher und verständlicher Form.

„Als Unternehmerin muss man sich darauf gefasst machen, dass nicht alles so funktioniert, wie man es sich vorstellt."

Welche Vision verfolgt ihr dabei durch euer technologisches Produkt?

Durch das selbstständige Zusammenbauen der Roboter lernen Kinder vor allem Kreativität. Das hilft ihnen in einem sicheren Umgang mit Technologie. Sie lernen die Grundlagen des Programmierens und der Robotik. Wir erhoffen uns, dass sich Kinder damit für alles technisch Geprägte, die Robotik und das Programmieren begeistern lassen. Das soll nicht bedeuten, dass alle dadurch Programmierer werden sollen. Aber heutzutage wachsen Kinder zwar mit dem Tablet und Computerspielen auf, nutzen damit die Technologie jedoch nur passiv. Uns ist es wichtig, dass Kinder vielmehr die Technologien aktiv nutzen, einfach ausprobieren und daran Spaß haben.

Was waren eure ersten Gründungsschritte?

Zuerst haben wir mit einem kurzen Video, das unsere Idee und einen Prototyp zeigte, an einem Ideenwettbewerb teilgenommen und dort 10.000 Euro gewonnen. Der Wettbewerb war für uns eine tolle Bestätigung unserer Vision und sehr motivierend. Wir haben die Arbeit dann fortgesetzt und uns bei Acceleratoren beworben. Wir wurden dann in dem Accelerator-Programm HAX aufgenommen und haben anschließend ein halbes Jahr in China verbracht. Das war eine sehr intensive Zeit. Es waren insgesamt zehn Teams mit dabei und wir haben alle viel und hart gearbeitet. Aber das war auch eine tolle Erfahrung, da wir uns als Teil von etwas Größerem gefühlt und gegenseitig unterstützt haben.

Wie lange dauerte die Produktentwicklung?

Wir haben zweieinhalb Jahre an der Produktentwicklung gearbeitet. Prototypen gab es bereits im ersten Gründungsjahr, aber nicht jeder kann dann auch produziert werden. Die Roboter haben wir zudem auch mit Kindern aus unserem Umfeld getestet, um so das Produkt weiterhin zu verbessern. Es war also ein langer und intensiver Prozess. Im Oktober 2015 haben wir eine Crowdfunding-Kampagne auf Kickstarter durchgeführt, die es uns ermöglicht hat, mit der Produktion zu starten. Wir haben Ende 2016 die Produktionsreife erreicht und bereits Bestellungen von 1.200 Kunden aus 58 Ländern. Die Auslieferung des Produkts soll dann etwa ein halbes Jahr später erfolgen.

Kannst du uns einen Einblick in den Ablauf einer solchen Crowdfunding-Kampagne geben?

Man kann sich die Crowdfunding-Kampagne wie einen richtigen Produktstart vorstellen und nur funktioniert, wenn man sich sehr gut darauf vorbereitet. Wir haben insgesamt sechs Monate an unserer Kampagne gearbeitet. Wichtig ist, dass bereits viele Leute das Produkt vorher kennen und bereit sind, dieses zu unterstützen. Um eine solche Community aufzubauen, muss man früh beginnen. Wir haben daher jede Möglichkeit genutzt, unser Produkt zu präsentieren und Menschen für unser Konzept zu begeistern. Dafür haben wir an vielen Konferenzen und Events teilgenommen, Social Media und Mailinglisten genutzt sowie intensiv mit Medien während der Kampagne zusammengearbeitet, um sicherzustellen, dass über uns und unser Projekt geschrieben wird.

Euer Fundingziel waren 60.000 Euro. Letztlich habt ihr dann sogar 250.000 Euro von der Crowd eingesammelt. Wie erklärst du dir diesen enormen Erfolg?

Es war ein Zusammenspiel aus mehreren Elementen, wie beispielsweise einer großen Community und einem ansprechenden Produkt. Man muss dabei wirklich an jedem einzelnen Element arbeiten. Wir haben in einem selbstgedrehten Video versucht, genau zu erklären, was wir machen. Die Vorbereitung der Kampagne hat zwar sehr lange gedauert, dafür haben wir aber auch ein umso besseres Ergebnis erzielt.

Ihr habt zudem an der TV-Show „2 Minuten 2 Millionen" teilgenommen, aber leider eine Absage bekommen.

Wir hatten definitiv höhere Vorstellungen in der Bewertung unseres Unternehmens. Ein Grund war, dass seltener in Hardware-Produkte investiert wird, da diese generell eine hohe Investition benötigen. So ist es ein bisschen schwieriger, an das notwendige Geld zu kommen. Zweifel an unserem Projekt gab es dadurch aber nicht. Als Unternehmer muss man weiterprobieren und immer weitergehen.

Ihr habt dort viele unangenehme Fragen gestellt bekommen, beispielsweise gab es so einen Moment, in welchem euer Produkt nicht funktioniert hat. Wie war es, diesem enormen Druck standzuhalten, da ja auch potenzielle Kunden zusahen? Hast du dich darauf mental vorbereitet?

Als Unternehmer muss man sich darauf gefasst machen, dass nicht alles so funktioniert, wie man es sich vorstellt. Aber eine solche Show ist auch eine Chance und ich bereue nicht, dass ich es probiert habe.

Was würdest du anders machen, wenn du nochmal in einer TV Sendung mit so viel Reichweite teilnehmen würdest?

Ich werde mir überlegen, was ich mache, wenn etwas nicht so läuft, wie ich es geplant habe!

Habt ihr eure Roboter patentrechtlich schützen lassen?

Ja, wir haben unser Produkt als Trademark in den USA schützen lassen. Die Voranmeldung haben wir selbst ausgefüllt, aber die finale Einreichung haben wir mit Hilfe eines Anwaltes gemacht. Das war nicht sehr günstig, aber man braucht einen Fachanwalt dafür.

Was macht deiner Meinung nach den Erfolg eines Start-ups aus?

Entscheidend ist, dass man ein starkes Team bildet und gute Mitarbeiter findet. Insbesondere in kleinen Teams wie unserem ist jede Person für den Erfolg entscheidend. Wir überlegen uns, welche Werte wir haben und was wir an Menschen schätzen. Jeder von uns will ein Teil der-selben Vision sein und wir wollen ein Produkt schaffen, das für Kinder ganz viele Möglichkeiten eröffnet. Das ist unsere größte Motivation.

Wolltest du schon immer Unternehmerin sein?

Unternehmerin zu sein war nicht mein primäres Ziel. Ich war 2013 einfach auf der Suche nach etwas, bei dem ich mich besser verwirkli-chen konnte. Mir ist vielmehr das, was ich tue, am wichtigsten. Aber im Nachhinein sehe ich, dass man die spannendsten Sachen als Selbst-ständige machen kann. Und es macht mir wirklich sehr viel Spaß.

Frauen im Technologie-Bereich sind ja leider immer noch selten. Gibt es andere Frauen, die dich im in diesem Bereich inspiriert haben?

Ich habe schon viele Frauen getroffen, nicht nur in Österreich, sondern auch durch unsere Auslandsaufenthalte, die auch im technologischen Bereich tätig sind. Die Frauen, die ich getroffen habe, waren Technikerin-nen, Gründerinnen und Geschäftsführerinnen in einem, und sehr erfolgreich. Das fand ich toll. Die sind nicht nur Vorbilder, sondern auch Ermutigungen. Das Problem mit dem Mangel an Frauen im Technologiebereich liegt, meiner Meinung nach, an den Stereotypen. Bei meinen Kindern achte ich darauf, dass ich ihnen verschiedene Möglichkeiten aufzeige. Mir selbst kam nie der Gedanke, dass ich eine Ingenieurin sein kann, aber seit ich in diesem Bereich tätig bin, finde ich es sehr spannend. Frühe Bildung in der Schule ist also ganz wichtig. Aber wenn eine Frau gut ist, kann sie sich immer durchsetzen. Die Leistung wird belohnt.

Wovon hast du als Kind geträumt? Hast du mit deinem Unterneh-men deinen Kindheitstraum teilweise erfüllt?

Ich war neugierig die Welt zu sehen und wollte viel reisen, das hat sich mit Robo Wunderkind schon erfüllt. Als Unternehmen sind wir stark international ausgerichtet: wir haben ja Vorbestellungen aus mehr als 60 Ländern und wir wollen Robo Wunderkind auch weltweit verkaufen.

Ihr habt in relativ kurzer Zeit schon viel geschafft. Da muss man auch die richtigen Dinge tun und ein hohes Maß an Effektivität haben.

Ganz wichtig ist, einen Fokus zu haben und seine Prioritäten zu for-mulieren. Und in diese sollte man die meiste Energie stecken. Zudem ist mir ein gesunder Ausgleich sehr wichtig. Idealerweise kann ich am Wochenende mindestens einen Tag komplett abschalten.

Hast du Hobbys oder machst du eine Sportart in deiner Freizeit?

Ich verreise gerne und bin auch gerne in der Natur. Skifahren, Tauchen und Wandern sind meine Hobbys.

Welche Ereignisse in deinem Leben haben deine Persönlichkeit geprägt?

Studien und Arbeitsaufenthalte in verschiedenen Ländern haben mich sehr geprägt. Ich habe gelernt, flexibel und offen zu bleiben und zu akzeptieren, dass Kulturen und Herangehensweisen sehr un-terschiedlich sein können. Jede Kultur hat was Spannendes und ich habe versucht von jeder auch was mitzunehmen: die Begeisterung für Unternehmertum von Amerikanern, die Wichtigkeit der zwischen-menschlichen Beziehungen und Netzwerke von Chinesen und die Kunst Fragen zu stellen von Engländern.

„Ganz wichtig ist, einen Fokus zu haben und seine Prioritäten zu formulieren.“

Was bedeutet Erfolg für dich?

Erfolg ist, wenn unser Produkt den Leuten gefällt und wenn wir etwas Sinnvolles schaffen, was die Menschen auch kaufen wollen. Mir macht es große Freude unsere Vision zu verwirklichen. Wenn wir ein großar-tiges Produkt kreieren und unsere Kunden damit erreichen, dann sind wir erfolgreich.

Und was hast du bisher aus deinem Unternehmertum gelernt?

Der Weg ist nicht gerade und es gibt auch viele Rückschläge. Daher ist das Wichtigste, was einen Unternehmer auszeichnet, immer wieder aufzustehen und weiterzugehen.

Produktivität-Hacks: So arbeitest du erfolgreicher!

Damit du bei all den Aufgaben, die auf dich als Gründerin zukommen, nicht den Überblick verlierst, findest du hier Tipps, wie du produktiver arbeiten kannst und deine wichtigste Ressource - deine Zeit - optimal nutzen kannst.

DIE POMODORO TECHNIK

Schaffe dir Zeitintervalle für intensiven Fokus und maximale Konzentration! Auch Prokrastination bekommst du so in den Griff.

1. Wähle EINE Aufgabe, die du erledigen möchtest und notiere kurz, was dafür getan werden muss.
2. Stelle deinen Timer auf 25 Minuten.
3. Arbeite ununterbrochen an deiner Aufgabe bis der Alarm ertönt.
4. Nimm dir eine 5-Minuten-Pause. Verlasse dafür kurz deinen Arbeitsplatz und tue dir etwas Gutes (z.B. frische Luft, entspannende Atemübungen, Wasser trinken).
5. Wiederhole viermal diese 25-minütigen Arbeitsintervalle und 5-minütigen Pausenintervalle. Nimm dir dann eine 30-minütige Pause!

 Tipp: Einen Pomodoro Timer gibt es auch Online!

EAT THE FROG!

Arbeite an deiner herausforderndsten und unangenehmsten Aufgabe, deinem ‚Frosch‘, als Erstes!

1. Mache eine Liste all deiner Aufgaben.
2. Identifiziere deinen ‚Frosch‘ (oder ‚Frösche‘) und positioniere diesen ganz oben auf deiner Liste.
3. Erledige deinen ‚Frosch‘ jeden Morgen als Erstes!

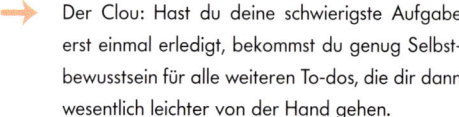 Der Clou: Hast du deine schwierigste Aufgabe erst einmal erledigt, bekommst du genug Selbstbewusstsein für alle weiteren To-dos, die dir dann wesentlich leichter von der Hand gehen.

DIE ACTION METHODE

Organisiere deine To-do Liste in folgenden Kategorien:

1. ‚Action‘: Liste mit spezifischen Aufgaben, die eine konkrete Handlung benötigen.
2. Referenzen: Liste mit allen zusätzlichen Infos und Ressourcen, die du benötigst, um deine Aufgaben erledigen zu können.
3. ‚Backburners‘: Liste mit Aufgaben, die du nicht sofort erledigen musst.

FOKUS

- Mache regelmäßige Pausen!
- Gehe spazieren!
- Meditiere!
- Bringe Ordnung ins Gedankenchaos - bspw. mit Mind Mapping, To-do Listen!

ZEIT

- Tracke deine Zeit! Wofür investierst du sie? Wie lange dauern deine Aufgaben?
- Reduziere deine Social-Media-Zeit! Nimm dir lieber dafür aktiv 10 Minuten am Tag, aber lass dich nicht von Social Media während deiner Arbeitszeit ablenken.
- Vergiss Multi-Tasking! Erledige eine Aufgabe nach der anderen.

MOTIVATION

- Finde deine biologische Prime-Time!
- Breche große Aufgaben in jeweils kleinere Aufgaben herunter.
- Wenn eine Aufgabe nur 2 Minuten dauert, mache diese sofort.
- Arbeite an großen Aufgaben für nur 5 Minuten. Entweder du kommst in den Flow und machst weiter oder du brichst nach 5 Minuten eben wieder ab.
- Feiere auch kleine Erfolge!

PRIORISIEREN

- Erledige deine wichtigste Aufgabe zuerst!
- Frage dich: Hilft mir diese Aufgabe dabei meine Ziele zu erreichen? Wenn nicht, dann lass es.
- Schreibe deine To-do Liste schon am Abend zuvor!
- Plane deine Woche bereits am Sonntagabend!

Mithilfe der Eisenhower-Matrix kannst du deine Aufgaben entsprechend ihrer Dringlichkeit und Wichtigkeit einordnen.

NICHT WICHTIG - DRINGEND → Delegieren!

WICHTIG - DRINGEND → Sofort erledigen!

NICHT WICHTIG - NICHT DRINGEND → Papierkorb

WICHTIG - NICHT DRINGEND → Terminieren!

DRINGLICHKEIT

WICHTIGKEIT

Estella Benz

Estella Benz studierte Marketing und Kommunikation in der Schweiz und arbeitete zunächst in einer Marken-agentur als Beraterin, bevor sie einen Job im Marketingbereich einer Bank annahm. Dort arbeitete Estella er-folgreich und stieg schnell zum Head Marketing Communication Manager auf. Doch die vielen Arbeitsstunden und die fehlende Leidenschaft stellten den Sinn ihres Jobs in Frage und inspirierten sie schließlich zur eigen-en Unternehmensgründung. 2014 gründete Estella dann ihr Unternehmen RUE CINQ, einen Online-Shop für High-End-Kosmetik. Dieser bietet eine übergreifende und markenunabhängige automatisierte Online-Beratung für die Kundinnen. Mithilfe der eigens dazu entwickelten Skin Match Technology können Kundinnen die Pro-dukte finden, die zu ihren individuellen Bedürfnissen passen. Mittlerweile pendelt Estella zwischen Zürich, ihrer Heimat, und den USA, wo sie ihr Unternehmen gründete.

ESTELLA BENZ

UNTERNEHMEN
RUE CINQ

GRÜNDUNGSJAHR
2014

STADT
Zürich & New York

🌐 WWW.RUECINQ.COM

Gab es einen konkreten Moment, in dem du entschieden hast, dass du dich selbstständig machen möchtest?

Nach meinem Studium arbeitete ich zunächst bei einer Agen-tur und dann bei einer Schweizer Bank, bis zu zwölf Stunden am Tag. Letztlich fehlte mir die Leidenschaft an dem Job und ich fing an mich zu fragen: „Warum investiere ich diese gan-ze Zeit nicht lieber in etwas, woran ich sowohl Spaß als auch eine Leidenschaft für das Produkt habe?" In diesem Moment habe ich mich entschieden, selbst etwas zu gründen - denn ich wollte morgens wieder aufstehen und mich auf meine Arbeit freuen.

Wie ging es nach dieser Entscheidung dann weiter?

Ich kündigte meinen Job bei der Bank und ging für drei Monate nach New York, um dort am Fashion Institute of Technology sowie der New York University den Kurs Cre-ative Enterprise Ownership und weitere Start-up-Kurse zu absolvieren. Dort habe ich alles Essentielle gelernt, was ich

als Gründerin brauchte. Zu diesem Zeitpunkt kannte ich mich zwar bereits gut mit Business- und Marketingstrategien aus, aber ich hatte noch keine Idee, in welche Richtung mein Un-ternehmen gehen soll.

Die richtige Idee zu finden ist meist gar nicht so einfach. Wie bist du schließlich auf die Idee zu RUE CINQ gekom-men?

Dass ich in Richtung Digital und Kosmetik wollte, war klar — die Form jedoch noch überhaupt nicht. Ich habe mit vielen meiner Kursteilnehmerinnen darüber gesprochen. Eine Frau äußerte dann den Wunsch nach einem Programm, das ihr hilft, ein Produkt ohne einen bestimmten Inhaltsstoff, auf den sie allergisch ist, zu finden. Aus diesem Gespräch entstand die Idee, eine Datenbank zu erstellen, in der alle Produktkom-ponenten von Inhaltsstoffen über Größe und Farbe etc. ent-halten sind und somit den Kunden geholfen wird, sich genau über die Produkte zu informieren.

Was war deine Motivation, für einen Gründungskurs in die USA zu gehen?

Selbstständig zu sein, ist in den USA wesentlich anerkannter als in der Schweiz. Da der Großteil der Bevölkerung in der Schweiz glücklich angestellt ist, verstehen viele nicht, warum man so ein großes Risiko eingeht und wie viel Arbeit hinter einem eigenen Unternehmen steckt. Deshalb fühlte ich mich oft einsam, da es nur wenige Gleichgesinnte gab. In den USA hingegen gab es in dieser Hinsicht wesentlich mehr Austauschmöglichkeiten und auch bessere Unterstützung.

Hast du aus denselben Gründen dein Business in den USA gegründet?

Ursprünglich habe ich meinen Businessplan für den deutschsprachigen Raum erstellt, doch ich musste feststellen, dass die Kosten in der Schweiz zu hoch waren und meine Idee dort nicht ganz umsetzbar war. Zudem kaufen Frauen in Europa lieber ihre Kosmetik im stationären Einzelhandel, wohingegen die Frauen in den USA viel offener dafür sind, ihre Kosmetik online zu kaufen. Darüber hinaus ist der amerikanische Markt sehr groß, einsprachig und es gibt keine Zollkosten. In den USA zu gründen war daher eine pragmatische Entscheidung.

Gibt es auch Risiken, auf die man bei einer Gründung in den USA achten muss?

Die gesetzlichen Regelungen sind in den USA eine große Herausforderung. Ich habe zwar Anwälte, die mir in diesem Bereich helfen, aber für meine Entscheidungen muss ich dennoch alles selbst verstehen. In Europa kann man als Unternehmer nicht so einfach verklagt werden - in den USA ist dieses Risiko viel höher. Daher setze ich mich viel mit dem amerikanischen Recht auseinander.

Mit der Skin Match Technology habt ihr bei RUE CINQ einen eigenen Algorithmus entwickelt, der Produkte gezielt auf die Bedürfnisse der Kundin anzeigt. Wie bist du an diese Aufgabe herangegangen?

Für die Skin Match Technology haben wir über drei Jahre gebraucht. Ich habe zuerst analysiert, welche Angaben wir von den Kundinnen benötigen. Zudem überlegte ich, wie ich die Produkte am Besten kategorisieren und ein Produktvorschlag zustande kommen kann. Mit diesen Überlegungen und mit Hilfe von Youtube-Videos programmierte ich dann einen Prototyp. Der tatsächliche Algorithmus beruht auf diesem Prototyp sowie meinen Spezifikationen, wurde jedoch von meinem neuen Geschäftspartner und Mitgründer für die Schweizer Firma Skin Match Technology Switzerland GmbH, Robert Baumgartner, programmiert. Er hat meine Ideen toll umgesetzt und auch selbst viel beigetragen. Ich bin sehr stolz auf das Resultat. Die Skin Match Technology Switzerland GmbH ist heute die Besitzerin von RUE CINQ.

Wie hast du bislang deine Geschäftsidee finanziert?

Am Anfang habe ich viel Eigenkapital in das Unternehmen investiert und zudem finanzielle Unterstützung von meinem Vater erhalten. Später sind dann noch zwei Business Angels dazu gekommen. Mein Ziel ist es, noch einen Investor zu finden, der durch seine Unterstützung und Erfahrung einen Mehrwert bietet, oder die Firma über Kunden selbst zu finanzieren.

Worauf legst du besonders Wert im Gespräch mit Investoren? Und was denkst du, ist Investoren wichtig, damit sie in das Start-up investieren?

Die Investoren investieren weniger in das Start-up, sondern vielmehr in die Unternehmer, da diese das Unternehmen und damit auch den Erfolg antreiben. Für mich selbst ist es wichtig, dass potenzielle Investoren meine Idee verstehen und nicht versuchen, etwas an meiner Vision zu ändern. Trotzdem bin ich auch offen für Hilfe und Unterstützung, denn ich habe auch schon Vorschläge bekommen, bei denen ich gesagt habe: „Ja, absolut. Da habe ich noch gar nicht dran gedacht. Lass uns das versuchen!"

„Kurze und effiziente Arbeitstage liegen mir mehr als 16-Stunden-Tage."

Gibt es auch etwas, das du im Nachhinein anders gemacht hättest?

Ich bin oft vom Weg abgeschweift, da ich möglichst schnell auf den Markt wollte. Zum Beispiel habe ich in der Phase der Produktentwicklung der Skin Match Technology auch in Alternativen wie persönliche Online-Beratung via Video-Chat investiert. Mein Rat ist daher, immer seiner ursprünglichen Vision zu folgen und nur in die Dinge Zeit zu investieren, die auch zielführend sind.

Und was waren die Momente, die für dich deine bislang größten Erfolgserlebnisse waren?

Ich hatte bisher drei große Erfolgserlebnisse. Das erste war der Abschluss des ersten Vertrags mit Nordstrom in den USA. Der Vertrag ermöglichte es uns, ein großes Sortiment an Produkten zu verkaufen und Top-Marken anzubieten. Das zweite Erfolgserlebnis war der Start der Skin Match Technology. Es war ein tolles Gefühl zu sehen, wie sich die Idee realisierte. Das dritte war der erste Einkauf eines Kunden in unserem Online-Shop. Und noch heute bekomme ich einen Adrenalinkick, wenn etwas gut funktioniert hat.

Als Gründerin hat man ja meist viel zu tun. Wie gestaltest du dir denn deine Work-Life-Balance?

Ich habe eine Work-Sleep-Balance! Das bedeutet, dass ich besser arbeite, wenn ich viel geschlafen habe. Kurze und effiziente Arbeitstage liegen mir mehr als 16-Stunden-Tage. Natürlich gibt es auch Situationen, in denen ich bis spät abends arbeiten muss. Doch solche Tage kompensiere ich dann mit einem freien Wochenende. Mithilfe einer effizienten Arbeit gelingt es mir auch, meine Freunde und meinen Partner häufig zu sehen und regelmäßig Sport zu machen.

Wie wichtig findest du es, sich als Unternehmerin auch aktiv Freizeit zu nehmen?

Ich halte Freizeit für sehr empfehlenswert, da man in dieser Zeit auch etwas Abstand zum Unternehmensalltag gewinnt. Dies fördert einerseits wieder die Kreativität und man kann neue Ideen aus einer anderen Perspektive generieren. Andererseits fördert der Abstand auch ein gewisses Maß an Selbstkritik und man kann besser erkennen, wenn man in die falsche Richtung arbeitet.

„ **Mein Rat ist,**
immer
seiner Vision
zu folgen. "

0,5 + 0,5 = 1,5

Anna Kaiser & Jana Tepe

Anna Kaiser studierte zunächst Grundschullehramt in Passau, merkte aber nach ihrem Examen und dem Mitaufbau einer Grundschule schnell, dass ihr das Bildungssystem insgesamt viel zu starr ist. Daher gründete sie zuerst bergjacke.de, einen Online-Shop für faire Wintersportbekleidung. Nach ihrem Umzug nach Berlin arbeitete sie als Personalberaterin für die digitale Wirtschaft bei der i-potentials GmbH, wo sie auf ihre Mitgründerin Jana Tepe traf. Jana studierte Kommunikationswissenschaften und Wirtschaft in Münster und in den Niederlanden. Sie arbeitete in verschiedenen Marketingfirmen, bevor sie Personal und Marketingmanagerin bei i-potentials wurde. Beide Frauen merkten durch ihren Job, wie sich die Arbeitswelt verändert und begeisterten sich immer mehr für die Idee der lebensfreundlicheren Arbeitswelt. 2013 gründeten Jana und Anna dann die Online-Plattform Tandemploy, über die man den perfekten Job-Sharing-Partner finden kann.

ANNA KAISER & JANA TEPE

UNTERNEHMEN
Tandemploy

GRÜNDUNGSJAHR
2013

MITGRÜNDER
Rico Nuguid

STADT
Berlin

🌐 WWW.TANDEMPLOY.COM

Wie seid ihr auf die Idee zu Tandemploy gekommen?

JANA: Auf die Idee zu Tandemploy sind wir durch eine Bewerbung zweier Frauen gekommen, die sich eine ausgeschriebene Führungsposition teilen wollten. Sie hatten sich einfach gemeinsam beworben, mit einem Lebenslauf und einem Anschreiben. Daraufhin hatte ich ein Vorstellungsgespräch mit den beiden Frauen, was auch für mich eine vollkommen neue Erfahrung war. Ich war so begeistert von dieser Idee, dass ich nach dem Gespräch Anna direkt davon erzählte. Am nächsten Tag kamen wir ins Büro und waren derart begeistert von der Idee des Jobsharing, dass wir kurzerhand daraufhin unsere Jobs kündigten, um diese Geschäftsidee weiter voranzutreiben.

Das ging ja schnell! Also habt ihr sofort gemerkt, dass es die richtige Idee ist?

JANA: Wir haben im ersten Moment gemerkt, dass es eine Idee ist, die wir verfolgen wollen. ‚Die richtige Idee' ist der falsche Ausdruck. Es war vielmehr ein Thema, für das wir brennen und uns begeistern können. Da wollten wir dranbleiben.

Wie gut habt ihr euch bereits vor der Gründung gekannt? Woran habt ihr gemerkt, dass ihr gut harmoniert?

JANA: Wir haben beide im gleichen Unternehmen gearbeitet, allerdings in verschiedenen Abteilungen. Wir kannten uns daher vor der Gründung bereits, aber noch nicht sehr gut. Wir hatten jedoch beide dieselbe Begeisterung für unsere Jobsharing-Idee und einfach gekündigt. Erst als wir zwei

„Wenn man eine Idee hat und mit Leidenschaft dafür brennt, muss man vorher nicht unbedingt Erfahrung gesammelt haben."

Monate später Tandemploy gründeten, haben wir uns noch besser kennengelernt. Und das hat glücklicherweise auch richtig gut gepasst.

ANNA: In einer E-Mail, die ich Jana damals zum ersten Mal schrieb, stand: „Jana, ich finde es einfach nur toll. Ab jetzt wird jeder Tag super, ab jetzt wird es einfach nur noch schön!". Drei Jahre später kann ich das noch immer so unterschreiben. Die Gründung ging sehr schnell und es ist schon ein Glück, dass wir jetzt so toll miteinander arbeiten und enge Freunde geworden sind.

JANA: Stimmt, die gemeinsame Vision und die Bereitschaft, dafür alles zu geben, hat sicherlich auch dazu beigetragen, dass es direkt so gut gepasst hat. Alles andere hat sich dann gefügt.

Was genau ist das Konzept von Tandemploy?

JANA: Gestartet sind wir mit einer Online-Plattform zum Thema Jobsharing, damit die Menschen, die sich für Jobsharing interessieren, zueinander finden können und sich gemeinsam bei den Unternehmen bewerben können, die für dieses Thema offen sind. Auf Tandemploy können sich Jobsharing-Interessierte anmelden und erhalten automatisch Vorschläge für den perfekten Tandempartner. Diese Vorschläge basieren unter anderem auf Faktoren, wie Ziele, Motivation und Kommunikationsweise. Haben sich zwei Menschen dann als Tandem gefunden, können diese sich bei interessierten Unternehmen bewerben. Wir sind also keine Vermittlung, da wir nicht zwischen dem Prozess stehen. Mittlerweile sind wir einen Schritt weiter gegangen und haben die Plattform-Technologie so weiterentwickelt, dass Unternehmen diese auch intern anwenden können, damit die Mitarbeiter in bestimmten Lebensphasen auch selbstständig flexible Arbeitsmodelle organisieren können. Man kann also innerhalb eines Unternehmens nach passenden Kollegen, einem Jobsharing-Partner, aber auch nach Mitstreitern für Projekte, Mentorings oder eine Jobrotation suchen — und dadurch bereits mit einem passenden Lösungsvorschlag auf den Chef zugehen: „Ich möchte gerne meine Arbeitszeit reduzieren und ich habe hier schon eine Lösung. Ich kann mir meine Aufgaben mit meinem Kollegen aus der anderen Abteilung teilen und wir bleiben beide damit dem Unternehmen erhalten."

Was sind denn die Vor- und Nachteile für Arbeitnehmer und Arbeitgeber?

ANNA: Ich kann keinen konkreten Nachteil nennen, denn man gewinnt als Arbeitgeber doppelte Power und Kompetenz. Zum einen haben zwei Mitarbeiter auch zwei Sichtweisen und zum anderen können beide allen Anforderungen entsprechen, wie zum Beispiel gemeinsam fünf Sprachen beherrschen oder sowohl kreativ als auch analytisch sein. Zudem spürt man keinerlei Auswirkungen, wenn eine Person beispielsweise aus Krankheitsgründen ausfällt. Denn der andere Tandempartner kann trotzdem die wichtigen Dinge am Laufen halten, wie das Einhalten wichtiger Kundentermine. Das bedeutet geringere Ausfallkosten und weniger Risiko. Und falls ein Mitarbeiter das Unternehmen verlässt, bleibt das Know-how trotzdem in der Firma bestehen und

es entsteht keine Lücke. Für die Personen, die im Jobsharing arbeiten, ist dieses Modell besonders attraktiv, da man seinen Wunsch-Job in jeder Lebensphase weitermachen und mit flexiblen Arbeitszeiten verbinden kann.

Was ist eure Vision für Tandemploy?

JANA: Menschen können mit weniger Arbeit mehr erreichen, wenn sie ihre Zeit einfach cleverer nutzen. Unsere Vision ist, pragmatische Tools und Lösungen anzubieten, mit denen man bereits heute mit flexiblen Arbeitsmodellen anfangen kann. Damit wollen wir erreichen, dass die Menschen im beruflichen sowie im privaten Leben wieder glücklicher sind.

Das Konzept Jobsharing klingt sehr interessant, aber ist in Deutschland noch nicht weit verbreitet. Woran liegt das?

ANNA: Viele Menschen kennen das Konzept einfach noch nicht. Wir selbst informieren natürlich viel, haben aber immer noch nicht jeden erreicht, der davon profitieren kann. Zudem gibt es noch diese Hürden in den Köpfen der Leute. Sie kennen nur das alte, gewohnte Arbeitsmodell. Jobsharing hat dort noch keinen Platz, da es zu abstrakt ist. Die häufigsten Fragen sind: „Wie kommuniziert man denn dann miteinander? Das ist doch total aufwendig. Und was ist, wenn ich den anderen nicht mag?" Diese Fragen haben ein Stück weit mit bestimmten Ängsten und Gewohnheiten der Menschen zu tun. Wir merken aber gerade, dass sich hier extrem etwas tut und sich auch alte Denkmuster langsam auflösen. Die Veränderung am Arbeitsmarkt ist einfach nicht mehr aufzuhalten, und das spüren die Menschen und Firmen auch.

Jobsharing ist auch eine intensive Teamarbeit. Was sind die Erfolgsfaktoren für eine gute Zusammenarbeit im Team?

ANNA: Beide Jobsharer sind Teamplayer und haben dabei gemeinsame Ziele und Motivation. Die Bereitschaft, sich dem anderen anzunähern und kompromissbereit zu sein, ist ebenfalls wichtig. Auch wenn man noch so unterschiedlich ist, sobald man an einem Strang zieht, wird man zu jedem Problem auch immer eine Lösung finden.

In einem Interview habt ihr gesagt: Die Arbeit muss zum Leben passen, nicht umgekehrt. Inwiefern passt eure Arbeit zu eurem Leben, und was ist euch wichtig im Leben?

ANNA: Für uns ist die Arbeit ein wichtiger Teil des Lebens, aber wir trennen beruflich und privat nicht so sehr. Trotzdem haben wir es hinbekommen, dass unsere Arbeit sehr gut in unser Leben passt, denn wir sind zeitlich absolut flexibel. Wenn am Nachmittag die Sonne scheint, können wir rausgehen und arbeiten dann halt am Abend. Und gerade dadurch, dass wir ein Jobsharing-Team sind, kriegen wir es eben auch hin, die Wochenenden wirklich frei zu halten oder vier Wochen am Stück in den Urlaub zu fahren. Durch Jobsharing wird genau das möglich, selbst für mich als Gründerin.

JANA: Uns war es auch wichtig ein Umfeld zu schaffen, das sich dem Leben der Mitarbeiter anpasst. Beispielsweise können sich junge Eltern, die bei uns arbeiten, ihre Zeit selbst einteilen. Wann genau sie fünf Stunden am Tag kommen, ist völlig egal. Es muss nur eine Absprache mit dem Tandempartner erfolgen.

„Wir wollen erreichen, dass die Menschen im beruflichen sowie im privaten Leben wieder glücklicher sind."

Welche Form der Finanzierung habt ihr für die Gründung von Tandemploy genutzt?

JANA: Wir haben uns zuerst überlegt, wen wir mit ins Boot holen wollen. Wir brauchten jemanden, der unsere Werte teilt und den Aufbau des Teams unterstützt. Wir haben zuerst ein EXIST-Gründerstipendium beantragt und das auch bekommen. Das war toll! Darüber haben wir dann auch Mentoren gefunden, mit denen wir mittlerweile auch gut befreundet sind. Das war ganz zu Beginn unserer Gründung.

ANNA: Auch bei der darauffolgenden Investitionsrunde sind wir unseren Werten treu geblieben und suchten bewusst Unternehmer*innen, die wirtschaftlich nachhaltig arbeiten und damit auch langfristig investieren würden. Diese haben wir sehr aufwändig, persönlich und auf dem Postweg kontaktiert und hier auch viel Mühe reingesteckt. Am Ende hat es sich für uns sehr gelohnt.

Auf Tandemploy findet ein Matching statt, dem ein komplexer technischer Algorithmus zugrunde liegt. Wie habt ihr das umgesetzt?

JANA: Wir haben uns ganz schnell einen Programmierer ins Team geholt, der Lust hatte bei einem Start-up mitzuarbeiten und die technische Seite dann umgesetzt hat. Zum Glück haben wir ihn zum richtigen Zeitpunkt getroffen, denn ohne ihn wäre es erheblich langsamer vorangegangen. Es ist sehr wichtig, jemanden ins Team zu holen, der dem Thema gewachsen ist, die technische Herausforderung sucht und trotzdem Lust auf ein Start-up-Umfeld hat.

Wie wichtig ist es konkrete Erfahrungen bei der Gründung mitzubringen?

ANNA: Wenn man eine Idee hat und mit Leidenschaft dafür brennt, muss man vorher nicht unbedingt Erfahrung gesammelt haben. Man kann sich alles selbst beibringen. Wenn man beispielsweise einen Businessplan schreiben muss, dann kann man das notwendige Wissen dazu recherchieren. Wenn man interessiert ist und einen Sinn darin sieht, dann kann man auch viel selbst dazu lernen.

Was findet ihr besonders spannend am Unternehmertum?

ANNA: Wir haben die Möglichkeit, viele Bereiche mitzugestalten. Damit meine ich nicht nur den Personalbereich oder das Thema Jobsharing, sondern auch zu einem gewissen Grad unsere Gesellschaft. Das ist ein sehr schönes Gefühl, was wir jeden Tag erleben.

JANA: Ein Jahr nach der Gründung hatten wir beispielsweise unser erstes eigenes Team. Es war sehr schön zu sehen, dass man dies selber geschaffen hat. Auch unsere Idee motiviert mich, eine Arbeitsumgebung zu schaffen, die für jeden passt und in der jeder sein Potenzial entfalten kann.

Wie würdet ihr Erfolg definieren?

ANNA: In unserer Gesellschaft gibt es natürlich sehr oberflächliche Definitionen von Erfolg, wie beispielsweise viel Geld verdienen oder befördert werden. Wir finden, dass man erfolgreich ist, wenn man ein glückliches Leben führt und merkt: „Wow, ich kann die Dinge selbst in die Hand nehmen und gestalten!" Wenn Menschen das spüren und Vertrauen erleben, dann fühlen sie sich viel schneller erfolgreich.

JANA: Erfolg ist wirklich etwas ganz Individuelles. Wenn man jedoch immer in einer Routine festsitzt, hat man oft gar keine Zeit, neue Wege zu gehen, die erfolgreicher oder glücklicher machen können.

Was können jungen Gründerinnen von eurer Geschichte lernen?

ANNA: Man kann ruhig auch mal Ratschläge in den Wind schlagen und darf sich trauen, Dinge anders zu machen. Ich glaube, jeder kann mit seinem eigenen Weg und seiner eigenen Art erfolgreich sein und das schaffen, was man sich vornimmt. Großartige Leute sind nicht entstanden, weil sie die Dinge so gemacht haben, wie alle anderen es immer vorher taten. Zudem ist auch das Team sehr wichtig. Alleine ein Unternehmen zu gründen, stelle ich mir sehr schwer vor. Meine Empfehlung ist, sich Menschen zu suchen, die dieselbe Vision teilen. Man muss sich nur trauen zu gründen. Wenn man den Schritt erst einmal gemacht hat, dann fühlt man sich sehr frei, und kann selbst mit Rückschlägen entspannter umgehen.

Co-Founder:
Wer richtig sucht, der findet auch!

Für jede Gründerin stellt sich zu irgendeinem Zeitpunkt die Frage: Wie finde ich den oder die richtigen Partner, um mein Start-up voranzubringen? Diese Frage ist nicht pauschal zu beantworten. Aber es gibt ein paar Grundsätze, die Gründerinnen beachten sollten.

JULIA DERNDINGER

BIO
Julia Derndinger ist
Seriengründerin und
Gründertrainerin
aus Leidenschaft. Sie
begleitet erfolgreiche
Unternehmer als
Sparringspartner und
Coach und gründete
das deutsche EO-Acce-
lerator-Programm.

FACEBOOK
gruendertrainerin

TWITTER
@grndertrainerin

🌐 WWW.
DIE-GRUENDERTRAINERIN
.DE

Bei einer Gründung steht als erstes ganz klar die Idee im Vordergrund. Um diese Idee in einem Geschäftsmodell erfolgreich umzusetzen, bedarf es besonders bei Solopreneurinnen zu irgendeinem Zeitpunkt Unterstützung. Daher sollte sich jede Gründerin bereits sehr früh ein paar grundlegende Fragen stellen: Wo möchte ich mit meinem Unternehmen hin? Was brauche ich und vor allem wen brauche ich dafür?

Um Gründerinnen den Weg zu erleichtern, den sie mit ihrem Start-up eingeschlagen haben, habe ich eine Checkliste entwickelt. Dazu gehören auch Punkte, die das Skill Set der Gründerin hinterfragen und gleichzeitig aufzeigen sollen, welche ergänzenden Fähigkeiten sie für die Umsetzung ihrer Idee eventuell benötigt. Gründerinnen können diese Checkliste selbst durcharbeiten oder bestenfalls gemeinsam mit einem Mentor oder Coach, der die Antworten neutral betrachten und kritisch hinterfragen kann.

Hat die Gründerin geklärt, welche Fähigkeiten sie sich von außen dazu holen muss und ein passendes Profil erstellt, geht die eigentliche Arbeit los: die Suche nach dem Partner. Das kann sich sowohl auf Co-Founder, Geschäftsführer als auch Mitarbeiter beziehen und ist keine einfache Aufgabe, denn niemand ist mit der Idee so verbunden wie die Gründerin. Daher gilt es, Menschen zu finden, die das Projekt mit ihren Fähigkeiten sinnvoll unterstützen und die Vision der Gründerin selbst teilen. Aber nicht nur auf das Bauchgefühl hören! Ganz wichtig ist in diesem Zusammenhang, keine übereilten Entscheidungen zu treffen. Bei der Wahl eines Geschäftspartners ist es wichtig, sich diesen sorgsam auszusuchen. Denn mit ihrem Co-Founder verbringt eine Gründerin oftmals mehr Zeit als mit dem eigentlichen Partner.

DIE FRAGE NACH DEM „WO?".

Es gibt verschiedene Möglichkeiten, sich Partner für sein Unternehmen zu suchen. Von klassischen Plattformen rate ich dabei eher ab. Vielmehr sollten sich Gründerinnen proaktiv auf die Suche machen, sich mit möglichst vielen Menschen austauschen, welche Fähigkeiten sie benötigen und wo sie jemanden mit diesen Skills finden. Und vor allem sollten sie stets ganz klar sagen, was sie suchen.

Ist ein potentieller Partner gefunden, gibt es erneut Fragen zu klären: Sind wir Partner auf Augenhöhe? Wie werden die Anteile aufgeteilt? Auch hier ist ein strukturierter Prozess wichtig, denn eine pauschale Antwort gibt es auch auf diese Fragen nicht – es muss sich einfach für alle Partner gut anfühlen. Und das auch langfristig. Auch dieser Prozess sollte bestenfalls von einer neutralen Person moderiert werden, denn erfahrungsgemäß kann sich einer oft besser verkaufen als der andere. Und das kann zu Fehlentscheidungen führen, die Gründerinnen mitunter zu spät realisieren und bereuen.

DRUM PRÜFE REGELMÄSSIG, WER SICH EWIG BINDET!

Jede Gründerin sollte sich gut überlegen, wen sie sich mit an Bord holt. Hat sie jemanden gefunden, empfehle ich, die zu Beginn gemeinsam festgelegten Ziele regelmäßig zu überprüfen. Denn für eine langfristig erfolgreiche Zusammenarbeit sind eine gemeinsame Vision und ein gemeinsames Ziel unerlässlich.

Zwei Geheimwaffen, um ein Spitzenteam zu bilden

Das Team. Neben den Gründern ist nichts wichtiger für den Start-up-Erfolg. Aber wie baut man ein Spitzenteam auf, wenn man wenig Geld und Traction hat? Die Antwort ist Kultur, vor allem transparente Gehälter und das agile Prinzip „Pull, not push".

Eine der größten Herausforderungen für Gründer ist es, ein Spitzenteam aufzubauen, erfolgreich zu führen und zu motivieren. Diesen Spagat zwischen Cheerleader, Psychologe und strengem Lehrer zu schaffen ist eine hohe Kunst, denn einerseits muss der Gründer das Team für Vision und Produkt begeistern, muss Mitarbeiter glücklich machen (denn wenn Mitarbeiter glücklich sind, sind Kunden auch glücklich: eine ganz einfache Konsequenz) und muss zugleich Strenge und Disziplin wahren. In diesem Artikel verrate ich euch meine Geheimwaffen: Gehaltstransparenz und das agile Prinzip "Pull, not push".

Zusammen mit meinem Mitgründer Martin Ramsin habe ich Ende 2013 die Techie-Schule CareerFoundry gegründet. Wir haben vieles richtig gemacht, denn trotz vieler Herausforderungen haben wir 27.000 Studenten aus 85 Ländern trainiert, und haben nicht nur ein tolles Team von 50 Mitarbeitern, sondern auch eine wirklich gute Arbeitsatmosphäre (aka "Kultur") geschaffen. Natürlich haben wir auch viele Fehler gemacht – gerade im Teamaufbau kann man nicht alles richtig machen. Denn Menschen sind komplex, und sie zu motivieren ist wirklich psychologische Spitzendisziplin.

Unsere absolute Geheimwaffe für Motivation: Das aus der agilen Softwareentwicklung stammende Prinzip "Pull, not push". Das besagt, dass wenn der Mitarbeiter selbst seine Aufgaben wählt ("pull"), anstatt diese von einer höheren Hierarchie aufgetragen zu bekommen ("push"), die Motivation und die Ergebnisse zu ungeahnten Höhengraden steigen. Wenn man mal darüber nachdenkt macht das total Sinn. Wenn ich selbst ein Problem entdecke, das ich lösen will bzw. mir selbst eine Aufgabe aussuche, die mir wichtig ist, dann ist meine Motivation diese gut zu lösen höher, als wenn der Chef mir aufgetragen hätte dieses Problem bzw. diese Aufgabe zu lösen. Leider denken die meisten Unternehmen noch nicht so. Auf Management-Ebene wird entschieden, was wichtig ist, und dann entscheiden die Manager, welche Mitarbeiter welche Aufgaben bekommen. Wir haben das Konzept umgedreht nach "Pull, not push": Alle sechs Wochen gibt es einen neuen Projektzyklus, für den Mitarbeiter Projekte an uns Gründer pitchen. Projekte, die das Produkt besser und die Firma erfolgreicher machen. Wir Gründer entscheiden, welche Projekte Priorität im nächsten Projektzyklus haben. Wenn das Projekt angenommen wurde, pitcht der Mitarbeiter dann als Projektleiter sein Projekt vor dem ganzen Team am sogenannten "Pitching Day". Die restlichen Mitarbeiter können sich dann aussuchen an welchem Projekt sie für die nächsten sechs Wochen arbeiten wollen.

Das Ergebnis: Wir sind viel schneller mit der Projektentwicklung geworden, mit viel besseren Ergebnissen als zuvor, weil dieses System das Mitarbeiterengagement einfach drastisch erhöht.

Unsere zweite Geheimwaffe: Gehaltstransparenz. Vor einem Jahr haben wir alle Gehälter im Unternehmen offengelegt, auch das der Gründer. Außerdem dürfen unsere Mitarbeiter zweimal im Jahr abstimmen, wer von ihnen eine Gehaltserhöhung bekommen soll – nämlich der mit den meisten Stimmen.

Das Ergebnis: Die Mitarbeiter, die die besten Ergebnisse für die Firma bringen, werden am meisten vom restlichen Team wahrgenommen. Daher werden Mitarbeiter mit den wirkungsvollsten Ergebnissen eher von den anderen befördert. Daher ist die Motivation, ausschlaggebende Ergebnisse zu bringen, in der gesamte Firma gestiegen. Und das fließt natürlich in die Art der Projekte ein, die gepitcht werden: Die Mitarbeiter überlegen sich genau, wie sie am besten einen bleibenden, schlagkräftigen Effekt mit ihrem Projekt erzielen können und erwägen basierend darauf, welches Projekt sie pitchen.

Jeder Gründerin oder Gründungswilligen würde ich raten eine "User Journey" für ihre Mitarbeiter zu machen, also sich wirklich in das tagtägliche Erlebnis der Mitarbeiter mit ihrer Firma hineinzuversetzen (als Gründer sieht man ja meist nur die positiven Seiten seines Babys). Und sich auch zu trauen Sachen anders zu machen. Ich meine, wir sind ja nicht umsonst Start-ups. Wir haben für Innovation gegründet. Warum sollen wir also nicht auch in Sachen Teamführung innovativ sein?

RAFFAELA REIN

BIO
Raffaela Rein ist Gründerin und Geschäftsführerin von CareerFoundry, einer Online-Schule für die gefragtesten Berufe der digitalen Wirtschaft: User Experience Design (UX), User Interface Design (UI) sowie Web & iOS Entwicklung.

FACEBOOK
careerfoundry
TheUXSchool

TWITTER
@raffaelarein

 WWW.
CAREERFOUNDRY
.COM

WWW.
THEUX.SCHOOL

Lea Lange

Lea Lange studierte BWL an der Ludwig-Maximilian-Universität in München und machte ihren Master in internationalem Management an der ESADE in Barcelona. Während ihrer Studienzeit absolvierte sie mehrere Praktika in Unternehmensberatungen und arbeitete nach ihrem Abschluss zunächst im Start-up Casacanda, welches dann vom US-amerikanischen Mitbewerber Fab.com gekauft wurde. Bei Fab.com leitete Lea den Strategien- und Analysenbereich und lernte dort auch ihren Mitgründer Marc Pohl, der für den Bereich Logistik und Operations zuständig war, kennen. Durch ihre Zusammenarbeit stellten beide fest, dass sie sich gut in ihren Kenntnissen und Fähigkeiten ergänzen. Gemeinsam mit Marcs ehemaligem Kommilitonen Sebastian Hasebrink gründeten die drei dann 2013 das Unternehmen JUNIQE in Berlin. Mit dem Claim „Art. Everywhere." verkauft JUNIQE bezahlbare Kunst aus aller Welt.

LEA LANGE

UNTERNEHMEN
JUNIQE

GRÜNDUNGSJAHR
2013

MITGRÜNDER
Marc Pohl,
Sebastian Hasebrink

STADT
Berlin

🌐 WWW.JUNIQE.DE

Wie entstand die Idee zu JUNIQE?

Ich richte gerne ein und beschäftige mich intensiv mit den Themen Design und Kunst, sowie mit Designprodukten. Und obwohl ich mich sehr gut mit diesen Themen auskenne, hätte ich nicht sagen können, wo man individuelle und bezahlbare Wandbilder kaufen kann. So wurde die Idee zu JUNIQE geboren und wir bieten nun sehr schöne Kunstprodukte an. Zudem hatten wir Gründer durch unsere beruflichen Erfahrungen bei Fab.com bereits relevantes Vorwissen. So kam meine Leidenschaft für Kunstprodukte mit einem konkreten Geschäftskonzept zusammen.

Woher kommt der Name „JUNIQE" und wie kann man sich euer Geschäftskonzept vorstellen?

„JUNIQE" kommt einfach von „jung" und „einzigartig", da bei uns sehr individuelle, einzigartige Produkte verkauft werden, hinter denen junge Künstler mit ihrer Geschichte und Inspiration stecken. Wir haben JUNIQE vor drei Jahren mit der Vision gegründet, einen bezahlbaren Marktplatz für Kunstprodukte

entstehen zu lassen. Wir arbeiten mit ganz vielen unabhängigen Künstlern auf der ganzen Welt zusammen. Die Künstler schicken uns ihre Motive und Designs, und wir kümmern uns um alles andere. Das heißt, wir produzieren, machen das Marketing und verschicken die Produkte an den Kunden. Der Künstler ist dabei am Umsatz beteiligt. Der Eckpfeiler der Marke JUNIQE ist das Storytelling, weshalb der Kunde den Künstler und seine Geschichte in Videos, Interviews und in unserem Magazin kennenlernen kann.

Wie war das für dich, das erste Mal euren ersten Werbespot im Fernsehen zu sehen?

Sehr cool! Meine beste Freundin hat mir ein Foto von ihrem Fernseher geschickt, da sie die Erste war, die den Werbespot gesehen hatte. Dann habe ich mich auch vor den Fernseher gesetzt und auf unseren Spot gewartet. Ich wollte auch dieses Gefühl haben — und dann kam er, und ich war so stolz! Das war wieder so ein Moment: „Hättest du das vor drei Jahren gedacht…?"

„Das Gefühl, dass
ich das Unternehmen,
aber auch mich
selber, jeden Tag
weiterentwickle,
ist sehr bereichernd."

Im Gründerteam bist du die einzige Frau zwischen deinen männlichen Mitgründern. Wie waren da bislang deine Erfahrungen?

Bei uns sieht man, wie Männer und Frauen in Teams richtig gut funktionieren können. Zum einen sind wir auch privat gut befreundet und wohnen alle sogar in derselben Straße. Zum anderen ergänzen wir uns sehr gut. Unsere Stärken und Schwächen sind ziemlich unterschiedlich, aber darum funktioniert JUNIQE auch so gut. Wir hören uns immer zu, diskutieren viel und treffen alle Entscheidungen gemeinsam. Dieses Konstrukt ist auch einer unserer Erfolgsfaktoren, warum wir da sind, wo wir jetzt sind.

Wie viele Mitarbeiter habt ihr mittlerweile im Team und welche Erfahrungen hast du in der Position als Chefin gemacht?

Am Anfang waren wir fünf Mitarbeiter, 2017 sind wir mehr als 100 Leute. Was sich am Anfang noch ein bisschen wie Gruppenarbeit in der Schule angefühlt hat, bringt jetzt mit so vielen Mitarbeitern auch die Herausforderung, die Start-up-Unternehmenskultur am Leben zu erhalten. In den letzten Jahren habe ich gemerkt, wie wichtig das Thema Mitarbeiterentwicklung ist. Bei uns arbeiten auch sehr viele junge Menschen, und daher kann ich natürlich nicht erwarten, dass jeder neue Mitarbeiter vom ersten Moment an alle meine Erwartungen erfüllt. Daher gebe ich mittlerweile viel direktes Feedback, bleibe aber natürlich immer sehr fair. Es ist wichtig, Erfolge zu feiern und aus Fehlern zu lernen. Bei uns gehört konstruktives 360-Grad-Feedback zur Routine, das heißt, auch meine Mitarbeiter geben mir regelmäßig direkt Rückmeldung. So können wir uns alle weiterentwickeln und vermeiden Stillstand.

Mails, Anfragen und vieles mehr. Irgendwie will ja jeder etwas von dir. Wie priorisierst du da?

Fokus ist da sehr wichtig. Im Gründerteam gehen wir mindestens alle drei Monate unsere Fokusthemen durch. Wir stellen sicher, dass sowohl wir Gründer als auch unser Managementteam genau weiß, was die Ziele für die nächsten drei Monate sind. Wenn irgendjemand 80 Prozent seiner Zeit mit anderen Sachen als diesen Themen verbringt, dann meldet er sich, denn dann scheint etwas falsch zu laufen. Genauso priorisiere ich alle Dinge. Da muss man sich auch manchmal knallhart fragen: „Ist das bei uns gerade Fokus? Macht das Sinn?" Und falls es keine Priorität ist, schreibe ich eben, dass das gerade nicht bei uns auf der Agenda steht. Aber aufgeschoben ist ja nicht aufgehoben! Es sollte nur einen Mehrwert für das Unternehmen haben.

Wie hat dein Umfeld damals reagiert, als du von deinem Plan der eigenen Unternehmensgründung erzählt hast?

Es hatte sich keiner darüber gewundert. Ich bin ein Typ, der gerne anpackt und sehen möchte, was er am Ende des Tages geschafft hat. Zudem wollte ich die relevanten Entscheidungen immer mit treffen können. Der Zeitpunkt hat ebenfalls sehr gut gepasst. Meine Eltern fanden das super und bewundern jetzt, was wir in den vergangenen Jahren aufgebaut haben.

Was hat euch im ersten Jahr am meisten Kopfzerbrechen bereitet?

Im ersten Jahr gibt es natürlich tausende Momente, in denen man am liebsten seinen Kopf gegen die Wand hauen würde. Es gibt so viele Fragen, von der Brauchbarkeit unseres Geschäftsmodells bis hin zu der Finanzierung. Herausforderungen sind immer noch da, aber nun sind sie weniger fundamental. Und wenn ich mal wieder nicht weiterkomme und mich frage, was ich jetzt mache, dann hilft es, einfach mal eine Nacht drüber zu schlafen. Am nächsten Tag sieht das Ganze schon ganz anders aus.

Was hast du in den vergangenen Jahren durch die Gründung über dich selbst gelernt?

Sehr viel! Meine größte Herausforderung ist auf jeden Fall, dass ich mir Dinge teilweise zu sehr zu Herzen nehme. Ich merke sofort, wenn etwas mit einem unserer Mitarbeiter ist. Das ist in gewissen Situationen auch eine Stärke, aber manchmal benötigt man auch ein dickeres Fell.

Wie habt ihr denn die Finanzierung eures Start-ups geregelt?

Bis die Online-Plattform fertig war, haben wir Gründer alles selbst finanziert. Anschließend hatten wir einige Business Angels, die JUNIQE die ersten sechs Monate finanziert haben. Das war eine intensive Zeit, da wir ja in diesen ersten Monaten zeigen mussten, dass das Business-Modell auch funktioniert. Sonst hätten wir natürlich nie wieder eine Anschlussfinanzierung bekommen. Wir haben es aber geschafft und nach sechs Monaten eine Seed-Finanzierung eingesammelt. 2015 erhielten wir dann 5 Millionen Euro und 2016 nochmal 14 Millionen Euro für das Wachstum von JUNIQE in Europa.

Worauf sollte man achten, wenn man auf der Suche nach einem Business Angel ist?

Man sollte darauf achten, dass der Business Angel auch Know-how mitbringt. In Berlin sind meist diejenigen Business Angels, die vorher bereits ähnliche Sachen gemacht haben. Das bedeutet, dass hier relevantes Vorwissen vorhanden ist. Dadurch können die Business Angels jungen Gründern wirklich weiterhelfen, da sie meist auch bereits an dem Punkt waren, an dem man gerade steht.

Mit wem berätst du dich, wenn wichtige Entscheidungen anstehen?

Wir besprechen viel im Gründerteam. Wenn ich mir bei etwas nicht sicher bin, dann sage ich das und frage nach der Meinung der anderen. Auch von meinen Mitarbeitern fordere ich zu verschiedenen Themen sehr viel Input. Und ich rede mit meinem Freund, der ebenfalls Gründer ist, über viele Dinge, weil er ein ähnliches Mindset hat. Wenn ich hingegen mal eine ganz objektive Meinung brauche, spreche ich beispielsweise mit meiner besten Freundin, denn sie hat gar nichts mit Gründungen zu tun. Ein Blick von außen ist da oft auch sehr interessant.

Dein Partner ist auch Gründer. Wie wichtig findest du das?

Man hat schon sehr viel Verständnis auf beiden Seiten. Egal, ob man mal im Urlaub noch Fundraising-Gespräche führen muss oder abends auch mal ein Treffen absagen muss, weil der Investor gerade noch Unterlagen benötigt, das ist dann halt so. Weil wir beide einfach in verschiedenen Momenten am gleichen Punkt waren, haben wir entsprechend füreinander wesentlich mehr Verständnis. Und man kann sich natürlich einfach über viele Fragestellungen gut austauschen. Dieser Input ist natürlich immer sehr hilfreich. Trotzdem bemühen wir uns schon, dass wir uns nicht jeden Abend noch übers Business unterhalten, weil man das natürlich irgendwann nicht mehr hören kann. Da braucht man auch etwas Disziplin, um sich daran dann auch zu halten.

Als Gründerin arbeitest du ja extrem viel. Wie suchst du dir auch mal einen Ausgleich?

Ich bin jetzt an dem Punkt, an dem ich auch mal „Nein." sage. Das fällt mir zwar unheimlich schwer, aber ich sorge mittlerweile dafür, dass ich mir meine Freiräume schaffe. Zum Beispiel gehe ich zweimal die Woche joggen. Das ist bei mir das Einzige, wo ich meinen Kopf frei bekomme und abschalten kann. Außerdem versuche ich die Zeiten am Wochenende und im Urlaub klar abzustecken, in denen ich arbeite.

Du wurdest zu den „Forbes 30 under 30" in Europa gewählt. Fühlt man sich dadurch dann erfolgreich oder woran machst du deinen Erfolg fest?

Natürlich freut es mich, wenn ich von einem Unternehmen wie Forbes ausgezeichnet werde, und von anderen Menschen dafür gelobt werde. Aber erfolgreicher fühle ich mich dadurch nicht. Das liegt einfach daran, dass man den ganzen Tag sehr viel auf seiner Agenda hat und auch sieht, was vielleicht nicht ganz so gut läuft. Viel eher macht es mich stolz, wenn wir richtig gutes Feedback von einem sehr guten Investor bekommen oder ich ins Büro komme und das Gefühl habe, dass alle Mitarbeiter motiviert und mit viel Leidenschaft bei der Sache sind.

Was macht dir am meisten Spaß in deinem Beruf als Gründerin?

Das eine ist, dass ich mit den Leuten zusammenarbeite und jeden Tag verbringe, mit denen ich auch gerne zusammen bin. Da ich mein Team selber eingestellt habe, konnte ich das entsprechend selber bestimmen und auf Kriterien achten, die mir wichtig sind. So macht die Zusammenarbeit im Team einfach viel Spaß. Und das zweite ist, dass man jeden Tag sieht, welchen Wert man eigentlich kreiert hat. Das Gefühl, dass ich das Unternehmen, aber auch mich selber, einfach jeden Tag weiterentwickle und dabei so viele Sachen dazu lerne, ist sehr bereichernd.

> „Mich macht es stolz, wenn ich ins Büro komme und das Gefühl habe, dass alle Mitarbeiter motiviert und mit viel Leidenschaft bei der Sache sind."

Vladlena Taraskina

Vladlena Taraskina hat schon früh angefangen ihren Vater bei dessen geschäftlichen Angelegenheiten zu unterstützen und wollte bald auch selbst den unternehmerischen Weg einschlagen. Und nach ihrem Business-Studium in England und Wien gründete Vladlena bereits mehrere Unternehmen. Mit Rusini.org gründete sie unter anderem die erste Crowdfunding-Plattform für NGOs und soziale Unternehmen in ihrer Heimat Russland. Mit ihrem Ehemann und Mitgründer Matthias Kubicki, den Vladlena bereits im Studium kennengelernt hatte, startete sie dann 2012 den Online-Marktplatz für Büros und Meetingräume KEY TO OFFICE.

VLADLENA TARASKINA

UNTERNEHMEN
KEY TO OFFICE

GRÜNDUNGSJAHR
2012

MITGRÜNDER
Matthias Kubicki

STADT
Wien

WWW.KEYTOOFFICE.COM

Was waren deine anfänglichen Berührungspunkte mit Unternehmertum?

Ich komme aus einer Unternehmerfamilie. Mein Vater war in der Online-Games-Branche tätig und hat beispielsweise Spiele für russische soziale Netzwerke entwickelt. Ich habe seit meinem dreizehnten Lebensjahr für insgesamt fünf Jahre in seinem Unternehmen gearbeitet. Dabei half ich unter anderem, Büros im Silicon Valley, in Luxemburg und in China aufzumachen. Außerdem konnte ich sehr gut Englisch sprechen und habe so mitgeholfen, Beziehungen zu ausländischen Partnern aufzubauen. Das hat mir auch sehr für mein eigenes Business geholfen. Durch die Firma meines Vaters war ich immer in diesem Unternehmertum drin. Es war also eine sehr natürliche Entscheidung, selbst ein Unternehmen zu gründen. KEY TO OFFICE ist bereits mein fünftes Unternehmen.

Welche Unternehmen hast du bereits gegründet? Und was hast du aus den vielen Gründungen für dich mitgenommen?

Die Unternehmen, die ich gegründet habe, waren im Bereich E-Commerce und Online-Shops. Zudem habe ich im Russland eine Crowdfunding-Plattform für soziale Unternehmen und NGOs gegründet. Aus allen konnte ich meine Lehren ziehen. Aber die wichtigste war: Man muss immer weitermachen! Ich hatte beispielsweise den Markt unterschätzt, es gab weniger Nachfrage für unsere Dienstleistung als gedacht. Daraus lernte ich, immer die Google-Suchanfragen zu beachten und vorher zu testen, ob ein Markt für die Idee vorhanden ist. Ein weiteres Beispiel war die Finanzierung. Ich dachte, ich könnte alles selbst finanzieren. Das war sehr naiv. Diese Schlüsse musste ich auf die harte Art ziehen. Mittlerweile plane ich alles vor, und so klappt es nun deutlich besser.

Wie hast du für dein Business KEY TO OFFICE den Markt getestet? Und was würdest du heutzutage besser machen?

Auch da habe ich vieles falsch gemacht. Heutzutage würde ich zunächst nur einige Landing-Pages erstellen, um die Idee zu testen, bevor man die gesamte Website programmiert. Um die Leute auf diese Seiten zu bringen, kann man zum Beispiel die Suchanfragen bei Google analysieren oder auch nach Feedback in Gruppen oder Communitys, die relevant für das Produkt sind, fragen. Zudem würde ich potenzielle Kunden dazu befragen, wie sie sich ein ideales Produkt vorstellen und wie viel sie bereit sind dafür zu bezahlen. Bei KEY TO OFFICE machten wir diese Befragungen, und etwa die Hälfte fand die Idee nicht gut und die andere Hälfte war begeistert. Ich habe mich dann mit Hilfe meines Bauchgefühls, aber auch mit Blick auf die Daten und Fakten, für die Gründung von KEY TO OFFICE entschieden.

Wie genau funktioniert KEY TO OFFICE?

KEY TO OFFICE ist ein Online-Marktplatz für Büros und Meeting-räume, wo Unternehmen ihre Räume listen können und andere Unternehmen können diese dann wiederum über unsere Plattform mieten. Unsere Kunden sind vor allem Konzerne und mittelständische Unternehmen, die Räumlichkeiten für Workshops und inspirierende Meetings brauchen.

Ein interessantes Konzept! Warum findet ihr diese Idee so zukunfts-trächtig?

Man sollte die Ressourcen nutzen, die nicht anderweitig genutzt werden. Das ist das Prinzip der Sharing Economy. Leerstehende Räume wieder nutzbar zu machen ist ein solches Beispiel, auch im Hinblick auf die Zukunft. Die neue Arbeitswelt sieht vor, dass viele Leute keine fixen Arbeitsplätze mehr haben. Man muss die Arbeit nicht mehr an den Platz anpassen, sondern den Platz an die Arbeit. Das ist wichtig, um flexibler und kreativer zu sein. Dieses Konzept ist aber noch sehr neu und es brauchte etwas Zeit, bis wir die eher kon-servativen österreichischen Unternehmer davon überzeugen konnten. Wichtig war dabei auch unser Netzwerk, da wir so Leute aus der Immobilienbranche kennenlernten.

Wie hast du dir dieses Netzwerk aufgebaut?

Wir waren auf verschiedenen Start-up-Events, was uns allerdings nicht viel weitergeholfen hat. Dann gingen wir auf diverse Branchen-veranstaltungen. Wenn man dort jemanden kennenlernt, entwickelt sich das Netzwerk einfacher. Aber es ist sehr schwierig, vor allem als junge Frau, denn der Raum ist voller sechzigjähriger Männer im An-zug. Daher ging Matthias manchmal alleine zu solchen Meetings, um das etwas effizienter zu gestalten.

Matthias Kubicki ist nicht nur dein Mitgründer, sondern auch dein Ehemann. Wie funktioniert bei euch am besten die Zusammen-arbeit?

Wir haben zusammen studiert und bereits zuvor ein paar Unterneh-men gemeinsam gegründet. Bei KEY TO OFFICE bin ich für die Geschäftsführung und Finanzen zuständig, während sich Matthias um den Vertrieb kümmert. Wir ergänzen uns also sehr gut, haben aber auch gelernt, unsere Aufgaben und Verantwortlichkeiten zu trennen. Es ist eher kontraproduktiv, immer alles gemeinsam zu machen. Zu Hause reden wir dann aber oft über das Unternehmen und denken uns neue Ideen aus. Trotzdem versuchen wir auch hin und wieder ab-zuschalten.

Inwiefern hat dir das Wissen aus deinem Business-Studium bei der Gründung geholfen? Was hättest du rückblickend gerne gewusst?

Im Studium hat mich viel eher die Lebenserfahrung in dieser Zeit weiter-gebracht, beispielsweise durch das selbstständige Leben während meines Bachelorstudiums in England und mein Auslandssemester in Wien, wo ich später auch mein Masterstudium absolvierte. Rückblick-end wäre es wohl gut gewesen, programmieren zu lernen, denn das fehlt mir jetzt. Und es gibt noch viel anderes, was ich gerne gewusst hätte, zum Beispiel wie man eine Website gestaltet, mit Kunden und der Presse umgeht und wie man gutes Marketing macht. Ich habe letztlich vieles einfach selbst ausprobiert und so gelernt.

> „Die wichtigste
> Lehre war:
> Man muss immer
> weitermachen!"

Was hat dich bei so vielen Unternehmensgründungen motiviert auch wieder neu zu starten?

Es ist ein Lernprozess, der mir hilft mein nächstes Geschäft besser zu machen und Fehler nicht zu wiederholen. Ich habe für mich entschie-den, mein eigenes Business zu haben, da ein Angestelltenverhältnis nichts für mich ist. Ich würde daher trotz Scheiterns immer weiter-machen wollen. Es ist nur wichtig, am richtigen Punkt aufzugeben. Bei einem gescheiterten Unternehmen muss man dann die Emotionen zurückstellen und möglichst pragmatisch alles abwickeln.

Was hältst du für den richtigen Zeitpunkt, um aufzugeben?

Es ist wichtig zu schauen, ob man wirklich Leidenschaft für das Unternehmen empfindet. Wenn diese nicht vorhanden ist, sollte man es sein lassen. Aber wenn es ein Lebensprojekt ist und es Spaß macht, dann lohnt es sich darum zu kämpfen und die Dinge zu ändern, die gerade nicht so gut laufen. Dabei sollte man sich aber nicht davon verrückt machen lassen, was andere denken. Das ist schwierig und ich musste es selbst erst lernen, denn ich war sehr ungeduldig. Mittlerweile finde ich jedoch die Gelassenheit, Dinge sacken zu lassen und der Zeit Zeit zu geben. Vieles hängt auch davon ab, in welchem Land man sein Unternehmen aufbaut. In Russland sind die Menschen beispielsweise entscheidungsfreudiger als in Österreich. Unsere Kunden bei KEY TO OFFICE brauchen ein halbes bis ein Jahr für den Entscheidungsprozess. Solche Dinge muss man auch mit einplanen.

Was bedeutet für dich ein erfolgreicher Tag?

Wenn ich das gemacht habe, was ich mir vorgenommen habe ist es ein guter Tag. Ich habe auch für jeden Tag meine MIT (most important task = wichtigste Aufgabe), die ich möglichst versuche vormittags abzuarbeiten. Wenn das klappt, fühle ich mich gut.

Wie baust du Entspannung und Weiterbildung in deinen Arbeitsalltag mit ein?

Ich stehe um sieben Uhr auf, meditiere und mache Übungen. Von acht bis neun Uhr gönne ich mir Zeit für meine Weiterbildung und mache Online-Kurse auf der Plattform Skillshare. Dort zahlt man zehn Dollar pro Monat und kann alles anschauen. Zurzeit versuche ich programmieren zu lernen. Daran macht mir am meisten Spaß, etwas mit den eigenen Händen zu erschaffen, das dann wirklich funktioniert und von anderen Menschen genutzt wird. Am Abend schreibe ich dann in meinem Fünf-Minuten-Tagebuch, in dem ich auflistе, wofür ich an dem Tag dankbar bin und was gut gelaufen ist. Diese Routinen helfen mir, im Hier und Jetzt zu leben und mich zu entspannen.

Wer ist deine persönliche Inspiration?

Es sind die Frauen, die etwas geschafft haben, Millionengeschäfte aufgebaut haben und selbstständig sind. Das ist eben auch mein Ziel: Etwas Positives zur Welt beizutragen!

„ Wenn es ein
Lebensprojekt ist,
dann lohnt es sich darum
zu kämpfen. "

Über Start-ups, Pitchs und die große Panik vor Public Speaking

Für Start-ups ist das Pitchen, also innerhalb kürzester Zeit die Geschäftsidee zu präsentieren, enorm wichtig. Erfahre, wie du mit einem guten Pitch überzeugen kannst!

BIANCA PRAETORIUS

BIO
Bianca Praetorius ist Pitch- und Speaking-Trainerin. Sie ist mitverantwortlich für 500+ Pitches, u.a. für Startup-Bootcamp, RiseUpEgypt, TelekomHub:raum & GoogleLaunchpad. Bianca ist Speaking-Coach für TEDxHeidelberg und glückliches Mitglied von Sandbox.is. Sie hat eine Schwäche für Bäume, Roboter & Cheesecake.

TWITTER
@bancia

🌐 WWW.
BIANCAPRAETORIUS
.COM

„Und was machst du so?" Oh Gott. Wie soll ich bitte jahrelange Arbeit, Blut, Schweiß und Tränen, Vision, Innovation und Lebensaufgabe in 3 Sätzen erklären? Es darf auf keinen Fall so klingen wie ein Sales-Pitch! Authentisch soll es sein, natürlich und ungezwungen, genial und einschlägig. Oh Gott. Die Angst vor so einem Pitch ist ein Tanz auf der Bananenschale.

Es gibt viele Arten von Pitchs. Vom spontanen Elevator-Pitch in 3 Sätzen, bis hin zum klassischen Start-up-Pitch. 5 Minuten, mit einem Pitchdeck, 3 bis 3.000 Slides in 1 bis 6 Minuten. Vor Investoren, Konkurrenten, Kollegen. Auf Konferenzen, Pitch-Wettbewerben und Accelerator Demo Days.

Niemand pitcht so wirklich richtig gerne. Und es wäre auch seltsam, wenn es anders wäre!

HIER IST DER HOW-TO-LOVE-TO-PITCH-WEGWEISER:

1 - DENKE FÜR DEINEN ZUHÖRER, NICHT FÜR DICH

Du weißt alles über dein Start-up. Dein Zuhörer weiß: Nichts. Denk wie bei der Sendung mit der Maus: Kontext klären. Beim Problem anfangen. Dann die Lösung. Viele Beispiele. Denke für einen 5-Jährigen. Wenn dir das gelingt, hast du schon die halbe Miete.

2 - ÜBERLEG DIR VORHER, WAS DU SAGEN WILLST

Improvisier nicht drauf los. Bau dir eine Dramaturgie. Sei präzise. Teste deinen Pitch an unterschiedlichen Menschen. Frag nach, was sie verstanden haben. Nimm das auf und ändere deinen Pitch. Vorsicht: Es liegt in der Natur der Dinge, dass dir dein Pitch irgendwann zu den Ohren heraushängt. Den Pitch jetzt zu ändern, nur weil DU dich langweilst, ist ein Eigentor.

Denk daran: Du spielst im Team deines Zuhörers. Und der hört deinen Pitch immer zum allerersten Mal.

3 - DEIN SLIDEDECK - WENIG TEXT. GUTE BILDER.

Deine Powerpoint-Slides sind kein Teleprompter. Keine Bulletpoint-Parade. Keine Textblocks. Warum? Steht viel Text auf deiner Slide, bringst du das sowieso schon überforderte Hirn deines Zuhörers in die Bredouille, gleichzeitig lesen und zuhören zu müssen. Versuch das mal. Es klappt genau: Nie.

Also: Drei bis fünf Worte pro Slide. Visuell kontextualisierter Hintergrund. Präzision. Einfachheit. Fertig. Eine Slide - Ein Gedanke. Das war's. Den Rest erzählst du auf der Tonspur (das ist das, was Du tatsächlich mündlich sagst).

4 - DEINE KÖRPERSPRACHE. OH SO POWERFUL

Beim Public Speaking geht Menschen nur eine Frage durch den Kopf: Wohin mit meinen Händen? Die Antwort: Die Hände nicht hinter dem Rücken verstecken. Nicht vor der Brust verschränken, sie nicht in die Hosentasche stecken und nicht ineinander falten. Die Hände also nicht irgendwohin „weg verräumen".

Sondern: Benutze deine fantastischen Hände zum Kommunizieren. Halte sie leicht geöffnet, vor deiner Hüfte und lass sie einfach irgendetwas machen (wirklich!). Gestische Untermalung. Das ist der Job von Körpersprache. Mitsprechen, um zu verdeutlichen.

5 - SPRICH LANGSAM UND ENTSCHLOSSEN

Gib den Worten, die du wählst, die Bedeutung, die sie verdienen. Sprich langsamer als du eigentlich gerne würdest. Hetze nicht durch den Pitch. Wähle jedes Wort und sprech es aus, also würdest du es genauso meinen.

Je lieber du über dein Start-up erzählst, desto angenehmer für alle. Kein übertriebener Verkaufs-Pitch. Konzentrier dich auf Relevanz, Einfachheit und Dringlichkeit statt erzwungener Euphorie und Buzzword-Bingo. Sei klar, sei direkt und im Zweifel ist weniger mehr. Vergiss nicht: Das Leben ist ein Pitch. Viel Erfolg dabei!

So überwindest du deine Angst vorm Versagen!

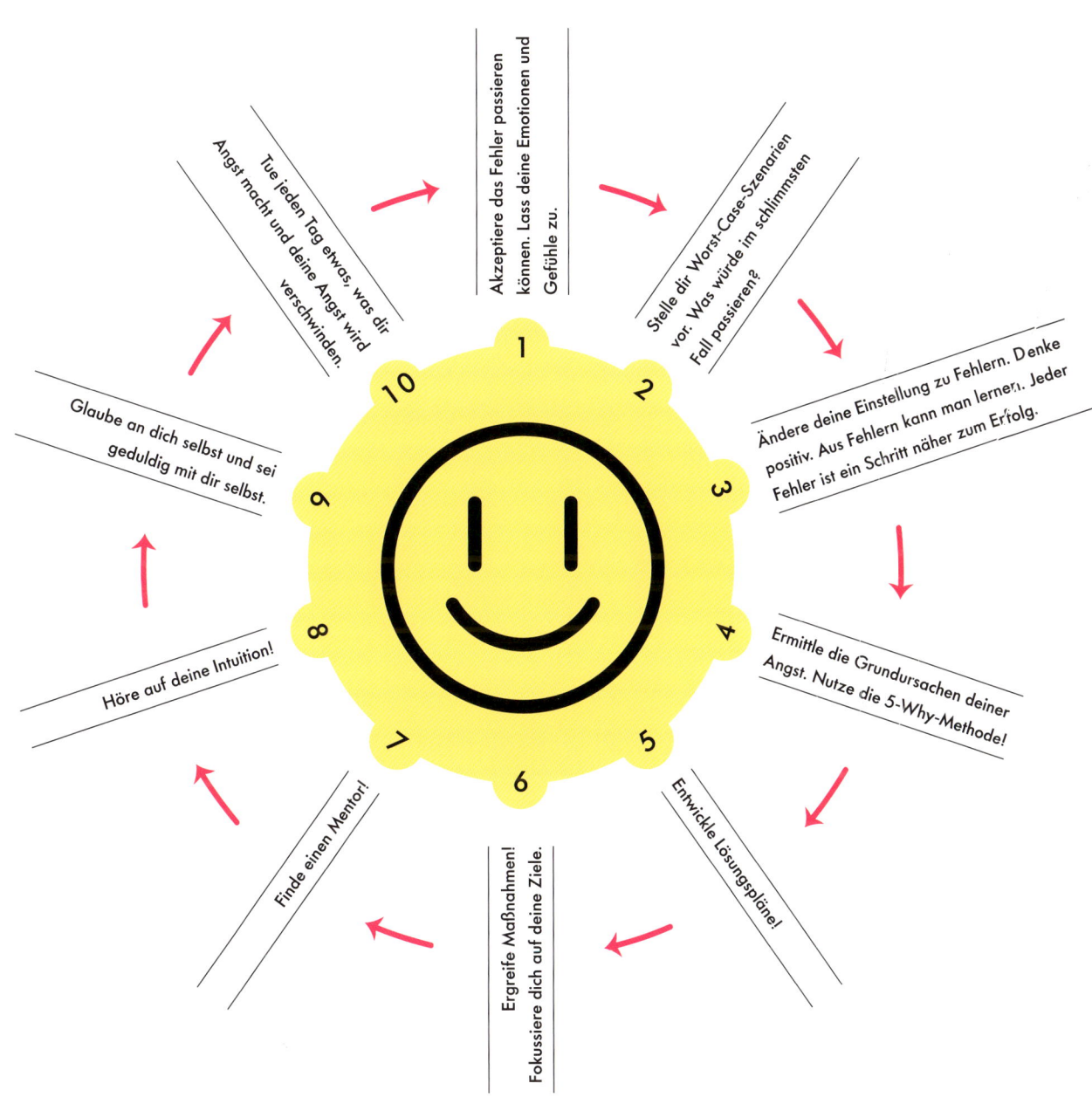

1. Akzeptiere das Fehler passieren können. Lass deine Emotionen und Gefühle zu.

2. Stelle dir Worst-Case-Szenarien vor. Was würde im schlimmsten Fall passieren?

3. Ändere deine Einstellung zu Fehlern. Denke positiv. Aus Fehlern kann man lernen. Jeder Fehler ist ein Schritt näher zum Erfolg.

4. Ermittle die Grundursachen deiner Angst. Nutze die 5-Why-Methode!

5. Entwickle Lösungspläne!

6. Ergreife Maßnahmen! Fokussiere dich auf deine Ziele.

7. Finde einen Mentor!

8. Höre auf deine Intuition!

9. Glaube an dich selbst und sei geduldig mit dir selbst.

10. Tue jeden Tag etwas, was dir Angst macht und deine Angst wird verschwinden.

Cécile Wickmann

Cécile Wickmann gründete 2013 zusammen mit Max Schönemann den Online-Marktplatz für Designer-Vintagemode REBELLE. Die Plattform ist eine Schnittstelle für Kundinnen, die Vintage-Designermode, Taschen, Schuhe und Accessoires kaufen oder verkaufen wollen. REBELLE übernimmt dabei den gesamten Verkaufsservice, vom Erstellen professioneller Beschreibungen und Fotos bis hin zum Versand, und prüft zudem jeden Artikel auf Zustand und Echtheit. Das Unternehmen hat seinen Sitz mit über 80 Mitarbeitern in der historischen Hamburger Speicherstadt, bietet über 600 Designermarken an und ist mittlerweile in ganz Europa aktiv.

CÉCILE WICKMANN

UNTERNEHMEN
REBELLE

GRÜNDUNGSJAHR
2013

MITGRÜNDER
Max Schönemann

STADT
Hamburg

🌐 WWW.REBELLE.COM

Wie entstand die Geschäftsidee für euren digitalen Designer-Secondhand-Marktplatz?

Als ich zum Studieren nach London gezogen bin, habe ich viele meiner Designerteile bei meinen Eltern in Berlin gelassen. Nach meinem Umzug nach Hamburg habe ich mich irgendwann nach einer guten Verkaufsmöglichkeit für meine aussortierten Artikel umgesehen. Leider fand ich aber nur einen amerikanischen Service, wo Mitarbeiter die Kunden zu Hause besuchen und ihnen dabei helfen, ihre Kleidungsstücke zu verkaufen. Diese Idee hat mich sehr inspiriert. Hätte es damals in Deutschland einen Service gegeben, der für einen guten Preis meine Designerstücke verkauft und den gesamten Logistikprozess übernimmt, dann hätte ich diesen sofort selbst genutzt. So war die Idee zu REBELLE geboren.

Du hast Hanse Ventures, einen Company Builder in Hamburg, sehr schnell als ersten Investor gewinnen können. Wie kam es dazu?

Ich habe vorher bei Hanse Ventures als Business Analyst gearbeitet. Dort habe ich intern meine Idee und das Konzept von REBELLE vorgestellt. Glücklicherweise waren alle Partner schnell überzeugt und haben mir Unterstützung angeboten.

Und dann kam dein Mitgründer Max Schönemann dazu.

Genau. Da war viel Glück im Spiel, denn wir kannten uns vor der Gründung gar nicht. Ich habe Max damals zufällig kennengelernt und schnell festgestellt, dass wir sehr komplementäre Fähigkeiten haben. Max kümmert sich bei REBELLE um alles, was die Logistik anbelangt, während ich für das Produkt und das Marketing zuständig bin.

Habt ihr euer Konzept zuvor getestet?

Vor dem offiziellen Start der Website gab es eine kurze Betaphase, in der unsere Familien und Freunde, aber auch kleine Boutiquen, unseren Marktplatz testen konnten. Die Boutiquen haben einige ihrer Produkte zum Kauf angeboten, sodass wir auch schnell genügend Kleidungsstücke zusammen hatten, um mit dem offiziellen Website-Launch starten zu können. Zusätzlich hat die Vogue zum Start von REBELLE ein Interview mit uns geführt, was tolle PR war. Als dann die ersten Bestellungen von Kunden kamen, fühlte es sich für alle ein bisschen an wie Weihnachten. Diese Zeit war sehr intensiv, aber unvergesslich.

Was macht REBELLE so einzigartig und erfolgreich?

REBELLE bietet seinen Service für Käufer und Verkäufer an. Verkäufer-innen haben bei REBELLE die Möglichkeit, ihre Designerstücke zu einem guten Preis und vor allem mittels einem super einfachen Service durch uns verkaufen zu lassen. Käuferinnen haben bei uns eine Echtheitsgarantie und finden eine handverlesene Produktauswahl aller Top-Designermarken. Dieses hochwertige Konzept des Kaufens- und Verkaufens macht uns einzigartig. Das hat REBELLE auch so erfolgreich gemacht. Auch die Akzeptanz für hochwertige Secondhand-Artikel ist ein Trendthema der letzten Jahre. Secondhand ist gänzlich raus aus der Schmuddelecke und gesellschaftlich akzeptiert. Konsumenten entwickeln heute auch ein stärkeres Bewusstsein für Nachhaltigkeit und legen mehr Wert auf faire Produktion und gute Qualität.

Darüber hinaus kann es helfen zu verstehen, wie Investoren denken. Denn diese versuchen ihr Risiko so gering wie möglich zu halten. Bei „klassischen" Venture-Capital-Gebern sind es oft Investments, die ein hohes Risiko haben. Da man vorher nicht wissen kann, welches Unternehmen nachher wirklich erfolgreich wird, ist es für sie wichtig, viele Investments zu machen, die alle eine so hohe Gewinn-Chance haben, dass eventuelle Verluste anderer Firmen gedeckt werden können und zudem eine vernünftige Rendite erwirtschaftet werden kann. Wenn anfangs kein großer Kapitalbedarf besteht und es keine zu starken Wettbewerber gibt, kann es sich auch anbieten, das Unternehmen langsam aufzubauen. Dann können eigene Geldmittel eingesetzt, finanzielle Unterstützung von Familie und Freunden erhalten oder Gründerzuschüsse beantragt werden. In einem solchen Fall braucht es dann folglich gar keine Großinvestoren.

„Wir haben nach der Devise ‚Erst einmal machen!' gehandelt."

Ihr seid nicht nur im deutschen Markt tätig, sondern auch in diversen anderen europäischen Ländern. Wie gelingt eine solche Internationalisierung?

Wir haben schnell festgestellt, dass der Markt auch in anderen Ländern spannend ist, denn Geschmack und Größen der lokalen Zielgruppen in Europa ähneln sich hier sehr stark. Generell ist es natürlich wichtig, sich auf den jeweiligen Markt einzulassen und sich mit den Besonderheiten vor Ort auseinanderzusetzen. Es reicht nicht, die Website in eine andere Sprache zu übersetzen und abzuwarten, was passiert. Es ist z.B. wichtig zu wissen, was die lokal beliebten Zahlungsmethoden eines Landes sind. Zudem kann es sich lohnen, vor Ort eine lokale Agentur zu engagieren, die die Kultur kennt und gut vernetzt ist.

Wie sollte man als Gründer*in vorgehen, wenn man auf der Suche nach Investoren zur Finanzierung seiner Geschäftsidee ist?

Oftmals erfolgt der Erstkontakt zu einem Investor durch eine Drittperson oder per E-Mail. Als junger Gründer weiß man oft nicht, wie man sich und seine Idee angemessen präsentiert und seine Motivation am besten darstellt. Es ist wichtig, ordentliche Unterlagen parat zu haben, die so knackig und interessant sind, dass man zu einem persönlichen Gespräch eingeladen wird. Übrigens, der Businessplan sollte auch nicht unbedingt ein 30-seitiges Pamphlet sein, sondern kann auf eine gute Excel-Tabelle und ein paar PowerPoint-Slides reduziert sein.

In welchen Bereich habt ihr bei REBELLE am meisten investiert?

Wir haben am meisten in den IT-Bereich investiert und so unser eigenes Shop- und Logistiksystem aufgebaut. Zudem werden Nutzerumfragen durchgeführt, um unsere Systeme weiterzuentwickeln und eine gute Kauferfahrung zu gewährleisten. Viel Geld fließt natürlich auch ins Marketing.

Was macht die Begeisterung für dein Unternehmen aus?

Ich habe Wirtschaft studiert und interessiere mich seit Jahren für digitale Geschäftsmodelle. Diese zwei Aspekte mit meinem Interesse an Mode zu vereinen, macht mir sehr viel Freude. Gerade im digitalen Bereich kann man viel ausprobieren und dabei die Reaktionen der Nutzer sofort analysieren und schnell feststellen, ob etwas funktioniert oder nicht. Am meisten begeistert mich aber die Zusammenarbeit mit dem Team, das wir aufgebaut haben. Wir haben eine schlagkräftige Mannschaft, die Hand in Hand arbeitet und viel Erfahrung hat. Das macht einfach unbeschreiblich viel Spaß und ich lerne immer noch jeden Tag dazu.

Habt ihr anfangs auch Fehler gemacht?

Natürlich gab es gerade am Anfang diverse Fehler, aber das ist ja auch normal. Am Anfang hat beispielsweise die Schnittstelle der verschiedenen Paketlieferdienste nicht richtig funktioniert. Die Pakete wurden nicht der Person zugestellt, die das Produkt gekauft hat, sondern derjenigen, die es vorher im Warenkorb hatte. Das ist natürlich für ein Versandunternehmen wirklich ein Worst-Case-Szenario und ich bin froh, dass das zu einer Zeit war, als die allerersten Bestellungen eingegangen sind. Wir haben dann die Kunden angerufen, ihnen einen Gutschein sowie ein kostenloses Retourenlabel zugesendet und sie gebeten, die Produkte wieder zurückzuschicken. Es gehen immer wieder kleinere Sachen schief, und aus meiner Sicht ist es das Wichtigste, dass man immer etwas aus den Fehlern lernt.

Alles strukturieren vs. kreatives Chaos - Wie habt ihr es gemacht?

Wir haben nicht straff strukturiert angefangen, sondern haben mehr nach der Devise ‚Erst einmal machen!' gehandelt. Wenn dann für einen Bereich eine feste Regelung gebraucht wurde, haben wir uns dafür etwas überlegt. Das funktioniert auch oft heute noch so. Ausgenommen davon sind natürlich Logistikprozesse oder Buchungsprozesse. Wenn das nicht funktioniert und es keine klaren Abläufe gibt, fällt einem so etwas später schnell auf die Füße. Ich glaube gerade in einem Start-up ist man irgendwie immer latent in einer solchen Situation, dass es nicht für alles einen Plan gibt. Das ist aber nicht schlimm, sondern einfach „hands-on". Solange sich das Unternehmen noch entwickelt, sollte man nicht alles von vornherein definieren, sondern besser in die Abläufe hineinwachsen. Und letztlich findet man doch immer eine Lösung.

War die Gründung eines Unternehmens schon immer dein Wunsch?

Der Gedanke an eine Selbstständigkeit war mir nie ganz fremd und in mir schlummerte glaube ich schon immer die Lust, etwas Eigenes zu machen. Ich bin grundsätzlich ein ungeduldiger Mensch und möchte sehen, dass etwas vorangeht. Ich schätze es daher wahnsinnig, dass die Entwicklung bei einem Start-up viel schneller von statten geht als in vielen großen Unternehmen und man auch einfach und unkompliziert mal neue Dinge ausprobieren und einfach testen kann.

Hat sich seit der Gründung dein Leben verändert?

Mein Leben hat sich nicht sehr verändert, außer dass ich natürlich weniger Freizeit habe. In meiner Freizeit versuche ich meine Freunde, meinen Mann, und vor allem auch meine Familie in Berlin zu sehen. Ich arbeite einfach sehr viel mehr, habe aber auch wahnsinnig viel Freude an dem, was ich mache. Die Themen Arbeit und Freizeit vermischen sich mit etwas Glück bei jedem Gründer. Wenn man an dem, was man macht, richtig Spaß hat und sein Unternehmen auch ein Stück weit als Hobby betrachten kann, dann gibt es einem einfach auch viel zurück.

Verrate uns drei Dinge, die du vor deiner Gründung nicht gewusst hast!

Eines mit Sicherheit: wie viele juristische und bürokratische Themen es sind, mit denen man sich beschäftigen muss, um alles in trockene Tücher zu bringen. Dieser Bereich hat uns am Anfang viel Zeit gekostet, aber wir haben auch jeden Tag etwas Neues dazu gelernt. In Deutschland gibt es einfach viele bürokratische Hürden, die genommen werden wollen. Diesen Hinweis erhält man glücklicherweise vor der Gründung nicht und es ist manchmal auch besser, dies vorher nicht so genau zu wissen. Meine zweite Feststellung ist, dass ich mir unsere Internationalisierung sehr viel einfacher vorgestellt habe. Ich habe so aber auch viel über andere Märkte und ihre Besonderheiten lernen können. Drittens habe ich verstanden, wie wichtig es ist, ein gutes Team zu haben, mit dem man auf Augenhöhe arbeiten kann. Man sollte sich darauf einlassen, den Vorschlägen im Team Gehör zu schenken und Ideen anzunehmen, die mitunter besser sind als die eigenen. Das macht sich sehr bezahlt. Unsere Strategie war von jeher, in allen Kernpositionen nur Leute einzustellen, die in ihren Fachbereichen sehr viel besser sind als wir selbst.

Für eine Unternehmensgründung braucht es doch auch ein Stück weit Naivität, oder?

Ja, ich würde das fast genau so unterschreiben. Man sollte die Gründung jedoch nicht vollkommen naiv angehen, sondern realisieren, dass viel Arbeit auf einen zukommt und dass ganz viele Sachen anders laufen werden als ursprünglich geplant. Aber wenn man sich nur Gedanken macht, was alles schief gehen kann, dann gründet man erst gar nicht. Wenn es einen Markt gibt, man an seine Idee glaubt und es auch andere Menschen gibt, die an diese glauben, dann sollte man es einfach anpacken, es ernsthaft versuchen und sehen, was daraus wird.

„Wenn es einen Markt gibt, man an seine Idee glaubt und es auch andere Menschen gibt, die an diese glauben, dann sollte man es einfach anpacken!"

Kamales Lardi

Kamales Lardi studierte Programmieren und Informationssysteme in ihrem Heimatland Malaysia, bevor sie anfing als Unternehmensberaterin in einem großen Konzern zu arbeiten. Für ihren MBA-Abschluss an der Universität Durham zog Kamales nach England, wo sie auch ihren Ehemann kennenlernte. Anders als geplant, ging sie nach ihrem Studium nicht zurück in die Heimat, sondern zog in die Schweiz. Dort arbeitete sie weiter als Beraterin bis zur Geburt ihres Kindes. Als Kamales feststellen musste, dass die Möglichkeiten der Vereinbarkeit von Karriere und Familie im Konzern begrenzt waren, entschied sie sich daraufhin für die Selbstständigkeit. 2012 gründete sie ihr eigenes Beratungsunternehmen Lardi & Partner Consulting GmbH, das große Unternehmen dabei unterstützt ihre Geschäftsmodelle erfolgreich ins digitale Zeitalter zu führen. Kamales ist zudem erfolgreich als Autorin, Dozentin und Rednerin tätig und tritt regelmäßig auf Konferenzen als anerkannte Expertin für digitale Geschäftstransformation, Unternehmensstrategie und Social Media auf.

KAMALES LARDI

UNTERNEHMEN
Lardi & Partner Consulting
GmbH

GRÜNDUNGSJAHR
2011

STADT
Lachen, Schweiz

🌐 WWW.LARDIPARTNER.COM

Wie lange warst du angestellt tätig und wann kam für dich der Punkt, dich selbstständig zu machen?

Ich habe seit dem Jahr 2000 als Beraterin im Management Consulting in verschiedenen Unternehmen gearbeitet. Im Hinterkopf hatte ich allerdings schon immer den Plan, etwas Eigenes zu gründen, doch es gab lange Zeit keine Notwendigkeit dazu. Ich hatte einen tollen Job, verdiente viel Geld und konnte sehr viele Erfahrungen sammeln. Dann wurde ich Mutter und wollte einen Job, der es mir ermöglicht, viel Zeit mit meinem Kind zu verbringen und gleichzeitig eine tolle Karriere zu haben. Doch das war in dem Unternehmen, in dem ich damals arbeitete, nicht möglich. Vielmehr wurde mir gesagt, dass ich nun auch erst einmal nicht befördert werden würde. Da wusste ich, dass es Zeit für mich ist zu gehen. Glücklicherweise hat mich mein Mann bei dieser Entscheidung unterstützt. Er hat mich sehr dazu ermutigt, selbst Unternehmerin zu werden oder es zumindest auszuprobieren. Im schlimmsten Fall wäre ich zurück in einen Konzern gegangen, aber insgeheim wollte ich das nicht mehr.

Wie ging es dann weiter? Wie hast du dich für deinen Beratungsschwerpunkt entschieden?

Ich wollte Beraterin bleiben, daher wollte ich natürlich eine Beratungsfirma gründen. Damals habe ich zunächst die großen Trends und Bedürfnisse der Märkte analysiert und diese mit meinen eigenen Interessen und Fähigkeiten abgeglichen. Es stellte sich heraus, dass Social Media gerade im Kommen war. Das war perfekt, denn dieses Thema interessierte mich sehr und ich konnte bereits Berufserfahrungen als Social Media Managerin in einer Unternehmensberatung sammeln. Daher kam das Thema ganz natürlich.

Wie reagierten deine Kollegen auf deine Pläne?

Viele waren skeptisch oder machten mich sogar herunter. Einer der Geschäftsführer meinte, dass ich keinen Erfolg haben würde, da mein Kind mich davon abhält einfach meine Koffer zu packen und dorthin zu gehen, wo die Kunden mich brauchen. Er bot auch an, mich zurückzunehmen sobald ich

„Beraterin in einem Konzern zu sein, ist etwas völlig anderes als Unternehmerin zu sein."

eingesehen hätte, dass ich keinen Erfolg haben würde. Das hat mich aber nur weiter angespornt ihnen zu zeigen, dass ich mein Berufs- und Privatleben selbst bestimmen und gestalten kann. Ich hatte ähnliche Konzepte bereits in Asien und Großbritannien gesehen. Daher war ich mir sicher, dass ich auch in der Schweiz Erfolg haben würde.

Was waren dann deine ersten Schritte?

Das Erste war, die Realität anzuerkennen: Beraterin in einem Konzern zu sein, ist etwas völlig anderes, als Unternehmerin zu sein. Als Unternehmerin liegt alles bei einem selbst, von Kundentreffen bis hin zur Verwaltung, während man in einem Konzern sehr viel fokussierter arbeiten kann. Ich musste also zunächst meine Arbeitsweise umstellen und mir Konzepte überlegen, wie ich die verschiedenen Aufgaben unter einen Hut bekommen kann.

Wie hast du dann deine ersten Kunden gewonnen?

Ich nutzte verschiedene Social Media Kanäle, beispielsweise LinkedIn, um mich mit potenziellen Kunden zu vernetzen. Dabei probierte ich verschiedene Strategien aus, aber am besten funktionierte immer noch eine nette E-Mail, in der ich mich und mein Unternehmen vorstellte. Mein erster Kunde war ein Unternehmer, den ich bereits in der Unternehmensberatung, in der ich zuvor tätig war, kennengelernt hatte, und mit dem ich mich wieder via LinkedIn vernetzt hatte. Wir trafen uns auf einen Kaffee, ich erzählte ihm von meinem Unternehmen und er hat mich daraufhin engagiert, ohne groß etwas über meine beruflichen Qualifikationen zu wissen. Es war aber eine sehr erfolgreiche Partnerschaft, denn ich arbeitete daraufhin fünf Jahre für ihn.

Welche Art der Beratung bietest du an?

Ich helfe Unternehmen, den disruptiven Effekt von digitalen Technologien und Konsumentenverhalten auf ihr Geschäftsfeld zu verstehen. So hat zum Beispiel Social Media die Art und Weise verändert, wie Menschen miteinander kommunizieren und interagieren. Sie suchen beispielsweise „Facebook-ähnliche" Erfahrungen, wenn sie mit einem Unternehmen oder einer Marke kommunizieren, wie zum Beispiel eine unmittelbare Belohnung, eine unverzügliche Reaktion und personalisierte Erfahrungen. Viele Unternehmen haben damit Mühe, weil sie immer noch in traditionellen Denkmustern verhaftet sind. Verschiedenste digitale Technologien führen zur Disruption des Geschäftsumfeldes, wie namentlich Big-Data-Analyse, Cloud, Blockchain, künstliche Intelligenz, Robotics, virtuelle und erhöhte Realität. Ich helfe Unternehmen, diese Einflüsse zu verstehen, damit die notwendigen Schritte unternommen werden können, um ihr Geschäftsmodell sowie ihre Prozesse und operativen Maßnahmen auf den Wettbewerb im digitalen Zeitalter einzustellen.

Gibt es bestimmte Kriterien bei der Auswahl deiner Kunden?

Ich höre vor allem auf mein Bauchgefühl. Trotzdem habe ich mit den verschiedensten Personen in den letzten Jahren gearbeitet. Manchmal haben die Persönlichkeiten nicht gepasst oder die Arbeitsweisen waren nicht kompatibel. Man kann nichts vorhersagen, daher gebe ich allen eine Chance und dann sehe ich, wie es läuft. Man sollte es aber nie persönlich nehmen, wenn es nicht gut läuft. Das ist ebenfalls ein Rat an Jungunternehmer: Habt ein dickes Fell, denn manche Situationen werden euch enttäuschen! Unternehmertum verläuft nie zu 100 Prozent glatt, aber in harten Zeiten sollte man niemals aufgeben, sondern tief Luft holen und aus diesen Erfahrungen lernen. Daraus wird man später einen großen Nutzen ziehen können.

Du hast auch ein Buch zum Thema ‚Social Media' geschrieben. Wie kamst du auf die Idee?

Das war Teil meines strategischen Plans, mich in der Branche zu etablieren und mir einen Expertenstatus aufzubauen. Gleichzeitig sollte dadurch mein Unternehmen an Bekanntheit gewinnen. Neben Blogartikeln schrieb ich also auch ein Buch über meine Methodik, die ich für meine Arbeit nutze, die aber auch jede Firma nun nutzen kann, um in der digitalen Welt Fuß zu fassen. Durch das Buch entstanden zudem Kooperationen mit verschiedenen Universitäten. Das hat zusätzlich die Glaubwürdigkeit gesteigert, da die Universitäten meine Methoden testeten und deren Gültigkeit bestätigten.

Welche Tipps hast du für einen erfolgreichen Einsatz von Social Media? Worauf sollte man achten?

Mein Rat ist, es einfach zu halten und sich dabei zu fokussieren. Zudem sollte man seine Kunden und die Stärken und Schwächen der einzelnen Plattformen kennen. Aus diesen beiden Komponenten sollte man dann die verschiedenen Kanäle sorgfältig auswählen. Ein Beispiel: Facebook ist toll, um sich mit der breiten Masse der 18- bis 35-Jährigen auszutauschen, während Twitter beispielsweise besser dazu geeignet ist, mit Experten in Kontakt zu treten. Generell sollte man aber keine Massen anziehen, sondern lieber ein paar 100 Follower haben, die sich wirklich für die Branche interessieren. Klasse statt Masse also.

Du bist eine erfahrene Rednerin bei Kongressen. Viele Menschen haben Angst, vor großem Publikum zu sprechen. Hast du Tipps?

Jeder Redner hat am Anfang Angst und man wird sie auch niemals ganz los. Wenn man einen Punkt erreicht, an dem man vor einem Vortrag nicht mehr nervös wird, dann sollte man das Reden aufgeben, denn dann hat man seine Leidenschaft dafür verloren. Ich selbst kam eher zufällig in diesen Bereich. Ich wollte, wie mit dem Buch auch, einen Expertenstatus aufbauen und Anerkennung erhalten. Das hat sogar etwas zu gut geklappt, denn mittlerweile habe ich so viele Vorträge, dass meine Zeit für Kundenaufträge knapp wird. Das ist aber ein Luxusproblem! Was mir bei Nervosität hilft, ist, meinen Bereich sehr gut zu kennen. Das gibt mir Selbstvertrauen, das ich dann ausstrahle.

Noch immer gibt es kaum Speakerinnen auf den Kongressen. Welche Erfahrungen hast du gemacht?

Das passiert mir sogar sehr häufig, dass ich die einzige Speakerin bin. Das schockiert mich noch immer. Die Gründe liegen für mich dabei im Dunklen: Mögen Frauen das Feld nicht? Gibt es weniger Expertinnen in dem Bereich? Stehen Frauen nicht gerne in der Öffentlichkeit? Einen Seltenheitswert zu haben hat sowohl Vor- als auch Nachteile. Ich habe mehr Möglichkeiten als meine männlichen Kollegen, aber ich muss mich häufig mehr beweisen und die Organisatoren von meinen Fähigkeiten und meinem Expertenstatus überzeugen. Das ist teilweise etwas entmutigend, aber wenn man unterschätzt wird, kann man die Menschen auch mit einem tollen Vortrag so richtig umhauen.

„Unternehmertum verläuft nie zu 100% glatt, aber in harten Zeiten sollte man niemals aufgeben, sondern tief Luft holen und aus diesen Erfahrungen lernen. "

Du investierst auch in verschiedene Unternehmen und Startups. Gibt es etwas, was du durch deine Investments gelernt hast?

Ich investierte mal in eine Mine, die seltene Metalle fördern sollte. Doch letztlich stellte sich alles als großer Schwindel heraus. Zum Beispiel wurden die Führungen vor Ort in den Minen anderer Firmen gemacht. Durch diese Investition verlor ich etwas Geld und sehr viel Zeit. Es tat mir persönlich weh, dass ich so ausgenutzt wurde, aber ich lernte auch eine Menge daraus. Erfolg und Geld kommen nicht einfach so! Man sollte immer auf seine Erfahrung und seine Instinkte hören und sich gründlich mit der Industrie auseinandersetzen, in die man investiert. Ich selbst investiere nun in keinen Bereich mehr, in dem ich mich nicht auskenne, auch wenn es gewisse Erfolgsgeschichten gibt.

Du bist eine richtige Powerfrau. Woher kommt deine Stärke?

Zum einen durch meine Mutter, die mich immer dazu ermutigt hat, meine Ziele zu erreichen. Neben ihrem Zuspruch kommt meine Stärke auch aus meinem Traum, etwas Großes zu schaffen, bevor ich sterbe. Um erfolgreich zu sein, ist es wichtig, dass man Misserfolge erfährt und daraus lernt. Ich bin immer wieder erstaunt, wie ich aus mir selbst die Stärke finden kann, um immer weiter zu gehen, selbst wenn ich auf herausfordernde Situationen treffe. Frauen sind von Natur aus belastbar und stark, in mentaler wie auch in emotionaler Hinsicht. Wir müssen uns auf diese Stärken besinnen und sie uns zu Nutze machen. Auch mein Mann unterstützt mich sehr, beispielsweise durch Gespräche über unsere jeweiligen Berufsziele.

Woraus ziehst du deine tägliche Motivation?

Aus zwei Dingen. Zum einen wollte ich immer etwas erreichen. Mich auf meine Ziele zu fixieren, hilft mir vor allem durch harte Zeiten hindurch. Zum anderen motiviert und inspiriert mich meine Tochter. Ich will ein Vorbild für sie, und die gesamte nächste Generation, sein. Sie soll mit dem Selbstbewusstsein aufwachsen, alles erreichen zu können. Wenn ich meine eigenen Ziele erreiche, dann kann ich ihr das auch glaubhaft vermitteln und das Vorbild sein, das ich sein will.

Gibt es etwas, das du rückblickend ändern würdest?

Das ist eine sehr interessante Frage. Ich würde wahrscheinlich gar nichts ändern, denn alle Erfahrungen, ob gut oder schlecht, haben mich zu der Person gemacht, die ich heute bin. Ich lerne sehr viel durch meine Erfahrungen, und dazu gehören auch Misserfolge. Das ist ein Teil des Unternehmertums, ohne den es auch keine Erfolge gibt.

Gibt es ein Learning, das du abschließend noch teilen möchtest?

Ein Learning, das ich gerne teilen würde, ist, die Veränderungen im Leben mit offenen Armen zu empfangen und flexibel mit ihnen umzugehen. In einem Unternehmen werden immer wieder Dinge geschehen, die so nicht geplant waren. Die Aufgabe besteht darin, eine Lösung dafür zu finden, oder die Unternehmensstrategie entsprechend anzupassen. Eine anderes Learning ist die Umstellung vom Angestelltendasein zur Unternehmerin. Das ist echt hart, denn man verliert das Sicherheitsgefühl und ein Stück weit auch sich selbst. Man muss sich zudem immer selbst motivieren, denn das wird niemand übernehmen. Dabei sollte man auf seine Instinkte hören. Wir haben sie von der Natur bekommen und sollten sie auch nutzen. Mein letzter Rat ist, mutig zu sein. Hab' keine Angst davor zu zeigen, wer du bist! Geh tapfer auf deine Ziele zu und höre nicht auf diejenigen, die dich entmutigen wollen! Du hast die Möglichkeit, ihnen zu zeigen, dass du etwas Großartiges schaffen kannst. Also nimm deinen Mut zusammen und tue es!

Gründe das Business, das zu dir passt!

In drei Schritten kannst du herausfinden, welches Business zu dir passt. Damit schaffst du eine wichtige Basis für langfristigen Erfolg — und persönliche Erfüllung.

KAJA OTTO

BIO
Kaja Otto ist Initiatorin der Shevolution und Intuitive Business Mentorin. Sie unterstützt Frauen mit Coachings und Kursen dabei, ihr Leben und ihr Business nach femininen Prinzipien neu auszurichten.

FACEBOOK
kajaotto

TWITTER
@kajaotto

INSTAGRAM
@kajaotto

🌐 WWW.
KAJAOTTO.COM

Gründen ist großartig. Meine Selbstständigkeit ist meine Selbstverwirklichung. Für mich war es immer wichtig, meine Werte in meine Selbständigkeit einfließen zu lassen. Mein Business fundiert auf Liebe, Ehrlichkeit und Weiblichkeit. Mein Ziel war nie der schnelle Erfolg, sondern ein nachhaltiges Business, was mich über die Jahre trägt und mit mir wächst und sich verändern kann. Rückblickend und nach der Arbeit mit hunderten von Female Founders gibt es 3 Schritte, die dir helfen herauszufinden, welche Idee wie zu dir passt.

1 - FINDE DEIN „WARUM?"

Es gibt zwei Kernfragen, die dich zur Antwort führen:
1. Was ist der Unterschied, den du für dich bewirken willst? (freie Zeiteinteilung / Zeit in der Natur / nie mehr selber kochen).
2. Was ist der Unterschied, den du in dieser Welt machen willst? (Weltmeere vom Plastik befreien, Kindern Bildung ermöglichen, mehr Schönheit in die Welt bringen).
Das wahre Ziel ist nie das „Wie" sondern immer das „Warum". Schreib in Ruhe auf, was dir in den Sinn kommt, mach es größer und schaffe deine eigene Vision! Aus der Kombination der beiden Antworten wird deine persönliche Vision, dein Ziel.

2 - DER SCHRITT ZUM „WAS?"

Wenn du deine Vision hast, kannst du anfangen sie genauer zu betrachten. Forme aus dem „Warum" ein „Was". Mehr Schönheit in die Welt bringen kann durch Fashion, Gartenbau oder Wandtapeten passieren. Sammele alles was dir einfällt und ziehe Freunde hinzu, die mit dir Ideen finden. Je größer die Sammlung, desto größer deine Auswahl. Oft limitieren wir uns auf eine Idee, da wir vom „Wie" kommen und nicht aus dem „Warum".

3 - DIE ENTSCHEIDUNG FÜRS „WIE?"

Manchmal ist es gar nicht so einfach, am Anfang selber zu wissen, ob man Solopreneur, Freelancer oder Socialpreneur ist. Je nachdem wie dein Weg aussieht, ist es sinnvoll, ein Unternehmen zu gründen, eine Kooperation einzugehen, eine Plattform zu initiieren oder dein eigenes Ding durchzuziehen. Spiele die Szenarien durch. Wofür schlägt dein Herz? Welche Idee ist am passendsten? Was kannst du umsetzen? Mach eine Liste deiner Top 5 und schaue in jede etwas tiefer rein. Was ist realistisch und erfolgversprechend und das, was dein Herz am höchsten hüpfen lässt?

JEDERZEIT: DIR TREU BLEIBEN

Die ersten Schritte sind getan! Wichtig dabei: Sei immer ehrlich zu dir. Manchmal braucht es noch sechs Monate bis zur Kündigung, damit der finanzielle Puffer für die Gründungsfreiheit aufgebaut wird. Zu Anfang wird viel von dir gefordert: lass dir immer Feedback geben, aber entscheide selbst, was du damit machst. Deine innere Haltung entscheidet über deinen äußeren Erfolg: Suche dir jemanden, der dir hilft, Mindfuck und Erfolgsblockaden loszuwerden. Erinnere dich immer an deine Vision: Kommst du ihr, mit dem was du tust, näher? Eine Expedition ins Ungewisse erfordert immer wieder Mut. Mut, den nächsten Schritt zu tun und ihn im Zweifel auch anders zu tun, als dir andere raten. Wer die Welt verändern will, geht meistens andere Wege als die bereits ausgetretenen. Trau' dich deine Intuition als Investitionsratgeber zu nehmen, Bauchgefühl über den Business-Plan zu stellen und Empathie als Entscheidungstool einzusetzen. Trau dich, dir zu vertrauen. Egal was andere sagen. Es ist dein „Fempire" – du entscheidest. Und vor allem: Hab' Spaß dabei!

Finde deine passende Geschäftsidee!

Deine passende Geschäftsidee verbindet deine Talente, deine Passion und ein Bedürfnis, das deine Zielgruppe hat. Und anstatt auf den magischen AHA-Moment zu warten, starte jetzt deinen Ideenprozess!

Worin liegen deine Interessen?

Wofür kannst du dich begeistern?

Welche Themen sind dir wichtig?

Was sind deine Stärken und Fähigkeiten?

Was hast du bereits in deinem Beruf gelernt?

Worin bist du gut?

Welche Probleme oder Wünsche gibt es in deinem Umfeld, die du mit einer Geschäftsidee lösen kannst?

Bringe deine Gedanken in den Zustand "Ideen finden"!

Setze dir das Ziel, so viele Ideen wie möglich zu finden!

Lege dir ein Ideen-Notizheft zu!

Nimm dir jeden Abend 5 Minuten Zeit und notiere alle Ideen, die dir einfallen!

Verfolge in den Medien und Fachzeitschriften die neuesten Trends und Entwicklungen!

Zwei Köpfe sind besser als einer - Brainstorme mit Freunden und Bekannten!

Lass dich durch neue Erfahrungen und Erlebnisse inspirieren - gehe auf Reise!

Natalie Richter

Natalie Richter studierte Management & Entrepreneurship und hat bereits zwei Start-ups gegründet, die jedoch scheiterten, bevor sie auf die Idee zu leev kam. Bei einem Ausflug ins Alte Land, einer Apfelregion bei Hamburg, lernte Natalie sortenrein gepressten Apfelsaft kennen, bei dem man auch die jeweilige Apfelsorte herausschmeckt. Begeistert von der Idee, selbst diesen Apfelsaft herzustellen und direkt in Hamburg bekannt zu machen, holte sich Natalie Verstärkung mit ins Boot. Zusammen mit Joachim Holst, der für die Herstellung des Saftes zuständig ist, gründete Natalie das Start-up leev. Als Hamburger Saftmanufaktur produzierten sie im Dezember 2014 erstmalig ihren Apfelsaft in den Geschmacksrichtungen Boskoop, Elstar und Holsteiner Cox. Mittlerweile sind leev-Apfelsäfte in über 200 Edeka-Supermärkten und Gastronomiebetrieben in und um Hamburg erhältlich.

NATALIE RICHTER

UNTERNEHMEN
leev

GRÜNDUNGSJAHR
2014

MITGRÜNDER
Joachim Holst, Benjamin Beck

STADT
Hamburg

🌐 WWW.LEEV.HAMBURG

Wie bist du zu der Geschäftsidee für leev gekommen?

Ich fuhr eines Tages ins Alte Land – ein Apfel- und Obstanbaugebiet auf der anderen Elbseite Hamburgs – und machte dort eine Tour durch die Hofläden. In einem der Läden entdeckte ich sortenrein gepressten Apfelsaft. Also Apfelsaft in den verschiedenen puren Geschmacksrichtungen von Boskoop bis Elstar. Ich war ganz begeistert davon, denn wir hatten früher auch einen Apfelbaum im Garten und haben selbst Apfelsaft gemacht. Also kaufte ich direkt einige Flaschen. Eigentlich wollte ich den nur selber trinken, aber als ich ihn dann Freunden zeigte, fanden sie den Saft ebenso lecker wie ich. Ich fragte mich, warum es sortenreinen Saft nicht auch in Hamburg zu kaufen gibt und warum ich zuvor überhaupt noch nie etwas von sortenreinen Apfelsäften gehört hatte.

Wie hast du dann herausgefunden, ob an deiner Idee auch tatsächlich Interesse besteht?

Anfangs habe ich mich schon gefragt, ob es bei den vielen Produkten wirklich noch eine weitere Apfelsaft-Marke braucht. Nachdem ich mich dann intensiver mit diesem Thema beschäftigt hatte, stellte ich fest, dass es noch eine Marktlücke für sortenreinen Apfelsaft gibt. Für einen ersten Markttest bastelte ich aus einer Flasche einen Prototyp und befragte Gastronomen aus meinem Bekanntenkreis sowie den Inhaber des Supermarktes um die Ecke, ob Interesse an meiner fiktiven Marke „leev" besteht. Die Reaktion war durchweg: „Würde ich sofort nehmen!" Dieser kleine Marktcheck hat mein Bauchgefühl bestätigt, dass es Potenzial gibt. Daraus entwickelte sich dann die Entscheidung, dass ich ausprobieren will, was da wirklich möglich ist.

Wie waren dann deine ersten Schritte?

Zunächst ging es darum, ein Gründerteam aufzubauen. Ich fuhr zuerst ins Alte Land, um nach einer guten Mosterei zu suchen und fand so meinen Mitgründer Joachim, der schon seit über 20 Jahren eine kleine Mosterei betreibt. Der Start war zwar etwas schwierig, aber ich blieb hartnäckig und schließlich konnte ich ihn von meiner Idee überzeugen. Da so ein Produkt auch von einer ansprechenden Gestaltung lebt, suchte ich daraufhin auch eine Grafikerin. Ich entschied mich für eine Zusammenarbeit mit Christina. Ich kannte sie bereits aus vorherigen Projekten und wusste, dass wir uns gut verstehen und zusammenarbeiten können. So war das Gründerteam vollständig, leider jedoch nicht von Dauer: Die Arbeit in einem Getränke-Start-up ist extrem anstrengend. Der Markt ist schwierig. Bis man sich durchsetzt, dauert es eine lange Zeit. Diese Zeit konnten wir als Dreiergespann nicht meistern: Christina entschied sich nach etwas mehr als einem Jahr, dass sie sich einen anderen Lebensweg wünscht. Nach ihrem Ausstieg kam Benjamin an Bord, der uns schon vorher in Gestaltungsfragen konzeptionell unterstützt hatte und Feuer und Flamme für leev war.

Was bedeutet der Name leev eigentlich?

Leev ist Plattdeutsch und bedeutet Liebe. Bei der Namenssuche haben wir darauf geachtet, dass der Name unsere Heimat Hamburg widerspiegelt. Wir sind dann ein plattdeutsches Wörterbuch durchgegangen und blieben bei „leev" hängen. Wir haben auch gleich geprüft, ob es diese Marke bereits gibt und überraschenderweise war dieser kurze Markenname noch nicht besetzt. Da wir auch mit Liebe an unsere Arbeit gehen und diese auch in unser Produkt stecken, ist leev für uns ein rundum perfekter Name.

Habt ihr dann auch gleich leev als Markennamen angemeldet?

Ja, das haben wir. Es gibt hier in Hamburg in der Handwerkskammer eine Beratung, in der man Tipps bekommt, um die Recherchen richtig durchzuführen. Mit diesen Tipps haben wir dann unsere Markenanmeldung selbst in die Hand genommen. Man sollte sich da allerdings schon ein wenig einarbeiten, denn gerade die Klassifizierungen sind nicht einfach. Aber es ist auch kein Hexenwerk. Das ist so wie auch

„Als Gründerin muss man sehr viele Entscheidungen treffen - das ist das Anstrengendste und Erfüllendste zugleich."

Welches Konzept steckt denn genau hinter der Apfelsaft-Marke leev?

Bei leev stellen wir sortenrein gepresste Apfelsäfte her. Wir mosten jede Apfelsorte getrennt, damit, wie beim Wein auch, ganz unterschiedliche Geschmacksrichtungen entstehen. Deutschland ist zwar eine Apfelsaft-Nation, dennoch ist dieser in den letzten Jahren durch Rhabarber- oder Maracujaschorlen ersetzt worden. Wir dachten uns daher, dass es beim Apfel noch viel zu entdecken gibt und genau das wollen wir unseren Kunden zeigen. Unsere Mission ist es, den Menschen zu zeigen, wie viel Schönes in der Natur steckt und welche Vielfalt es bei den Geschmackserlebnissen gibt, wenn man mit guten Produkten aus der Region arbeitet. Ganz neu haben wir jetzt auch die leev Hoppe auf den Markt gebracht: herber Apfel mit Craft Beer Hopfen und Sprudel. Sozusagen eine herbe, alkoholfreie Erfrischung für den erwachsenen Durst.

bei vielen anderen Dingen: man muss sich einfach nur trauen und damit auseinandersetzen. Dann findet man auch einen Weg. Das war bei uns viel ‚Learning by Doing', was aber auch daran liegt, dass wir alles selbst machen. Wir haben uns gegen einen Investor entschieden und aus eigenen Ersparnissen, ergänzt um einen kleinen Bankkredit, gegründet. Da muss man eben kleinere Schritte machen und alles etwas pragmatischer angehen. Aber wir behalten auf diese Weise die Freiheit, unsere Ideen in die Tat umzusetzen.

Hast du dann deinen Job gekündigt oder weiterhin nebenbei gearbeitet?

Ich war damals zur Gründung noch fest angestellt, hatte aber das Glück, dass die Agentur mich bei meinem Vorhaben unterstützt und mich sukzessive aus meinem Arbeitsverhältnis herausgelassen hat. Heute arbeite ich nur noch als Freelancer in meinem alten Job. Das wird auch weiterhin so bleiben, weil wir so mehr Möglichkeiten haben, um Gehälter für Personal bereitzustellen und es auch möglich ist, selber weiter in die Firma zu investieren.

Warum war es dir wichtig, ohne einen Investor zu gründen?

Ich möchte nicht, dass mir jemand sagt, was ich machen soll. Wenn ich die ganze Arbeit hineinstecke, möchte ich auch in der Entscheidungsposition sein. Wir wollen auch kein zu schnelles Wachstum, sondern unseren Betrieb nachhaltig aufbauen. Ein Investor will möglichst schnell seine Rendite sehen. Für uns ist es jedoch das Größte, dass wir jeden Tag so leben können, wie wir uns das vorstellen. Wir können das machen, was uns am Herzen liegt und gleichzeitig davon leben.

„Unsere Mission ist es, den Menschen zu zeigen, wie viel Schönes in der Natur steckt. "

Das ist ja eher ein schwieriger Weg, den ihr da geht. Wie erlebt man das gefühlsmäßig?

Natürlich gibt es auch tiefe Täler und Tage, an denen wir nicht wissen, wie alles weitergehen soll. Vorher habe ich gutes Geld in meinem Job als Angestellte verdient. Das ist manchmal schon sehr hart. Aber wir haben das Ziel vor Augen und wissen, wo wir hinwollen. So finden wir dann auch die Kraft, diese schwierigen Momente durchzustehen. Wir haben von Anfang an von anderen Start-ups aus dem Getränke-Segment gehört, dass man etwa zwei Jahre durchhalten muss. Erst dann kann man sagen, ob es was wird oder eben nicht. Und es stimmt! Aktuell erleben wir eine tolle Eigendynamik, insbesondere in der Gastronomie. Wir haben das Schlimmste überstanden, jetzt geht es immer schneller voran. Im ersten Jahr haben wir auch ein paar Sachen falsch gemacht, aber das sind Lernerfahrungen. Als Gründerin muss man sehr viele Entscheidungen treffen - das ist das Anstrengendste und Erfüllendste zugleich.

Was ist die größte Herausforderung bei eurem Business-Modell? Wo habt ihr auch mal Fehler gemacht?

Das Schwierigste ist die Saisonalität des Produktes. Man muss im Takt der Natur arbeiten und auf die Apfelernte warten. Wir hoffen immer auf eine große Ernte, damit die Apfelpreise fallen und wir günstiger produzieren können. Gleichzeitig müssen wir aber auch immer sehr schnell im Einkauf sein, da sonst der Markt schnell leer gekauft ist. Spätestens im Mai müssen wir unser Warenlager anlegen, damit wir auch im Sommer noch Apfelsaft produzieren können. Das war

besonders 2015, als wir noch keinerlei Erfahrungswerte hatten, ein ziemlicher Balanceakt. Denn Anfang September war bereits unsere Gastronomie-Apfelschorle ausverkauft und die nächste Apfelernte noch lange nicht in Sicht. Draußen war schönstes Wetter, alle hatten Durst und uns war die Apfelschorle ausgegangen. Das war ein Tiefpunkt. Die Planung und Logistik der Apfelsaftherstellung ist daher definitiv eine große Herausforderung. Inzwischen haben wir ja aber Erfahrungswerte aus den Vorjahren und können so viel besser und sicherer planen.

Wie läuft bei euch die Zusammenarbeit? Plant ihr auch viel im Team?

Wir arbeiten generell im Team. In unserem Büro gibt es keine einzelnen Schreibtische. Wir sitzen an einem großen runden Tisch, sodass jeder jederzeit über alles informiert ist. Unter uns Gründern können wir uns blind vertrauen. Wir sind Freunde! Wir diskutieren zwar auch schon mal, aber durch Reibung entsteht ja auch Kreativität. Generell läuft es aber sehr harmonisch bei uns. Aber es ist wichtig, Dinge auch mal kritisch zu hinterfragen. Denn man gründet ja im Team, um verschiedene Blickwinkel zu haben.

Du lebst in einem Co-Living-Space, das leev-Büro ist in einem Co-Working-Space für Food- und Beverage-Start-ups. Wie bist du zu diesem Lebens- und Arbeitsmodell gekommen?

Im Agenturumfeld hatte ich immer viele Leute um mich herum, aber als Gründer kämpft man in der Anfangszeit erstmal alleine. Oft fehlt der Austausch darüber, wie es sich als Gründer anfühlt. Dann ist es toll, wenn du Freunde hast, mit denen du zusammenziehst und dich jeden Tag richtig austauschen kannst. Ich wollte mich mit Leuten umgeben, die mich mitreißen, mir neue Perspektiven eröffnen oder mich auf meinem Weg mit komplementären Skills unterstützen können. Das ist der Gedanke von Co-Living. Ähnlich soll es jetzt im Co-Working-Space „Eden" ablaufen, wo wir erst vor wenigen Wochen eingezogen sind. Im Eden sitzen wir mit zwei anderen Start-ups aus der Getränke- und Food-Szene zusammen. Und auch das Hamburger Co-Working-Space Betahaus wird hier einen Ableger für das Thema Essen und Trinken integrieren. So haben wir permanenten Austausch mit anderen aus der Branche und können unser Netzwerk in Hamburg und darüber hinaus ausbauen.

Welchen Tipp würdest du angehenden Gründer*innen mitgeben?

Zum einen ist es wichtig, sich gut zu überlegen, mit wem man gründet. Und zum anderen sollte man sich darüber im Klaren sein, was der eigene Stil ist. Möchte man eher ein Großunternehmen gründen oder geht es auch eine Nummer kleiner? Welche Vision treibt einen an? Im Gründerteam muss man dasselbe wollen, sonst geht es schief. Wer alleine gründet, sollte nicht zu Hause im stillen Kämmerlein vor sich hin arbeiten, sondern sich beispielsweise in einen Co-Working-Space einmieten. Da gibt es so viele kreative Menschen, mit denen man sich gut austauschen kann!

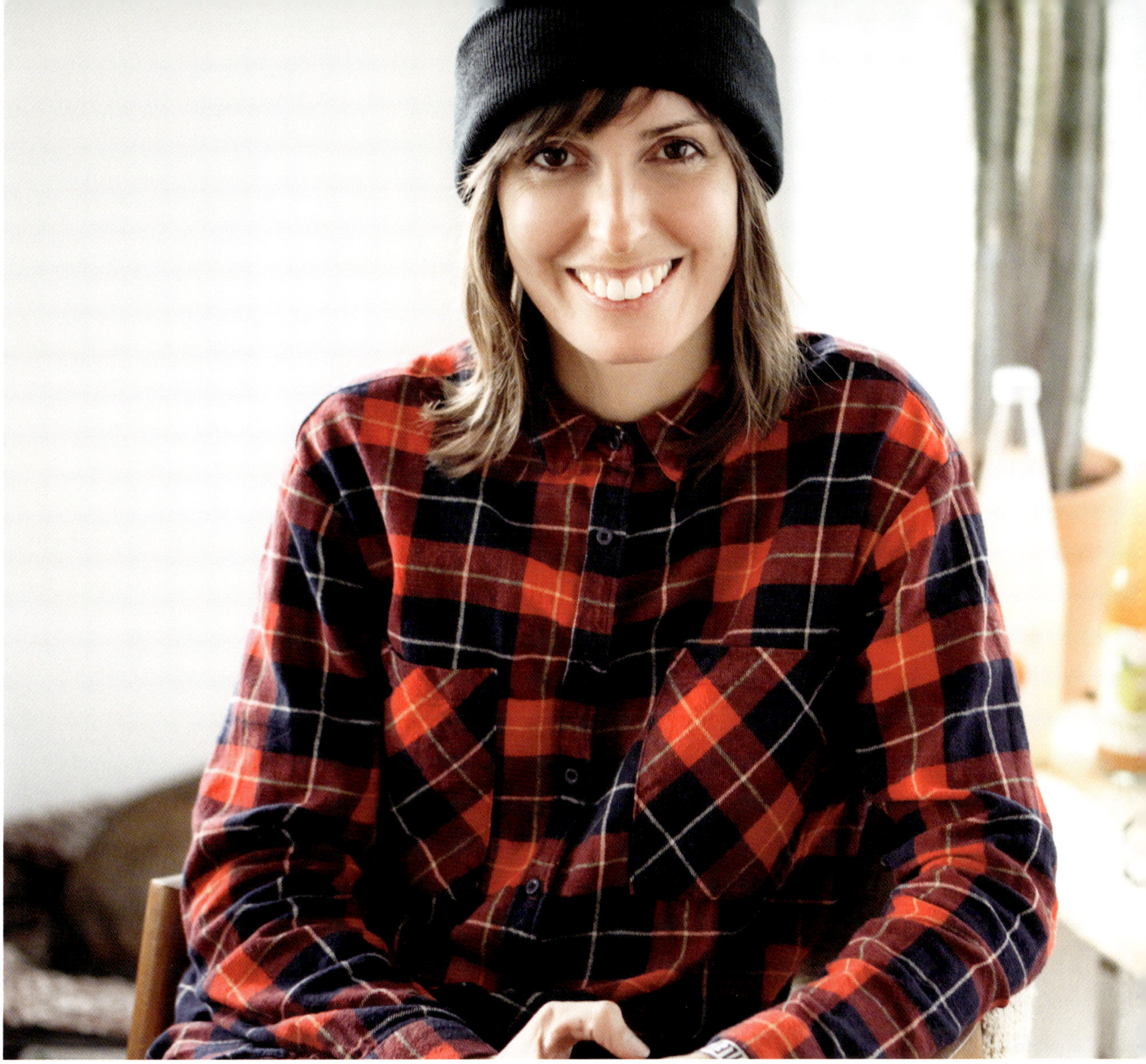

leev
ELSTAR
leev
BOSKOOP
leev
HOLSTEINER

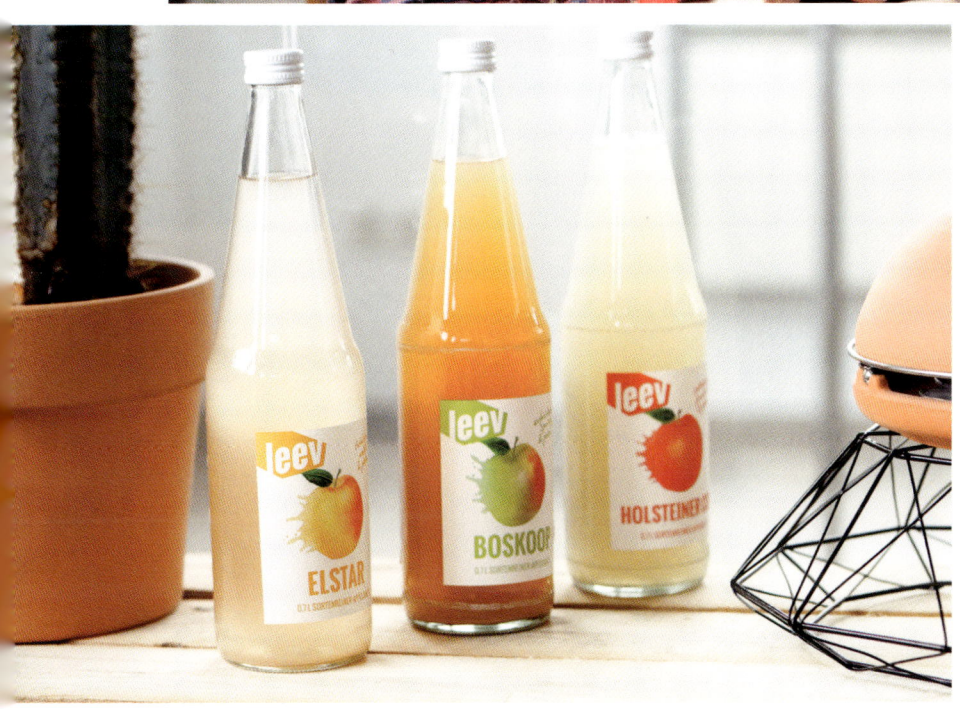

Andrea Pfundmeier

Andrea Pfundmeier studierte Wirtschaftsrecht an der Universität Augsburg und arbeitete danach für das Softwareentwicklungsunternehmen SAP. Doch Andrea konnte auf Dauer keine Erfüllung in ihrem Job als Angestellte finden — und so entschied sie sich ihrem Plan B, ein eigenes Unternehmen zu gründen, einfach eine Chance zu geben. Zusammen mit ihrem Mitgründer Robert Freudenreich, den sie bereits aus Studienzeiten kannte, entstand zunächst die Idee, digitale Dokumente automatisiert zu verwalten. Als die beiden jedoch feststellten, dass beim Speichern der Daten in der Dropbox keine Verschlüsselung möglich war, entschieden sie einfach selbst die Software dafür zu entwickeln. Mit gerade einmal 23 Jahren gründete Andrea dann, gemeinsam mit Robert, das Unternehmen Boxcryptor in Augsburg. Die Verschlüsselungssoftware von Boxcryptor sichert die Daten in der Cloud und verschlüsselt diese noch bevor sie den PC verlassen. Für ihre Idee erhielt das Gründerteam nicht nur den Deutschen Gründerpreis, sondern auch die Unterstützung durch das EXIST-Gründerstipendium.

ANDREA PFUNDMEIER

UNTERNEHMEN
Boxcryptor

GRÜNDUNGSJAHR
2011

MITGRÜNDER
Robert Freudenreich

STADT
Augsburg

🌐 WWW.BOXCRYPTOR.COM

Nach dem Studium hast du zunächst in einem Unternehmen gearbeitet. Was war dein erster Eindruck vom Berufsleben?

Da ich viel Positives über die Möglichkeiten in einem Großunternehmen gehört hatte und dachte, mich dort entfalten zu können, entschied ich mich zunächst für diesen Weg. Jedoch habe ich dann schnell festgestellt, dass man nur ein kleines Rädchen von vielen ist, was mich sehr frustriert hat. Mein Alternativplan zur Konzernkarriere war, ein eigenes Unternehmen zu gründen. Im Studium hatte ich bereits an einem Unternehmensplanspiel teilgenommen und auch immer mal wieder Ideen, aus denen aber nie etwas Konkretes entstanden war.

Wie ging es dann weiter?

Ich traf eines Tages meinen Mitgründer Robert, der zu diesem Zeitpunkt als Freelancer arbeitete, wieder. Wir kannten uns bereits aus dem Studium und Robert erzählte mir, dass er gerne etwas gründen möchte und ob ich dabei mitmachen wolle. Ich war begeistert und so haben wir uns mit der Idee, eine Lösung zur Verschlüsselung für Dateien in der Cloud zu entwickeln, für das EXIST-Gründerstipendium beworben und dies auch erhalten. Wir haben dann einfach angefangen und zunächst einen Prototypen erstellt. Das Feedback dazu war sehr gut, sodass wir daraufhin das komplette Produkt kreiert haben. Mit Boxcryptor können die Nutzer ihre Dateien in der Cloud wie beispielsweise für Dropbox, Google Drive oder iCloud verschlüsselt abspeichern.

Für wen ist Boxcryptor geeignet? Wer sind eure Kunden?

Unsere Verschlüsselungssoftware ist für jeden geeignet - vom Vater, der seine Familienbilder verschlüsseln möchte, bis hin zum Studenten, der eine solche Lösung für seine Abschlussarbeit benötigt. Neben diesen Privatkunden haben wir auch viele Geschäftskunden, die sensible Unternehmensdaten schützen wollen. Unsere Kunden kommen dabei aus allen Branchen und über 190 Ländern weltweit.

arbeitet unser Team mit 28 Mitarbeitern täglich an der Weiterentwicklung des Produkts. Mit der einmaligen Gebühr war zwar die aktuelle Entwicklungsphase finanziert, jedoch nicht die Weiterentwicklung. Daher ist die jährliche Zahlung ein ehrlicheres Modell, für das der Kunde eine stets aktuelle Software erhält.

„Ich musste lernen, Aufgaben abzugeben und auch mal loszulassen."

Ihr habt euren Prototypen gratis ins Internet gestellt. Hattet ihr keine Angst vor Ideenklau?

Davor hatten wir gar keine Angst. Unser Ziel war es, schnell Feedback zu unserer Idee zu erhalten. Diese Resonanz war uns wichtiger als irgendwelche Ängste. Wir überlegten uns zunächst, wo wir potenzielle Nutzer finden können und entschieden uns, in ein Dropbox-Forum den Downloadlink zur Software zu stellen. Dazu haben wir geschrieben, dass alle gerne unser Programm ausprobieren dürfen und wir uns über ein Feedback freuen. Erst danach haben wir eine eigene Website gestaltet und darüber ebenfalls weiteres Nutzerfeedback gesammelt.

Wann habt ihr euch dann entschieden eure Software kostenpflichtig anzubieten?

Uns haben Nutzer aus den USA angeschrieben und angeboten, etwas für das Projekt zu spenden, da sie die Idee so toll fanden. Und wir dachten uns, wenn Menschen etwas spenden, dann sind sie auch bereit etwas für unsere Softwarelösung zu bezahlen. Daher brachten wir ein paar Monate später die erste kostenpflichtige Version auf der Website heraus, die auch sehr gut anlief.

Wie habt ihr denn den richtigen Preis für euer Angebot gefunden?

Im Gegensatz zu Hardware-Produkten gibt es bei Software keine Produktkosten. Somit mussten wir nur unsere Leistung beziffern. Dafür haben wir recherchiert, was Kunden für vergleichbare Produkte bezahlen und für unsere erste Version 15 Euro verlangt. Das war zunächst eine Einmalgebühr, d.h. nach der Bezahlung konnte man die Software solange nutzen, wie man wollte. Wir haben dann sukzessive den Preis erhöht auf mittlerweile 36 Euro jährlich. Der Hintergrund für eine jährliche Zahlung liegt dabei in der Entwicklung der Software. Momentan

Und wie haben die Kunden darauf reagiert?

Trotz dieser Argumente gab es natürlich Kunden, die unsere Preisänderung als Abzocke empfunden haben. Das hat uns auch sehr getroffen, aber wir denken, dass der Preis fair ist. Zudem bieten wir auch eine kostenlose Grundversion an, bei der die Funktionen aber begrenzt sind. Die Herausforderung ist, dass bei Software erwartet wird, dass diese kostenlos ist. Allerdings findet gerade auch ein Wandel in den Köpfen statt und Software wird immer mehr als ein vollwertiges Produkt verstanden.

Was ist die größte Herausforderung, wenn es um das Thema Datensicherheit geht?

Ein Problem ist sicherlich, dass die Bedrohung nicht direkt spürbar ist. Wenn die Daten kopiert werden, merke ich als Nutzer meistens eine lange Zeit nichts von den Auswirkungen. Unsere Mission ist es daher, den Verbrauchern durch unser Produkt Sicherheit zu verschaffen und auch das Bewusstsein für die Risiken im Internet zu stärken.

Da hat euch dann sicherlich auch der NSA-Skandal in die Hände gespielt.

Genau. 2011 mussten wir den Leuten noch erklären, warum man Verschlüsselung für die Dropbox braucht. Nach dem NSA-Skandal 2013 war das dann allen klar, und machte es einfacher, unser Produkt zu verkaufen. Einen weiteren Push gab es auch durch den iCloud-Nacktfoto-Skandal als die Nacktfotos verschiedener Promis online und für alle sichtbar waren. Wir waren also zum richtigen Zeitpunkt mit dem richtigen Produkt auf dem Markt.

Zur Finanzierung eurer Geschäftsidee habt ihr euch für das EXIST-Gründerstipendium beworben und dieses auch erhalten. Wie viel Förderung habt ihr erhalten und welche Vorteile hatte diese Finanzierungsform?

Durch das EXIST-Gründerstipendium haben wir damals knapp 80.000 Euro erhalten. Die Vorteile an diesem Stipendium sind, dass man keine Unternehmensanteile abgeben muss, ein ganzes Jahr Zeit hat, sich vollkommen auf die Gründung zu konzentrieren und im Gegensatz zu einem Kredit das Geld nicht zurückzahlen muss. Im Gegenzug wird erwartet, die Ausgaben transparent darzulegen. Zum Beispiel muss man Angebote von mehreren Zulieferern einholen und darf nicht vor Förderbeginn loslegen, also auch keine Website online stellen. Daher ist das Stipendium für Geschäftsmodelle, die nicht zeitkritisch sind, sehr gut geeignet.

Neben dem Stipendium habt ihr Boxcryptor auch durch Investoren finanziert. Wie kamt ihr mit denen in Kontakt?

Zum Teil sind die Investoren auch von selbst auf uns aufmerksam geworden, weil sie unser Produkt kaufen wollten. Darüber hinaus haben wir Investoren über das Business-Angels-Netzwerk Deutschland (BAND) gesucht. Dafür muss man seinen Businessplan einsenden und wenn dieser als interessant für das Netzwerk befunden wird, wird man zu verschiedenen Veranstaltungen eingeladen. Ich habe damals in München, Stuttgart und Düsseldorf vor jeweils 10 bis 30 Business Angels unsere Geschäftsidee präsentiert, woraus ein paar Kontakte entstanden sind. Ansonsten haben wir auch die Kaltakquise von Investoren ausprobiert, was jedoch nicht so gut geklappt hat. Insgesamt war es allerdings einfach, Investoren für uns zu begeistern, da wir bereits ein erfolgreiches Produkt vorweisen konnten.

Frauen im Technologiebereich haben bislang noch immer Seltenheitswert. Was findest du an diesem Thema besonders spannend und warum würdest du dieses Berufsfeld auch anderen Frauen empfehlen?

Ich habe mich schon immer für technische Themen interessiert, was sicherlich ein Vorteil ist. Wir hatten zuhause bereits sehr früh einen PC und Internetanschluss und ich habe mich schon immer für die neuesten Gadgets begeistern können. Zwar programmiere ich nicht selber, aber ich denke, dass gerade dies eine Sparte für Frauen sein kann, da Programmieren ein extrem kreativer Prozess ist. Es gibt viele Dinge, die beachtet werden müssen, wie beispielsweise die Benutzerfreundlichkeit und das Design. Daher glaube ich, dass viele Frauen darin auch ihre Erfüllung finden können.

Mit der Unternehmensgründung geht auch die neue Rolle als Chefin einher. Welche positiven, aber auch negativen Erfahrungen hast du dabei gemacht?

Es gibt immer Situationen, die auch unangenehm sind, wie beispielsweise die erste Kündigung eines Mitarbeiters. Ich gehe zwar gerne jeden Tag zur Arbeit, aber das war einer der Tage, an denen ich mich am liebsten krankgemeldet hätte. Aber das Gute ist, dass ich solche Entscheidungen selbstbestimmt treffen kann, auch wenn es unangenehm sein kann, diese durchzuziehen. Bei jeder Entscheidung lernt man jedoch auch etwas dazu und das macht es ein Stückchen einfacher beim nächsten Mal. Was mir am meisten Spaß am Job macht, ist zu wissen, dass kein Tag wie der andere ist. Es kommt immer etwas Neues!

Stimmt es, dass man als Unternehmer*in auch lernen muss manchmal ‚Nein' zu sagen?

Ja, das musste ich in ganz vielen Bereichen lernen. Besonders schwer fällt mir das beispielsweise, wenn Mitarbeiter begeistert mit Ideen auf mich zukommen und ich allein wegen der Begeisterung am liebsten ‚Ja' sagen würde, aber dies im Hinblick auf das Unternehmensziel nicht geht. Auf der anderen Seite will ich nicht zu oft ‚Nein' sagen, denn ein ‚Ja' bedeutet auch, Chancen zu ergreifen. Dafür muss man auch erstmal den Mut aufbringen.

Was ist die größte Herausforderung bei deinem Start-up gewesen?

Die größte Herausforderung war der Aufbau des Teams. Das hat lange gedauert und war nicht so einfach, aber mittlerweile passt alles zu 100 Prozent. Was ich persönlich gelernt habe, ist, Aufgaben abzugeben und die Dinge auch mal laufen zu lassen. Da es das eigene Unternehmen ist, wollte ich anfangs, dass alles auf meine Art gemacht wird, wie beispielsweise die E-Mails in meinem Wortlaut zu schreiben. Das geht natürlich nicht und das Loslassen fiel mir nicht leicht. Doch die Arbeit muss erledigt werden und ich weiß, dass es so voran geht.

Wenn du die Möglichkeit hättest eine Botschaft an dein fünfjähriges Ich zu schicken, was würdest du sagen?

Ich hätte zwei Botschaften. Erstens würde ich mir raten, mich noch mehr für Technologie und deren Möglichkeiten zu interessieren. Zweitens würde ich mir sagen, dass die Fallhöhe sehr gering ist und mir Mut machen, etwas auszuprobieren. Es kann einem in Deutschland nicht wirklich viel passieren, denn es gibt ein funktionierendes Sozialsystem. Und selbst wenn man mit seinem Unternehmen scheitert, ist das nicht das Ende. Niemand wird auf der Straße landen, nur weil man mal eine Gründung für zwei Jahre ausprobiert hat. Daher nur Mut zum eigenen Unternehmen!

„Ich denke, dass gerade Programmieren eine Sparte für Frauen sein kann, da es ein extrem kreativer Prozess ist.“

In 6 Schritten zur erfolgreichen Crowdfunding-Kampagne

Denkst du darüber nach, selbst eine Crowdfunding-Kampagne zu starten? Damit du damit ganz sicher erfolgreich wirst, habe ich einen 6-Schritte-Plan zur Kampagnenplanung entworfen, der wertvolle Tipps gibt und dir hilft, häufige Fehler zu vermeiden.

ERNST NEUMEISTER

BIO
Ernst Neumeister ist Lehrer, mehrfach erfolgreicher Crowdfunder und seit kurzem auch noch als Autor von „Ein gutes Ziel" unterwegs. Abgesehen davon hat er ein Sozialunternehmen mitgegründet und im Anschluss seine eigene Beratungsfirma CrowdCamp gestartet. In seiner Freizeit geht er gerne surfen und zelten.

TWITTER
@ernstneumeister

INSTAGRAM
@ernstneumeister

🌐 WWW.
EINGUTESZIEL.DE

WWW.
CROWDCAMP.DE

Der 6-Schritte-Plan umfasst alle Abschnitte der Kampagne, von der Vor- bis hin zur Nachbereitung. Zunächst solltest du die Menschen finden, die dich und dein Projekt mögen und unterstützen. Dieses „Crowdbuilding" kannst du praktisch überall machen, angefangen bei Familien und Freund*innen bis hin zu Fans, welche du über Social Media oder bei Offline-Events triffst. Wichtig dabei: mache dir Gedanken darüber, welche Zielgruppe du ansprechen willst.

Diesen Gedanken solltest du auch mit in den zweiten Schritt nehmen, der Kampagnenerstellung. Hier geht es um eine gute Vorbereitung der Kampagne, beispielsweise der visuellen Details wie Videos, Bilder und Grafiken. Gleichzeitig solltest du in diesem Schritt auch festlegen, welche Crowdfunding-Plattform du nutzen willst, wie lange die Kampagne laufen soll und was dein Fundingziel ist. Auch sehr wichtig: denke an deine Zielgruppe, wenn du deine Gegenleistungen entwirfst.

Deine Kampagne wird statistisch gesehen sehr wahrscheinlich erfolgreich, wenn du bereits 30 Prozent oder mehr deines Ziels in den ersten zwei Tagen erreichst. Und, um mit einem Knall zu starten, kannst du einiges im Vorfeld tun: fange 2-3 Monate vor dem Start mit dem Crowdbuilding an, und poste etwa 3 Wochen vorher kleine Teaser auf deinen Social-Media-Kanälen und deiner E-Mail-Liste. Gleichzeitig kannst du dann auch deine Pressemitteilungen verschicken. Eine Woche vor dem Start empfiehlt es sich außerdem, einen Teil deiner Crowd um Feedback zu bitten, z. B. zu dem Video oder den Gegenleistungen. So hast du noch genug Zeit, eventuell etwas zu optimieren oder anzupassen. Und vergiss nicht, deine Crowd vor dem Starttag nochmal zu aktivieren: zum Beispiel durch Posts, Anrufe oder durch ein Facebook-Event.

Nach ein paar Tagen legt sich oft der erste Hype um die Kampagne. Ich empfehle, dir für diese Phase zwischen Start und Ende deshalb ein paar Dinge zu überlegen, die du kommunizieren

kannst, ohne dass es nervig wird. Niemand will immer nur als Bittsteller*in auftreten oder wahrgenommen werden. Um dennoch regelmäßig zu kommunizieren, kannst du z. B. Erfolge und Zwischenziele teilen – beispielsweise wenn 25 Prozent, 50 Prozent oder 75 Prozent des Kampagnenziels erreicht sind. Je nach Projekt kannst du dir zudem andere verrückte oder kreative Dinge einfallen lassen, um dein Engagement für deine Kampagne zu zeigen und neue Unterstützer*innen zu bekommen. Neben deinen Social-Media-Kanälen und Ansprachen bei Offline-Events, empfehle ich vor allem auch den Kampagnenblog auf der gewählten Crowdfunding-Plattform zu nutzen.

Zum Ende deiner Kampagne solltest du noch einmal alle mobilisieren, um dein Ziel zu erreichen. Platziere dazu Hinweise zum Kampagnenende auf deinen Kanälen und bedanke dich per Videobotschaft für die bisherige Unterstützung. Hast du dein Ziel noch nicht erreicht, so gib den Leuten ein „Ohne-euch-kein-Projekt"-Feeling, um ihnen die Bedeutung ihrer Unterstützung zu verdeutlichen. Wenn das Kampagnenziel erreicht ist, dann stelle diesen tollen Erfolg in den Vordergrund.

Nutze den Erfolg deiner Kampagne dazu, deine Unterstützer*innen zu wahren Fans zu machen. Diese werden dich immer wieder unterstützen. Auch hier gibt es verschiedene Wege, aber generell solltest du versuchen, die Erwartungen zu übertreffen. Dies geht beispielsweise durch eine schnellere Lieferung als angekündigt, oder ein kleines zusätzliches Geschenk zur Gegenleistung. Am wichtigsten jedoch: behalte die Kommunikation mit deiner Crowd aufrecht. Sie wollen an deinen weiteren Erfolgen teilhaben und freuen sich immer über neue Entwicklungen.

Mehr Mut zum Gründen – Starthilfe gibt es von EXIST

Nur wenige Frauen gründen. Das muss nicht sein, denn mit finanzieller Förderung durch den Bund und einem Netzwerk von Unterstützern überwiegen die Chancen.

Trotz exzellenter Ausbildung und einschlägiger Berufserfahrung sind es nicht viele Frauen, die ihr eigenes Unternehmen gründen. Etwa ein Fünftel aller Unternehmensgründer sind weiblich. Vielleicht müssen die Vorteile des Gründens noch stärker kommuniziert werden. Es geht nicht um Selbstausbeutung, es geht um Selbstverwirklichung. Ich habe es in der Hand, meine Arbeitswelt so zu gestalten, dass sie zu meiner Lebenswirklichkeit passt, so das Credo erfolgreicher Unternehmensgründerinnen. Frauen müssen sich in der dynamischen, aber dennoch männlich dominierten Startup-Welt mehr zutrauen. Denn stehen Idee und Geschäftskonzept, können Gründungswillige eine Reihe an Fördermittel beantragen, die sie in allen Bereichen unterstützen.

EXIST-STARTUP TANDEMPLOY: MIT JOBSHARING DEN NERV DER ZEIT GETROFFEN

Flexible Arbeitszeiten, flexiblerer Lebensstil und bessere Ergebnisse auf der Arbeit: Jana Tepe und Anna Kaiser haben sich in Deutschland als Expertinnen in Sachen Jobsharing positioniert. Mit ihrem Startup Tandemploy ermöglichen sie es Jobsuchenden, ihre Arbeitsstelle mit einem Job-Partner zu teilen. Für diese innovative Dienstleistungsidee bekamen sie ein EXIST-Gründerstipendium. Die beiden Gründerinnen haben mit dieser Idee eine Plattform für zwei Gruppen geschaffen, die gleichermaßen durch dieses Job-Tandem-Modell profitieren. Auf der einen Seite sind das die Arbeitnehmer, die Karriere in Teilzeit machen wollen, damit ihnen genügend Freiraum und Zeit für eigene Projekte bleibt. Auf der anderen Seite sind es Unternehmen, die durch das doppelte Potenzial von sich ergänzenden Arbeitnehmern und die damit einhergehende Kompetenz-, Leistungs- und Qualitätssteigerung profitieren. Eine echte Win-Win-Situation (Siehe Interview S.119).

EXIST-STARTUP PERFORMANAT: INNOVATION IM BEREICH VETERINÄR-PHYSIOLOGIE

Ein weiteres EXIST-Startup, bei dem sich Frauen in Führungspositionen befinden, ist Performanat. Das Team um Dr. Julia Rosendahl entwickelt Futterzusatzstoffe für Kühe, damit diese gesünder leben. Performanat profitierte vom Forschungstransfer-Programm des BMWi und kam auf zufälligem Wege – über Forschungsergebnisse und Patentanmeldung sowie der Uni-Gründungsförderungsstelle – zum EXIST-Forschungstransfer. Nach etwas Bedenkzeit stand für die drei Veterinärmedizinerinnen fest, dass sie ihr eigenes Unternehmen gründen wollen. „Bestimmte Chancen muss man einfach nutzen", so Rosendahl.

Die Gründerinnen von Performanat: Katharina Hille, Hannah Braun, Dr. Julia Rosendahl

EXIST

Informationen zu Bewerbung und Fördermitteln

Mit EXIST unterstützt das Bundesministerium für Wirtschaft und Energie (BMWi) junge Unternehmensgründungen, die innovativ und wissensbasiert sind. EXIST-Gründerstipendium unterstützt Studierende, Absolventen und Wissenschaftler umfassend bei den Vorbereitungen ihrer Unternehmensgründungen – nicht zuletzt mit dem Stipendium und 35.000 Euro für Sachmittel und Coaching. Daneben bietet das Programm mit EXIST-Gründungskultur und EXIST-Forschungstransfer zwei weitere Fördersäulen.

Alle Informationen zu den Fördermöglichkeiten gibt es auf

🌐 WWW.EXIST.DE

Milena Glimbovski

Milena Glimbovski studierte, nach einer Ausbildung zur Grafikdesignerin, Wirtschaftskommunikation an der Universität der Künste in Berlin. Die Idee für einen Supermarkt ohne Verpackungsmüll, die Milena schon als Kind hatte, verfestigte sich während eines gemütlichen Kochabends bei einer Freundin. Kurz darauf entschloss sie sich, ihre Idee in die Tat umzusetzen und eröffnete 2014 mit „Original Unverpackt" das erste verpackungsfreie Geschäft in Deutschland. Das Konzept eines Supermarkts, der auf Einwegverpackungen verzichtet und somit auf weniger Müll und mehr Nachhaltigkeit setzt, hatte Milena zuvor über eine Crowdfunding-Plattform vorgestellt. Mit über 4.000 Unterstützern und einem Funding von über 100.000€ wurde dies zu einer der erfolgreichsten und bekanntesten Crowdfunding-Kampagnen in Deutschland. 2015 hat Milena zudem mit ihrem Mitgründer Jan Lenarz das Buch „Ein guter Plan", eine Mischung aus Terminkalender und Lebensplaner, der zu mehr Achtsamkeit im Alltag verhilft, entwickelt und erfolgreich im Selbstverlag herausgebracht.

MILENA GLIMBOVSKI

UNTERNEHMEN
Original Unverpackt

GRÜNDUNGSJAHR
2012

STADT
Berlin

🌐 WWW.ORIGINAL-UNVERPACKT.DE

Wie bist du auf die Idee zu Original Unverpackt gekommen?

Die Idee hatte ich schon mit acht Jahren. Damals lief eine Kindersendung, in der Kinder in einem Supermarkt einkaufen gingen. Sie hatten ihre eigenen Behälter mitgebracht und haben alle Produkte, wie beispielsweise Milch, umgefüllt und die leeren Tetra Paks zurückgelassen. Das fand ich genial und fragte mich, warum wir nicht so einkaufen. Während des Studiums habe ich öfter bei einer Freundin gegessen. Dabei entstand immer sehr viel Müll und mir fiel meine Frage aus der Kindheit wieder ein. So entstand die Idee zu Original Unverpackt, einem Einkaufsladen ohne Verpackungen, der nur wenig Müll erzeugt.

Wie ging es dann weiter?

Ich habe zuerst einen Businessplan geschrieben, aber da ich keine BWLerin bin, war es zuerst schwierig, ein Geschäftskonzept zu entwickeln. Ich habe jedoch alles langsam erarbeitet und mit dem fertigen Geschäftsplan am Businessplan-Wettbewerb Berlin-Brandenburg teilgenommen. Dort kam Original Unverpackt auch noch zwei Stufen weiter, und plötzlich war ich mittendrin in der Gründerszene, habe mit Banken und anderen Interessenten gesprochen. Es gab sehr viel positives Feedback für meine Idee und ich entschloss mich, sie wirklich zu realisieren. Irgendwann war der Laden plötzlich auf - zumindest kommt es mir jetzt im Nachhinein so vor. Die Idee hat auch so gut funktioniert, weil sie jeden anspricht. Jeder Mensch kennt die riesigen Müllberge zu Hause, und die meisten wollen ihren Abfall reduzieren. Unser Laden bietet die Möglichkeit, daran etwas zu ändern.

„Wenn eine Idee da ist, die einen nicht mehr loslässt, dann liegt es an einem selbst diese wahr zu machen. "

Von der Idee bis zur Eröffnung des Shops waren es knapp zwei Jahre. Was hast du in dieser Zeit erlebt?

Im November 2012 hatte ich angefangen den Businessplan zu schreiben. Ich hatte zu dieser Zeit einen Vollzeitjob in einer Marketing-Agentur, aber da ich bislang keinerlei Wissen in der Lebensmittelbranche hatte, kündigte ich dort meinen Job und fing an im Veganz, einer veganen Supermarktkette, zu arbeiten, um diese Perspektive kennenzulernen. Ich hatte zudem an vielen Wettbewerben teilgenommen, die mir zwar ein wenig Hilfe gebracht haben und durch die ich auch mein Netzwerk erweitern konnte, aber letztlich hätte ich die Zeit auch für dringendere Aufgaben nutzen können. Im Nachhinein war es ein wenig Zeitverschwendung, denn ich hatte mich vielmehr vor der eigentlichen Aufgabe gedrückt, einfach loszulegen und dann den Laden zum Laufen zu bringen.

Findest du es wichtig, diese Branchenkenntnis zu haben oder kann es vielleicht auch ein Vorteil sein, unvoreingenommen an die Sache heranzugehen?

Es kann ein Vorteil sein, die Gründung etwas naiv anzugehen. Ein eigenes Unternehmen zu gründen, ist wie einen riesigen Berg, dessen Spitze man nicht sieht, zu besteigen. Ich bin sozusagen einfach losgelaufen und habe alles auf mich zukommen lassen. Es gibt jedoch auch Fehler, die ich hätte vermeiden können. Beispielsweise hatte ich erst spät einen Experten aus dem Lebensmittelbereich ins Team geholt. Man kann sich zwar viel selbst aneignen, aber die praktische Erfahrung ist ebenso wichtig. Diese sollte man vor der Gründung sammeln oder mit jemandem gründen, der solche Erfahrung bereits besitzt.

Du hast eine Crowdfunding-Kampagne durchgeführt, die sehr erfolgreich war. 45.000€ waren das Ziel, eingesammelt hat Original Unverpackt dann gut 100.000€. Wie erklärst du dir den Erfolg und hast du vielleicht Tipps für andere?

Zum einen ging es um ein Thema, das viele Leute anspricht. Zum anderen hatte ich sehr genau kalkuliert, wie viele Menschen wir erreichen können und auch, wie viel wir in etwa einnehmen können. Mein Tipp ist, dabei realistisch zu bleiben, denn es gibt nichts Frustrierenderes, als viel Arbeit investiert zu haben und dann sein Ziel nicht zu erreichen. Außerdem macht die richtige Werbestrategie einen Teil des Erfolgs aus. Es wäre ein Fehler, wenn man zu viel Geld für das Werbevideo ausgibt, es zu unpersönlich gestaltet, und beispielsweise im Video nur das Produkt und nicht die Gründer zeigt. Das ist kein Crowdfunding. Die potenziellen Unterstützer wollen sehen, wer hinter der Idee steckt. Mein Tipp ist also, lieber ein halbwegs gutes Video mit Herz fürs Crowdfunding zu drehen, das alles im Wesentlichen erklärt.

Was ist die Vision für Original Unverpackt?

Meine Vision ist, dass man überall unverpackt einkaufen kann. Mir ist generell wichtig, dass die Menschen nachhaltiger konsumieren und ich bin froh, dass viele Leute demgegenüber offener geworden sind.

Dein Ziel ist es, dass jeder etwas nachhaltiger konsumiert. Wo kann man persönlich anfangen?

Unser Erfolgsgeheimnis ist sicher auch, dass wir niemanden etwas vorschreiben oder einen perfekten Lebensstil predigen. Ich bin selbst eher das Gegenteil von einer Perfektionistin und finde es daher gut, wenn man damit anfängt, eine Stofftasche statt einer Plastiktüte mit zum Einkauf zu nehmen, und sich dann Stück für Stück vorarbeitet. So ging es auch vielen unserer Kunden und manche haben nun ihren Abfall um 90 Prozent reduziert.

Original Unverpackt ist ein Social Business. Was bedeutet das konkret für dich?

Ich sehe uns gar nicht mehr so sehr als Social Business. Wir machen schon etwas Gutes, aber Social Business beschreibt vor allem gemeinnützige Firmen, die sich um das soziale Miteinander kümmern. Bei uns hat der ökologische Aspekt einen stärkeren Fokus. Aber ich denke, dass jedes Unternehmen einen sozialen Mehrwert mitbringen sollte und gut für die Menschen und die Umwelt sein sollte.

Das Konzept kam auch bei den Medien sehr gut an, sodass Original Unverpackt dank diverser Berichte auch weltweit bekannt geworden ist. Hat dich das auch unter Druck gesetzt?

Ich hatte zwar einen ausführlichen Medienplan erstellt, aber war trotzdem völlig überwältigt und auch überfordert von der Aufmerksamkeit und dem Erfolg. Ich konnte nicht mehr auf alle Anfragen reagieren, was mich auch etwas fertig machte. Mittlerweile nutze ich dafür jedoch automatische Antworten und sage zu etwa 95 Prozent der Anfragen ‚nein‘. Man muss nicht immer alle Menschen zufriedenstellen - auch das ist ein Erfolgsgeheimnis. Aber trotzdem hat sich die Idee durch die mediale Aufmerksamkeit stark verbreitet. Es sind viele unserem Vorbild gefolgt und haben auch Läden in anderen Städten eröffnet.

‚Nein‘ zu sagen fällt ja oftmals gar nicht so leicht.

Genau, es ist immer unangenehm, etwas anzusprechen, das einen stört, denn eigentlich will man lieber Frieden und Harmonie. Aber man muss es trotzdem machen und gegebenenfalls dann auch sagen: „Das ist nicht in Ordnung. Das geht so nicht." Und das ist sehr schwer, weil wir als Frauen dazu erzogen worden sind, immer nett und freundlich zu bleiben.

Aus eigener Erfahrung wissen wir, dass die Selbstständigkeit emotional sehr herausfordernd sein kann. Du hattest 2015 auch einen Burnout. Wie gehst du mittlerweile mit extrem stressigen Tagen um?

Man muss sich erstmal darüber bewusst werden, dass es nur ein temporärer Zustand ist, in dem der ganze Stress zusammenkommt. An solchen Tage rede ich mir nicht ein, dass ich das schon schaffe, sondern lasse die Arbeit ruhen. Ich bleibe dann zu Hause, schaue mir Serien an und komme runter. Meist ist es bereits mit einer solchen kleinen Ruhepause getan. Es ist wichtig, dass man sich erlaubt, auch mal eine Pause zu machen. Das Unternehmen läuft auch weiter, wenn ich mir mal eine Woche Urlaub gönne. Ein weiterer Tipp ist, manche Aufgaben an einen Freiberufler oder Praktikanten abzutreten, um so die Arbeitsmenge zu reduzieren. Klar ist das finanziell nicht immer drin, aber eine ruinierte Gesundheit kommt einen ebenso teuer zu stehen.

Mit dem Buch „Ein guter Plan" hast du zusammen mit deinem Mitgründer Jan Lenarz ein weiteres Projekt sehr erfolgreich über Crowdfunding gestartet. Wie kam es zu dieser Idee?

Als ich einen Burnout hatte, habe ich mich viel mit Jan über verschiedene Techniken ausgetauscht. Diese haben mir sehr gut geholfen und so entschieden wir diese in einem Buch zu sammeln. Und das hat letztlich auch den großen Erfolg ausgemacht, denn leider geht es vielen Menschen oft ähnlich. Das Buch, das aus einer eigenen ähnlichen Erfahrung entstanden ist, hat somit vielen Leuten ebenfalls geholfen.

Und wie kann man sich euren besonderen Terminkalender „Ein guter Plan" genau vorstellen?

Das Buch enthält zum einen den Lebensplaner-Teil und ist ein bisschen wie ein Personal Coaching. Es gibt zum Beispiel eine Tabelle über die eigenen Werte. Denn, wann hat man das letzte Mal überlegt, was die eigenen Werte eigentlich sind? Also nicht das, was von einem erwartet wird, sondern was einem selber wichtig ist. Mir sind beispielsweise Mitgefühl, Achtsamkeit und Dankbarkeit sehr wichtig. Was mir hingegen nicht so wichtig ist, sind Verantwortung und Loyalität. Jedem ist etwas anderes wichtig. Aber wenn man weiß, was einem wichtig ist, kann man auch sagen: „Okay, das sind meine Maßstäbe und nach denen handle ich!" In dem Buch gibt es auch eine Liste, die ich sehr gut finde, wo es darum geht: ‚Was macht mich unglücklich?' Diese Dinge kann man dann versuchen zu meiden. Und da wir festgestellt haben, dass viele Menschen gar nicht wissen, wie man Projekte richtig angeht, haben wir eine gute Technik von David Allen zusammengefasst und erklären genau, wie man Stück für Stück an die Sache herangeht. Auch das Thema ‚Nein' sagen, haben wir mit im Buch aufgenommen. Viel zu oft sagt man ‚Ja', obwohl man ‚Nein' meint, gerade im beruflichen Kontext. Und mit Fragen wie „Wann sagst du ‚Ja', wenn du ‚Nein' meinst? Welche Konsequenzen hat es, wenn du tatsächlich ‚Nein' sagst?" kann man mehr über sich herausfinden. Letztlich ist das Buch wie ein Freund, der die richtigen Fragen stellt.

„Man muss nicht immer alle Menschen zufriedenstellen - auch das ist ein Erfolgsgeheimnis."

Es gibt ein Zitat von Paul Adin: „Es ist besser, das zu bedauern, was man gemacht hat, als das, was man nicht gemacht hat." Was denkst du dazu?

Das ist mein Lebensmotto! Mit dreizehn war ich in einen Jungen aus der Theater-AG verliebt und es gab mal einen Moment im Park zwischen uns, wo ich mich aber nicht getraut habe ihm das zu sagen und wir uns danach entfremdet haben. Das war etwas, das ich sehr bedauert habe. Aber danach habe ich dann immer und überall die Initiative ergriffen. Lieber ein bisschen Reue, sich ärgern und daraus lernen, als es nicht gemacht zu haben. Deswegen finde ich dieses Zitat sehr wichtig. Ich kann mir wirklich nichts Schlimmeres vorstellen, als alt zu sein und die Sachen zu bedauern, die ich nicht gemacht habe. Lieber erzähle ich Geschichten aus meinem Leben.

Also wirklich die Chancen nutzen, wenn sie sich zeigen, statt sie verstreichen zu lassen.

Genau, denn Chancen kommen nicht wieder. Aber wenn eine Idee da ist, die einen nicht mehr loslässt, dann liegt es an einem selbst diese wahr zu machen. Denn niemand wird an die Tür klopfen und anbieten, die Umsetzung zu übernehmen. Und man sollte sich auch nicht in irgendwelchen Ausreden wie „Ich kann das eh nicht." oder „Gerade passt es nicht." verschlingen, denn es wird nie passen. Daher besser jetzt!

FEMINISM
NOUN [U] /ˈFEM.I.NI.ZəM/
THE RADICAL NOTION
THAT WOMEN ARE PEOPLE

Gründer-Burnout:
Meine persönliche Erfahrung

Zusammen mit zwei Freundinnen gründete ich The Changer (heute: tbd.community), um Menschen wie uns selbst dabei zu helfen, eine Karriere mit Social Impact zu finden. In nur einigen Monaten wurden wir zur meistbesuchten Job-Plattform im sozialen Bereich. Dann brannte ich aus.

NADIA BOEGLI

BIO
Nadia Boegli ist Gründerin von The Changer, heute tbd*. Ihre berufliche Erfahrung sammelte sie bei den Vereinten Nationen, NGOs und Tech Startups. Als Nächstes freut sie sich vor allem auf eine berufliche Auszeit als werdende Mutter und widmet sich dann auch wieder ihrer kreativen Seite.

TWITTER
@nadiaboegli

INSTAGRAM
@Sch.naddl

🌐 WWW.
TBD.COMMUNITY

In diesem kurzen Text teile ich meine Erfahrung das erste Mal. Meine Worte sollen keine Tipps sein, sondern ein Erfahrungsbericht. Vielleicht führen meine Worte zu einem „Aha, ich bin nicht die Einzige"-Moment.

DER ZUSAMMENBRUCH

Im November 2015 brach ich zusammen. Nicht offensichtlich, nicht vor Anderen, sondern ganz alleine tief in mir drin. Ich fing an immer häufiger zu zittern, hatte nächtliche Panikattacken, Schwindelanfälle wurden häufiger und ich fühlte mich leer und ausgelaugt. Damals wusste ich nicht, was los war, ich googlete nach Herzinfarkt-Symptomen und ließ meinen Körper ärztlich durchchecken. Nix Körperliches wurde gefunden, aber der Verdacht auf Burnout geäußert.

Weihnachten stand vor der Tür, die perfekte Zeit für eine Pause. Ein paar Tage ausspannen.

Doch im neuen Jahr war nichts besser. Am ersten Morgen, an dem es wieder ins Büro gehen sollte, brach ich weinend nach dem Aufstehen zusammen. Jede einzelne Faser meiner selbst sträubte sich gegen eine Fahrt ins Büro. Mein Mann verpasste mir Hausarrest. Es folgten Tage zu Hause auf der Couch, in denen ich nichts außer meiner Lieblingsserie schaute und mich nicht aus dem Haus bewegte. Ich empfing keinen Besuch, ging nicht ans Telefon und war nur glücklich jeden Abend meinen Mann zu sehen. Ich verfiel in eine depressive Verstimmung, aus der es kein Entkommen zu geben schien. Ich fühlte mich, als würde ich durchdrehen, immer wieder kam Panik auf, wenn ich an Arbeit und Büro dachte.

ERSTE SCHRITTE ZURÜCK

Nachdem ich mich wochenlang verkrochen hatte, fing ich an täglich ins Fitnessstudio zu gehen. 60 Minuten Crosstrainer und Muskeltraining standen auf dem Plan und lenkten mich ab. Die Glücksgefühle kehrten zurück und das Gefühl, etwas Produktives zu machen. Mir wurde ebenfalls eine Psychoanalyse verschrieben. Zwei Stunden die Woche für die nächsten 1,5 Jahre und das im Grunde während der Arbeitszeit.

Außerdem empfahl mir meine gute Freundin ein Buch, von dem sie gehört hatte: ‚The Happiness of Burnout' von Finn Janning, welches mir das Gefühl gab, nicht alleine zu sein.

HEUTE

Ich arbeite wieder, wie vorher. Momentan wieder zu viel. Es kommt nicht unbedingt auf die Stunden an, die man im Büro verbringt, sondern bei mir ist es eher das Gefühl, den Kopf immer bei der Arbeit zu haben. Nicht wirklich abschalten zu können, was mich aus der Balance bringt. Sobald keine Zeit mehr für mich besteht, ich nicht mehr zum Sport komme oder ich es nicht schaffe, zu Mittag zu essen, sind das Anzeichen dafür, achtsam zu sein. Die Zeiten, in denen es stressig wird und ich am liebsten die Analyse oder den Sport absagen möchte, weil ich zu viel zu tun habe, sind die Zeiten, in denen ich unbedingt zum Sport oder zur Analyse gehen sollte. Je weniger Zeit ich für mich selbst habe, desto wichtiger ist es, dass ich mir diese Zeit nehme. Egoistisch sein ist etwas, was ich in den letzten zwei Jahren lernen musste und immer noch jeden Tag lerne.

FAZIT

Ich bin auf eine Art froh, dass ich erkrankt bin. Zumindest, dass es vor der Familiengründung passiert ist. Es hat mir meine Grenzen aufgezeigt und mir geholfen, mich selbst besser kennenzulernen und diese Grenzen zu respektieren. Der Burnout ist nicht vorbei und wird es womöglich nie sein, er ist jetzt ein Teil von mir, mit dem ich immer mal wieder umgehen muss. Ein ständiger Begleiter, der mich daran erinnert, achtsam zu sein und mir Zeit für das Wesentliche zu nehmen: mich selbst.

„ ICH BIN **gut,** SO WIE ICH **bin.** "

~

„ ICH BIN **einzigartig** UND VOLLER **Energie.** "

~

„ ICH BIN **liebenswert** UND LIEBE **umgibt** MICH. "

Masha Sedgwick

Masha Sedgwick hat Wirtschaftswissenschaften studiert, da sie schon immer wusste, dass sie später einmal selbstständig arbeiten möchte. Um ihren ersten großen Liebeskummer zu verarbeiten, fing sie 2010 mit dem Bloggen an. Was anfangs nur ein Hobby war, wurde nach und nach zu ihrem Beruf. Damit gehört die Wahl-berlinerin zu der ersten Generation, die überhaupt vom Bloggen leben kann. Mittlerweile zählt Masha zu den erfolgreichsten Modebloggerinnen Deutschlands: ihr Blog verzeichnet 400.000 Klicks im Monat und in den sozialen Medien hat sie Hunderttausende Follower. Täglich präsentiert Masha ihre neuesten Outfits, gibt Tipps zu Styling und Kosmetik, lässt aber gleichzeitig ihre Leser ganz nah an sich und ihrem Leben teilhaben. Diese Mischung aus Professionalität, Vielseitigkeit und Authentizität unterscheidet sie dabei von anderen Fashion-Bloggern und bestimmt maßgeblich ihren Erfolg.

MASHA SEDGWICK

UNTERNEHMEN
Masha Sedgwick Fashion Blog

GRÜNDUNGSJAHR
2010

STADT
Berlin

🌐 WWW.MASHA-SEDGWICK.COM

Dein Fashion-Blog zählt zu einem der erfolgreichsten in Deutschland. Wie fing damals alles an?

Ich habe meinen Blog in meiner Studienzeit gegründet, als meine erste große Liebe mich verlassen hat. Das war eine persönlich sehr schwierige Zeit für mich und um das alles besser zu verarbeiten, fing ich an, in meinem Blog meinen Kummer mit der Welt zu teilen. Aus diesem ‚Gefühls-Blog' entwickelte sich dann langsam ein Fashion-Blog, der schnell Fans fand. Das lag zum einen an der Authentizität und zum anderen an der professionellen Gestaltung. Ich teilte viele Bilder auf meinem Blog, wodurch ein kleines Kunstwerk meines Kummers entstand. Da mein Blog damals aber sehr viel emotionaler war, wollte ich nicht, dass ein zukünftiger Chef diesen findet. Daher bloggte ich unter dem Pseudonym „Masha Sedgwick". Masha ist die russische Variante meines eigentlichen Vornamens Maria und auf Sedgwick kam ich durch meine damalige Muse, das 60er-Jahre-Model, Edie Sedgwick.

Ab welchem Moment hast du bemerkt, dass dein Blog das Potenzial dazu hat, dass du damit Geld verdienen kannst?

Das Potenzial war mir anfangs noch gar nicht bewusst gewesen. Der Blog ist einfach meine Welt und es macht mir Spaß, etwas Schönes zu gestalten. Erst als ich mich bei meinem ersten Fashion-Week-Besuch mit anderen Bloggern unterhielt, erfuhr ich, dass man damit auch Geld verdienen kann. Das ist auch noch nicht lange so. Vor einigen Jahren gab es dafür noch gar keinen Markt. Aber mittlerweile werden 50 Prozent des Werbebudgets der Unternehmen in digitales Marketing investiert. Zwei Jahre nach dem Start meldete ich den Blog dann als Gewerbe an und verdiene seither mein Geld damit.

„Als Gründer muss man auch lernen, sich nicht zu übernehmen."

Wie schwer war die Entscheidung, alles auf eine Karte zu setzen und dich voll auf deinen Blog zu fokussieren? Und wie hat dein Umfeld darauf reagiert?

2013 hatte ich genug von meinem Job, dem Studium und meinem alten Leben. Und so entschied ich mich, zu meinem Freund, mit dem ich damals erst zwei Monate liiert war, nach Berlin zu ziehen und Vollzeit-Bloggerin zu werden. Ich setzte alles auf eine Karte. Aber ein normaler Job kam für mich einfach nicht in Frage. Und durch meine Eltern, die ebenfalls selbstständig sind, hatte ich bereits tolle Vorbilder. Das war auch nicht das erste Mal, dass ich alle Stricke absichtlich habe reißen lassen und so war es für viele keine große Überraschung. Doch meine Eltern standen dem Ganzen anfangs etwas skeptisch gegenüber und sie wünschen sich bis heute, dass ich meinen Studienabschluss mache. Allerdings geht meine Arbeitswoche von Montag bis Sonntag, von 8 Uhr bis 22 Uhr, was ein Studium zusätzlich unmöglich macht. Aber manche Dinge muss man auch gar nicht zu Ende bringen. Das ist dann einfach so und es läuft ja auch ohne sehr gut.

Dein Blog ist mehrsprachig, es gibt ihn auf Deutsch, Englisch und Russisch. Warum gerade diese Sprachen?

Mein Blog ist mit Abstand am bekanntesten im deutschsprachigen Raum. Da aber auch vermehrt Leser aus den USA, dem Vereinigten Königreich, Spanien und Frankreich dazugekommen sind, fing ich mit der englischen Übersetzung an. Russisch war zudem für mich immer ein Herzensprojekt, denn ich stamme eigentlich aus Russland, bin aber mit zwei Jahren nach Deutschland gezogen. Um wieder ein wenig zurück zu meinen Wurzeln zu finden, übersetze ich meine Artikel seit etwa zwei Jahren auch auf Russisch.

Ein Blog sieht von außen meist mühelos aus, aber dahinter steckt oftmals extrem viel Arbeit. Welche Aufgaben gehören denn genau zu deiner täglichen Arbeit?

Ich erstelle jeden Tag einen Artikel und habe mindestens einmal in der Woche ein Fotoshooting, um genug Bildmaterial zu haben. Außerdem beantworte ich jeden Tag E-Mails und kontaktiere Agenturen für Kooperationen, mit denen ich mich dann im Idealfall auch persönlich treffe. Zudem erstelle ich Newsletter, organisiere Veranstaltungen und treffe die Reisevorbereitungen für diverse Fashion Weeks. Nebenher kümmere ich mich um die Buchhaltung, Steuern und natürlich Social Media. Bloggen bedeutet also nicht nur, ein paar Wörter zu tippen, sondern ist ein sehr weitreichendes Arbeitsfeld. Daher habe ich eigentlich keinen freien Tag, denn es ist immer etwas los. Aber da sich mein Blog im Grunde um mein Leben dreht, sind mein Privatleben und mein Beruf sehr eng miteinander verknüpft.

Gibt es denn mittlerweile ein Team, das dich bei deinen Aufgaben unterstützt?

Ja, mittlerweile habe ich ein Team, bestehend aus zwei Übersetzern, einem Fotografen in Berlin, einer Fotografin für Auslandsprojekte, einem Programmierer, einer Praktikantin und einer Autorin, die mir manchmal bei Beiträgen unter die Arme greift. Früher habe ich wirklich alles selber gemacht, aber als Gründer*in muss man auch lernen, sich nicht zu übernehmen. Der Fokus sollte auf dem liegen, was man am besten kann, und die restlichen Aufgaben sollte man nach und nach verteilen. Ich habe ein sehr großes Netzwerk und durch Empfehlungen meiner Bekannten tolle Menschen gefunden, mit denen ich nun zusammenarbeite. Daher kann ich jedem Gründer nur raten, am Anfang der Gründung ebenfalls viel Networking zu betreiben!

Viele Leute fragen sich, wie man mit Bloggen konkret Geld verdient. Welche Strategien gibt es da?

Es gibt drei Möglichkeiten. Die erste, und wohl gängigste Methode sind Kooperationen. Das bedeutet konkret, dass ich über ein bestimmtes Produkt auf meinem Blog schreibe. Die entsprechende Firma bittet mich dann, rund um das Produkt eine Geschichte zu erzählen, wobei natürlich das Produkt zum Blogger passen muss. Bei mir sind es meistens Kleidungsstücke, zum Beispiel neue Schuhe, die ich dann in ein Outfit integriere. Die zweite Möglichkeit sind Werbekampagnen. Hierbei wird man im Prinzip das Gesicht einer Marke und arbeitet regelmäßig mit dieser zusammen. Zum Beispiel habe ich mit der Champagnermarke Veuve Clicquot exklusiv ein halbes Jahr zusammengearbeitet und unter anderem haben wir eine Blog-Party veranstaltet, um das Produkt bekannter zu machen. Wichtig dabei ist, das Produkt authentisch zu präsentieren. Die dritte Möglichkeit ist das Affiliate Marketing. Über sogenannte Tracking Links erhält man beim Verkauf eines Produkts eine Provision. Letzteres nutze ich jedoch nicht, sondern setze vor allem auf Kooperationen. Hierbei ist es wichtig, seine eigene Richtung festzulegen und gegebenenfalls Angebote, die nicht passen, auch mal abzulehnen.

Welche Tipps würdest du denjenigen geben, die auch beruflich mit dem Bloggen anfangen möchten?

Es ist sicherlich schwieriger geworden, einen Einstieg in die Blogger-Welt zu finden, da die Menschen mittlerweile auf einem viel professionelleren Level arbeiten. Aber meine Tipps sind: einfach machen, die Perfektion ablegen und die Arbeit so gut machen, wie es die Zeit und Möglichkeiten zulassen. Gleichzeitig sollte man eine gewisse Regelmäßigkeit und Routine in das Bloggen hineinbringen und sich bewusst sein, dass ernsthaftes Bloggen sehr zeitintensiv ist. Außerdem sollte man daran arbeiten, immer wieder neue Leser zu gewinnen. Heutzutage geht das durch die sozialen Netzwerke, wie beispielsweise Instagram oder Snapchat, wesentlich einfacher. Und man kann nicht vom ersten Moment alles richtig machen, aber wenn man dabei bleibt, kommt alles mit der Zeit. Denn, so wie man sich selbst weiterentwickelt, entwickelt sich auch der Blog mit einem mit.

Woher nimmst du die Inspiration, um immer wieder neue Themen für deinen Blog zu finden?

Nach sechs Jahren gibt es tatsächlich Momente, wo ich mich frage, worüber ich noch schreiben könnte, denn ich will mich auch nicht wiederholen. Kampagnen sind da schon einfacher, da mir meist gleich eine Idee in den Sinn kommt, wenn mir ein Produkt vorgestellt wird. Das Produkt ist dann die Inspiration. Aber ich schreibe auch jeden Sonntag einen persönlichen Text und wenn mir da nicht gleich eine Idee kommt, setze ich mich erst einmal hin, versuche meine innere Ruhe zu finden und auf mein Herz zu hören. Und dann kommt die Inspiration schon. Das richtige Bauchgefühl ist das A und O.

> „Bloggen bedeutet nicht nur, ein paar Wörter zu tippen, sondern ist ein sehr weitreichendes Arbeitsfeld."

In den sozialen Medien, über die du deinen Blog auch promotest, gibt es auch mal negative Kommentare. Wie gehst du dann mit einer solchen Ablehnung um?

Wenn man von allen gemocht wird, macht man definitiv irgendetwas falsch. Eine Person ist erst dann spannend, wenn sie aneckt. Daher sollte man sich von dieser Angst befreien. Mir selbst macht es mittlerweile viel Spaß zu polarisieren. Da ich damals in der Schule eher eine Außenseiterin war, habe ich schon früh gelernt, mit negativen Kommentaren umzugehen. Das ist für einen Job in der Öffentlichkeit von Vorteil, weil ich mir solche Ablehnung nicht derart zu Herzen nehme. Ich denke, man muss sich seiner Angst stellen, wenn man wirklich etwas erreichen will. Denn nur wenn man ein Risiko eingeht, kann man auch etwas gewinnen. Wer nie aus seiner Komfortzone heraus kommt, bleibt ein Leben lang auch nur Durchschnitt.

Welche Charaktereigenschaften sollte man als Gründer*in denn sonst noch haben?

Disziplin ist die allerwichtigste Eigenschaft, sogar noch wichtiger als Talent. Es gibt viele talentierte Menschen, die wegen mangelnder Disziplin nicht erfolgreich werden. Ich habe manchmal auch Tage, an denen ich keine Lust habe zu bloggen. Aber ich schreibe jeden Tag etwas, auch wenn ich krank oder im Urlaub bin - denn das ist mein Job. Viele Selbstständige verwechseln oftmals ihren Job mit ihrem Hobby und machen den Fehler, es in einer erfolgreichen Phase auch mal langsamer angehen zu lassen. Das ist jedoch eine gefährliche Situation. Ich würde daher jedem Selbstständigen raten, niemals weniger als 100 Prozent zu geben.

Wie du in 7 Schritten ein Online-Business aufbaust, das die Kunden magisch anzieht

Mit meinem Coaching Business habe ich es geschafft, innerhalb von sechs Wochen aus dem Nichts 8.000 Euro Umsatz zu machen. Ohne Kontakte und ohne Netzwerk. Zu einfach, um wahr zu sein? In diesem Artikel zeige ich dir, wie du das auch in 7 Schritten schaffen kannst.

STEFANIE KNEISZ

BIO
Stefanie Kneisz ist Online-Marketing-Expertin, Umsetzungsheldin und Arschtritt-Queen. Das ist was meine Kunden über mich sagen. Ich unterstütze Menschen beim Aufbau eines ortsunabhängigen Business, das ihnen erlaubt, frei und unabhängig zu arbeiten und zu leben.

FACEBOOK
bizstefaniekneisz

TWITTER
@stefaniekneisz

🌐 WWW.
STEFANIEKNEISZ.COM

Ein Business zu gründen ist kein Ausflug auf den Ponyhof. Es ist oft harte Arbeit. Damit der Business-Start leichter fällt, habe ich einen 7-Schritte-Plan entwickelt, mit dem auch du es schaffen kannst, mit deinem Business durchzustarten.

SCHRITT 1 - LEIDENSCHAFT + STÄRKE + SPASS = ERFOLG

Nur wenn du liebst, was du tust, wirst du erfolgreich sein. Fokussiere dich auf deine Stärken und starte ein Business, in dem du besser bist als der Durchschnitt. Perfektionismus hat beim Business-Aufbau nichts zu suchen.

SCHRITT 2 - MACHE DICH UNWIDERSTEHLICH UND POSITIONIERE DICH ALS EXPERTIN

Deine Kunden kaufen nicht dein Produkt, sondern deine Geschichte. Deshalb ist es wichtig, dass du dich und deine Geschichte in deinem Online-Business in den Vordergrund stellst. Zeige dich so, wie du bist, sei authentisch. Genau diese Authentizität und deine Persönlichkeit werden dir zum Erfolg verhelfen.

SCHRITT 3 - ERSCHAFFE DEINEN IDEALEN KUNDEN

Nur wenn du weißt, wie dein Kunde denkt, fühlt und handelt, wird dein Business ein Erfolg. Dieser Aspekt wird oft unterschätzt. Für mich ist genau das der Schlüssel zum Erfolg! Die „Coaching-für-alle"-Strategie funktioniert nicht, weil du jeden und damit gleichzeitig niemanden ansprichst. Erschaffe dir einen Kunden mit einem Problem. Zeige ihm, dass du dieses Problem lösen kannst. Und schon bist du bei Schritt 4 angelangt.

SCHRITT 4 - DEIN UNWIDERSTEHLICHES ANGEBOT

Kunden kaufen Resultate, keine Fakten. Dein Angebot soll genau auf deinen idealen Kunden angepasst sein. Überlege dir, welches Problem deinen Kunden nachts nicht schlafen lässt. Sprich seine Gefühle, Wünsche, Träume und Hoffnungen an.

SCHRITT 5 - DEINE BESTE VERKAUFSPERSON

Im Online-Business ist deine Website deine beste Verkaufsperson. Sie muss die Leser geradezu magnetisch anziehen. Über deine Website kommunizierst du mit deinen potenziellen Kunden. Zeige ihm, dass er bei dir richtig ist! Mit deiner Website lädst du ihn in dein Wohnzimmer ein. Genauso wohl muss er sich fühlen. Zeige ihm, dass du ihn verstehst, und dass du sein Problem ernst nimmst. Wir betreiben hier kein Hoffnungs-Marketing, sondern wir wollen die Dinge selbst in die Hand nehmen.

SCHRITT 6 - DEINE FANBASE (E-MAIL-LISTE)

Was kann dir als Unternehmerin Besseres passieren, als Menschen, die dir bestätigen, dass sie an deinem Thema interessiert sind? Darum muss der Aufbau deiner E-Mail-Liste oberste Priorität sein, bevor du überhaupt an den ersten Kunden denkst. Die E-Mail-Liste baust du dir mit einem sogenannten Freebie auf. Ein Geschenk (Video, PDF, Webinar) das ein Problem deines Kunden löst. Und schon ist der Besucher zu einem Interessenten geworden, der dich jetzt besser kennenlernen kann. Und erst dann verkaufst du.

SCHRITT 7 - SELL IT!

Dein Kunde muss dich kennen, dich mögen und er muss dir vertrauen. Erst dann wird er von dir kaufen. Bevor er von dir kauft, möchte dein Interessent noch ein wenig länger in deinem Wohnzimmer verweilen. Er muss dir vertrauen. Und dann gibst du noch einmal Vollgas! Du lieferst ganz viel tollen Inhalt und machst ein Webinar, das du so richtig rockst.

Diese 7 Schritte sind simpel. Alles was du tun musst, ist sie auch umzusetzen. Lass dich nicht von deinen Ängsten leiten. Befreie dich von den Meinungen anderer und tue das, was dir gut tut. Dann wirst du es auch zur erfolgreichen UnternehmerIn schaffen.

„ICH **verwirkliche** MEINE Ideen."

~

„MIT JEDEM **Schritt** KOMME ICH MEINEM ZIEL näher."

~

„DAS WIRD **mein** Jahr."

Freya Oehle

Freya Oehle studierte Finance & Accounting an der WHU School of Management in Koblenz und verbrachte unter anderem ein Auslandssemester in Chicago. Während einer dieser Vorlesungen wurde ein amerikanisches Start-up vorgestellt, in dessen Geschäftskonzept Freya noch viel Potenzial sah. Und so gründete Freya mit nur 23 Jahren und noch während sie an ihrer Masterarbeit schreibt, gemeinsam mit ihrem alten Schulfreund Tobias Kempkensteffen, das Start-up Spottster. Nutzer können sich Spottster über eine Browser-Extension oder die App herunterladen und sich einen digitalen Shoppingzettel mit allen Wunschprodukten abspeichern. Wenn der Preis eines ausgewählten Produkts sinkt, wird der Nutzer von Spottster benachrichtigt. Dafür überwacht Spottster vollautomatisch die Preise von mehr als 300 Millionen Produkte aus 5.000 Shops. Mittlerweile hat das Start-up sein Büro im Hamburger Stadtteil St. Pauli und beschäftigt 10 Mitarbeiter.

FREYA OEHLE

UNTERNEHMEN
Spottster

GRÜNDUNGSJAHR
2013

MITGRÜNDER
Tobias Kempkensteffen

STADT
Hamburg

🌐 WWW.SPOTTSTER.COM

Wie bist du auf die Idee zu Spottster gekommen?

Auf die Idee bin ich in einer Investmentbanking-Vorlesung während meines Master-Studiums gekommen. Das Thema interessierte mich nicht so sehr und eher aus Langeweile googelte ich das Unternehmen, über das wir in der Vorlesung sprachen. Dabei ging es um ein Fashion-Start-up, das die Nutzer benachrichtigte, wenn Kleider oder Schuhe im Internet günstiger geworden sind. Zwar war die Seite technisch schlecht umgesetzt, aber die Idee dahinter gefiel mir. Daraufhin sprach ich mit meinem alten Schulfreund und Mitgründer Tobias darüber und fragte ihn, ob es möglich wäre, dieses Konzept technisch besser umzusetzen und die Produktspanne zu erweitern. Tobias war sofort interessiert und so haben wir zwei Monate an einem Prototypen im Wohnzimmer meiner Eltern gearbeitet, während ich an meiner Masterarbeit schrieb. Dieser Prototyp funktionierte ganz gut und so starteten wir mit Spottster.

Was unterscheidet Spottster von anderen Vergleichsportalen?

Spottster ist viel mehr ein digitaler Einkaufszettel als ein Vergleichsportal. Der Kunde kann Produkte, die ihm gefallen, speichern und wir senden ihm eine Nachricht, sobald es günstiger wird. Man sucht also nicht aktiv nach dem besten Preis, sondern wir übernehmen diese Aufgabe. Wir bekommen dann für jeden Kauf eine Provision von dem jeweiligen Online-Shop. Der Nutzer hingegen zahlt gar nichts, um unseren Service zu nutzen.

„Mit der Zeit lernt man als Gründerin schneller Entscheidungen zu treffen."

Eine solche Plattform wie Spottster lebt ja von vielen Nutzern. Welche Marketingmaßnahmen habt ihr ergriffen, um Kunden auf euer Angebot aufmerksam zu machen?

Unsere derzeit 200.000 Nutzer haben wir zum einen durch klassische PR- und Medienarbeit, wie Zeitungsartikel und Radiobeiträge, gewonnen. Die Medien stehen momentan auch weiblichen Gründern sehr positiv gegenüber und wollen das Thema voranbringen - daher ist gerade eine gute Zeit für Frauen zu gründen. Zum anderen haben wir viel Digital Marketing über Social Media und App-Marketing gemacht. Da unser Marketing zu 100 Prozent gebootstrapped ist, war es die kostengünstigste, einfachste und gleichzeitig informativste Lösung, Werbung auf Facebook zu schalten. Mein Tipp für Start-ups ist daher, bereits früh damit anzufangen, eine Präsenz auf Facebook aufzubauen.

Welche Art der Finanzierung und Unterstützung hattet ihr bei der Gründung?

Die ersten acht Monate haben wir uns selbst finanziert, wobei uns unsere Familien, Freunde und auch Kommilitonen sehr unterstützt haben. Dann stieg ein Business Angel bei uns ein, den wir kalt akquiriert haben. Wir hatten ihm eine Mail geschrieben und wurden dann eingeladen unsere Idee im Team zu pitchen. Daraufhin haben wir ein Business-Angel-Investment bekommen, das unser Start-up für ein Jahr finanziert hat. Mittlerweile haben wir auch schon die zweite Investitionsrunde durchgeführt.

Du kennst deinen Mitgründer bereits aus Schulzeiten. Was macht eure Zusammenarbeit aus?

Wir kennen uns schon seit der zehnten Klasse und da Tobias Programmierer ist, fragte ich ihn, ob wir zusammen gründen wollen. Im Nachhinein war es eine sehr gute Entscheidung, da wir aus der gleichen Gegend kommen und uns schon lange kennen. Daher wissen wir, wie der andere tickt und streiten uns kaum. Zudem haben wir sehr gegensätzliche Kompetenzen. Meine liegen in den Bereichen Marketing und Kommunikation und Tobias ist für die technische Seite zuständig. Somit ergänzen wir uns perfekt. Bei uns wird dennoch keine Entscheidung einfach so getroffen, sondern erst einmal wird alles diskutiert. Wir sind uns auch nicht immer einig, aber die Reibungspunkte werden mit den Jahren weniger.

Als Gründer*in gibt es aber auch Momente, wo man klar für sich einstehen muss. Habt ihr auch so etwas erlebt?

Es gab ein paar Situationen, in denen wir lernen mussten, den Mund aufzumachen und durchzugreifen, da wir andernfalls benachteiligt gewesen wären. Das war nicht einfach für mich, denn ich bin sonst sehr kompromissbereit und habe keine Lust, mich mit Ärger auseinanderzusetzen. Aber in diesen Momenten ist es dann wichtig, klar zu kommunizieren, was man möchte oder auch nicht. Aber das ist Learning by Doing und wird mit der Zeit einfacher. Man gewöhnt sich mit der Zeit das Immer-nett-sein auch ab.

Dieses Phänomen „Immer-nett-zu-sein" ist oft bei Frauen zu beobachten. Warum kann das hinderlich in der Startup-Welt sein?

Genau, Frauen wollen es meist allen recht machen und treten zu bescheiden auf. Das sehe ich zum Beispiel bei vielen Pitches von Frauen, die oft zu zaghaft an die Sache rangehen. Die meisten männlichen Gründer, gehen auf die Bühne und erklären, dass sie das tollste Produkt auf Erden haben und ich kann entweder mitmachen oder es lassen. Diese Präsenz und das Selbstbewusstsein auf der Bühne zu haben, müssen Frauen noch lernen.

Du bezeichnest dich als „nicht ganz unkreativer Flummi". Wie behältst du dir deine kreative Art bei?

Wir arbeiten in einem offenen Büro und besprechen viel im Team. Durch diesen ständigen Input bleibt man auch kreativ. Die Kreativität bleibt auch lebendig, da bei uns Ideen schnell umgesetzt werden können. Denn wenn Ideen immer nur abgelehnt werden, lässt auch die Kreativität schnell nach. Trotzdem muss man ab und zu auch mal eine Pause machen. Als ich nach zwei Jahren merkte, dass bei mir die Luft raus war, habe ich zum ersten Mal wieder eine Woche Urlaub gemacht. Auf solche Pausen muss man achten, auch wenn das als Gründer*in nicht immer einfach ist.

Als Gründer*in braucht es auch ein hohes Maß an Selbstmotivation. Was motiviert dich an Tagen, an denen du nicht gut gelaunt bist?

Wir bauen uns im Team immer wieder auf. Wenn man schlecht gelaunt ins Büro kommt, wird erst einmal ein Witz erzählt und dann geht es einem gleich ein wenig besser. Ich arbeite hier einfach gerne mit den Leuten in unserem Team zusammen. Und wenn mir mal der Alltag als Gründerin zu viel wird, stelle ich mir mein Leben in einem Angestellten-Job vor, und sehe dann, dass ich einen der aufregendsten Berufe überhaupt habe. Ich habe während der Unternehmensgründung schon so viele Erfahrungen sammeln dürfen, was kein anderer Beruf bietet. Das ist eine große Motivation, immer weiterzumachen.

„In manchen Momenten ist es wichtig, klar zu kommunizieren, was man möchte oder auch nicht."

Welches war dein größtes Learning durch die Herausforderungen als Unternehmerin?

Die Entscheidungsfreudigkeit ist etwas, was ich aus der Gründung als Lebenserfahrung mitnehme. Manche dieser unternehmerischen Entscheidungen gehen anfangs gegen die eigene Komfortzone, wie beispielsweise die erste Kündigung eines Mitarbeiters. Aber mit der Zeit lernt man als Gründerin auch schneller zu wissen, was man will und trifft dementsprechend schneller Entscheidungen.

Was würdest du angehenden Gründer*innen mit auf den Weg geben?

Wenn man eine tolle Idee hat und einigermaßen strukturiert vorgeht, dann sollte man das nicht zurückhalten. Klar, kann ein wirtschaftliches Studium oder konkretes Wissen in einem Bereich von Vorteil sein, aber generell braucht man keine Zusatzausbildung. Denn Gründen hat vor allem viel mit Teamwork und der Persönlichkeit zu tun. Zudem sollte man bereit sein viel zu arbeiten und anfangs keinen hohen Lebensstandard erwarten. Oftmals sitzt man etliche Stunden am Tag in einem kleinen Büro - da braucht es dann einfach Leidenschaft bei der Sache!

Was sind deine weiteren Pläne?

Mein Plan in der Idealvorstellung ist, mit dem Team, wie es jetzt gerade ist, weiterzuarbeiten - einfach jeden Tag mit Freude an die Arbeit gehen zu können und dabei jede Menge kreativer Ideen zu realisieren!

Millionen-Dollar-Pläne erfordern ein Upgrade in der Denkweise über Geld

Die Denkweise über Geld, auch als „Money Mindset" bezeichnet, stellt einen bedeutenden Erfolgsfaktor in unserem unternehmerischen Tun dar. Deshalb ist es wichtig, sich über sein eigenes „Money Mindset" bewusst und offen für eine neue Einstellung zu werden!

**SIGRUN
GUDJONSDOTTIR**

BIO
Sigrun Gudjonsdottir ist eine Business-Mentorin für Online-Unternehmer. Sie hat ihren einzigartigen Hintergrund aus Wirtschaft, Informationstechnologie, Architektur und persönlicher Entwicklung kombiniert, um Frauen zu helfen sechsstellige Zahlen mit ihrem Online-Geschäft zu erreichen. Ihren Ratgeber über die Denkweise zum Geld kann man sich herunterladen: www.sigrun.com/money-mindset

FACEBOOK
sigruncom

TWITTER
@sigruncom

🌐 WWW.
SIGRUN.COM

Ich habe mit der Mentalität und Denkweise über Geld, wie die meisten weiblichen Unternehmer, die ich kenne, gekämpft. Es ist nicht das Problem, kein Geld zu haben, sondern vielmehr, den eigenen Erfolg zu sabotieren. Man nennt dies ein „Money Mindset-Problem", wenn du kämpfen musst, um dich an ein höheres Einkommensniveau anzupassen — ein Phänomen, das auch als „Obergrenze-Problem" bezeichnet wird.

Das erste Mal wurde ich auf mein „Money Mindset" aufmerksam, als ich den Preis für mein erstes Coaching-Angebot erstellte. Basierend auf meinen Qualifikationen und Erfahrungen kannte ich den Marktkurs. Ich hatte beschlossen, das Angebot zu unterbieten, wozu so viele Unternehmerinnen neigen. Glücklicherweise hat eine Klientin mich auf dieses Ungleichgewicht hingewiesen. Sie erzählte mir, dass sie vier verschiedene Business-Coaches für jeweils eine Stunde angeheuert hatte, um sie auszuprobieren, und ich war bei weitem die Beste, aber auch die Günstigste. Das war ein Weckruf für mich und ich konnte meine Preise erhöhen, ohne ein schlechtes Gewissen zu haben.

Ich hatte nie ein Problem mit der Preisgestaltung, als ich noch CEO war und die Geschäfte anderer Leute betrieb. Erst nachdem ich mein eigenes Business mit meinem Namen hatte, änderte sich alles. Ich hätte nicht gedacht, dass dies ein Problem darstellen könnte.

Das zweite Mal, als ich meine Mentalität zum Geld bemerkte, war, als ich zum ersten Mal einen fünfstelligen Betrag im Monat verdiente. Als CEO war es normal, ein fünfstelliges Monatsgehalt zu haben, aber so viel in einem Monat durch mein eigenes Business zu verdienen, war durchaus anders. Es fühlte sich nach viel mehr Geld an, weil alles auf meiner harten Arbeit basierte.

Die Denkweise über Geld bringt alle Arten von Fragen auf, die in Verbindung mit dem Selbstwertgefühl stehen. Das Gefühl, jemand zu sein, der es nicht verdient, viel Geld zu erhalten, kommt am häufigsten vor.

Das dritte Mal, als ich schließlich akzeptierte, dass ich etwas an meiner Denkweise über Geld verändern muss, war, als ich von einem Monatsgehalt von 25.000$ auf 1.500$ abstieg. Ich fing an, meinen Erfolg zu sabotieren und ich erkannte, dass ich nicht in der Lage sein würde, ein profitables Geschäft mit der falschen Denkweise aufzubauen.

In den drei Jahren, wo ich mein eigenes Geschäft führte, bin ich durch sämtliche Blockaden, bezüglich meiner Denkweise über das Geld, durchgegangen. Diese kommen bei jedem Einkommensniveau vor. Ich glaube nicht, dass jemals alle meine Blockaden völlig verschwinden werden, aber es wird einfacher, weil ich erkenne, was los ist, wenn diese Gefühle in mir aufsteigen.

Derzeit bereite ich mich für meinen Millionen-Dollar-Plan vor und ich bin auch auf weitere Blockaden vorbereitet. Ich kann mittlerweile die Gefühle vorauskalkulieren, die ich haben werde, und ich bin jetzt bereit für die nächste Stufe in meinem Business und meiner Einstellung.

Es ist nicht wichtig, ob du 1.000, 10.000 oder 1 Million Dollar verdienst. Das „Money Mindset" ist real und kann dich vom Erfolg abhalten, wenn du nicht daran arbeitest.

Monetarisierung im Internet

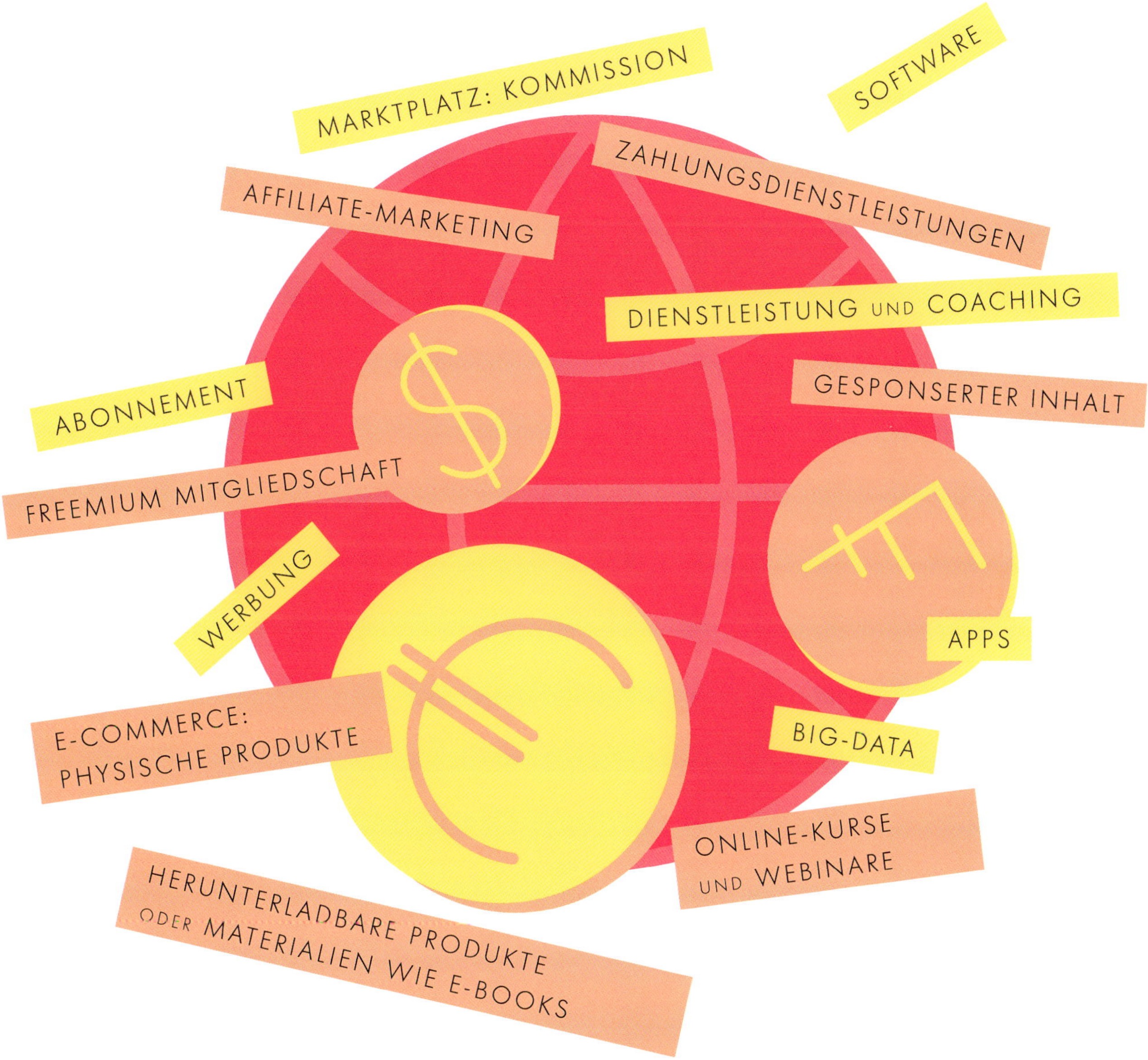

MARKTPLATZ: KOMMISSION

SOFTWARE

ZAHLUNGSDIENSTLEISTUNGEN

AFFILIATE-MARKETING

DIENSTLEISTUNG UND COACHING

ABONNEMENT

GESPONSERTER INHALT

FREEMIUM MITGLIEDSCHAFT

WERBUNG

APPS

E-COMMERCE: PHYSISCHE PRODUKTE

BIG-DATA

ONLINE-KURSE UND WEBINARE

HERUNTERLADBARE PRODUKTE ODER MATERIALIEN WIE E-BOOKS

Maru Winnacker

Maru Winnacker studierte Betriebswirtschaftslehre an der renommierten European Business School in Oestrich-Winkel und arbeitete nach ihrem Studium im Vertrieb bei einem der größten Spirituosenkonzerne weltweit. Mit der exklusiven Teemarke Seasons Tea startete Maru bereits 2006 ihr erstes Business, musste dieses aber nach drei Jahren wieder aufgeben. Doch die nächste Idee ließ nicht lange auf sich warten. 2012 gründete Maru dann ihr eigenes Luxus-Taschenlabel Project Oona in Berlin. Die Kundinnen können im Online-Shop kleine Details sowie das Material der hochwertigen Taschen ändern und somit ihre exklusive Traumtasche erstellen. Oona bedeutet die Einzigartige und genau so sieht Maru auch ihre Kundinnen. Zudem hat Maru die Einstellung, dass sich Frauen in der Geschäftswelt gegenseitig unterstützen sollen, was sie als Mentorin auch selbst vorlebt.

MARU WINNACKER

UNTERNEHMEN
Project Oona

GRÜNDUNGSJAHR
2012

STADT
Berlin

🌐 WWW.PROJECT-OONA.COM

Deine erste Gründung war das Tee-Start-up Seasons Tea. Wie kam es dazu?

Als ein Bekannter aus seinem Urlaub aus Asien zurückkam, erzählte er mir von einem hochqualitativen Tee, den es in Deutschland derart noch nicht zu kaufen gab. Ich beschloss dann sehr schnell, dass ich ein Luxus-Teelabel gründe und von der Idee zur Gründung dauerte es nur zwei Wochen. Über Tee selbst wusste ich zu diesem Zeitpunkt noch nicht viel, aber ich habe mich sehr schnell in die Thematik eingelesen. Mir machte es vor allem viel Spaß die Tees zu entdecken und ich traf zunächst eine kleine Auswahl der besten Teesorten.

Das ging aber schnell. Es scheint, als hättest du gar keine Angst vor den Risiken gehabt.

Ich habe nicht groß darüber nachgedacht, was alles schiefgehen kann, sondern an die Idee geglaubt und mich auf meinen Instinkt verlassen. Tee in dieser Variation gab es so in Deutschland noch nicht und war daher ein Nischenprodukt. Zudem liegt mein Stärke im Verkaufen. Ich hatte zuvor bereits eine detaillierte Liste mit Feinkostgeschäften erstellt und im ersten Jahr dann bereits 70 Händler gefunden. In dieser Zeit hatte ich immer eine Teedose in der Tasche und habe mich dann persönlich bei den Geschäftsbesitzern vorgestellt. Meine offensive Herangehensweise hat durchaus so manchen Besitzer überrascht.

„Um seinen Wunsch-Mentor für sich zu gewinnen, muss man sich selbst darum bemühen."

Hast du auch viele Absagen bekommen?

Natürlich, ich wurde anfangs häufig vertröstet und manche Händler meinten, dass niemand den Tee kaufen werde. Dann wurden die zwei wichtigsten Gourmet-Einzelhändler, das KaDeWe und Käfer, innerhalb der ersten zwei Monate zu unseren Kunden. Das waren große Abnehmer und es hatte einen positiven Effekt auf weitere Kunden. Mein Tipp ist daher, auf gute Referenzkunden zu setzen.

Du hast erwähnt, dass deine Stärke im Verkaufen liegt. Welche Tipps hast du für solche Verkaufsgespräche mit potenziellen Kunden?

Vorbereitung ist alles, aber man darf auch nicht zu verkrampft dabei sein. Vorbereitet sein heißt, dass man sein Produkt sehr gut kennen sollte sowie dessen Stärken und Alleinstellungsmerkmal klar benennen kann. Zudem muss man sich gute Verkaufsargumente für seinen Kunden überlegen, denn es soll ja eine Win-win-Situation für beide Seiten sein. Ich sehe oft, dass Gründer*innen gar nicht einplanen, was potenzielle Kunden genau brauchen. Mein Tipp an Jungunternehmer *innen ist daher, sein Unternehmen, seine Kunden und auch seine Zielgruppe sehr gut zu kennen.

Nach drei Jahren musstest du Seasons Tea leider aufgeben. Wie kam es dazu?

Einer unserer größten Kunden, der über 80 Filialen belieferte, ist insolvent geworden. Der Kunde hat ein Jahr lang unsere Rechnungen nicht bezahlen können und wir mussten dann leider beschließen, Seasons Tea zu beenden. Das fiel mir natürlich schwer, aber man muss damit auch rational umgehen. Man hat ja keinen Einfluss darauf, dass Kunden nicht zahlen können. Da musste dann eine rationale Entscheidung getroffen werden.

Du hast dann 2012 dein zweites Business Project Oona, ein Luxus-Taschenlabel, gestartet. Woher kam diese Idee?

Ich habe mich schon immer viel mit Mode beschäftigt und während der Fashion Week sprach ich abends bei einem Glas Wein mit einem Online-Unternehmer und einem großen Taschenhersteller über den nächsten großen Trend in Fashion und E-Commerce. Dabei fiel mir auf, dass ich selber meist keine Luxustasche kaufe, weil es immer ein Detail gibt, das mich stört. Daraus entstand schließlich die Idee zu Project Oona, wo man Kleinigkeiten bei einer Tasche ändern oder auch das gesamte Material austauschen kann.

Was waren dann deine ersten Schritte bei Project Oona?

Mit der Herstellung und dem Design von Taschen kannte ich mich überhaupt nicht aus und betrat wieder vollkommen neues Gebiet. Daher stellte ich mir als erstes die Frage: „Was benötige ich, um eine solche Tasche auf den Markt zu bringen?" Und die Antworten waren: Geld, einen Experten aus der Textilbranche sowie eine Produktionsstätte. Gesagt, getan! Zuerst gewann ich zwei Investoren aus der Internet- und Modebranche, die ich bereits zuvor kannte. Daraufhin stellte ich einen Fachmann ein, der sich mit Textilien und Leder sehr gut auskannte, und fand einen passenden Produktionsstandort in Deutschland. Und dann ging es auch schon los.

Welche Marketingstrategien hast du dann angewendet, um deine Marke bekannt zu machen?

Um den Online-Shop bekannter zu machen, nutzen wir vor allem klassische Tools wie Suchmaschinenoptimierung. Durch Medienkooperationen und Netzwerkaufbau konnten wir auch unsere Bekanntheit anfangs vergrößern, da solche Partner eine große Reichweite haben. Zudem arbeiten wir auch mit Influencern, die zu unseren Produkten passen, zusammen, unter anderem mit dem Model Franziska Knuppe. Außerdem machen wir Social Media Kampagnen und haben saisonal auch Pop-up-Stores.

Im Taschensegment gibt es aber auch viel Konkurrenz. Wie gehst du mit diesem Thema ganz allgemein um?

Ich selbst setze stark auf Zusammenarbeit und Zusammenhalt und glaube, dass man auch gar nicht so viel Konkurrenz hat - denn jeder hat ja mit seinem Produkt und seiner Marke auch ein Alleinstellungsmerkmal!

Welche konkreten Tipps hast du, wenn man auf Investorensuche ist?

Man sollte sich zunächst genau Gedanken über den Wert des Unternehmens machen und wie viel Anteile man bereit ist abzugeben. Viele machen anfangs den Fehler, sich selbst und das Unternehmen unter Wert zu verkaufen. Deshalb empfehle ich, unbedingt einen Businessplan zu schreiben. Oft hat man ja immer viele tolle Pläne im Kopf, aber erst wenn man diese einmal genau aufschreibt, lernt man sein

eigenes Business besser zu verstehen. Das macht einen dann auch selbstbewusster in Verhandlungen. Und solche Businessplan-Vorlagen kann man sich ganz einfach im Internet herunterladen. Allerdings ist mein Tipp, am Anfang nicht gleich auf Investorensuche zu gehen, sondern vielmehr das Produkt zu testen, auf den Markt zu bringen und Feedback einzuholen.

Was waren deine größten Learnings in den zehn Jahren deiner unternehmerischen Tätigkeit?

Mein größtes Learning war die Insolvenz meines größten Kunden bei Seasons Tea. Das war ein sehr großer Schock, aus dem ich die Lehre gezogen habe, auf alles vorbereitet zu sein. Das andere Learning kam durch die Taschenproduktion, die wesentlich komplizierter war als zunächst gedacht. Obwohl ich mich zuvor intensiv habe beraten lassen, musste ich nochmal komplett neu anfangen. Mittlerweile haben wir mehrere sehr gute Produzenten in Deutschland und Europa gefunden.

Du setzt auch stark auf Mentoring und bist selbst im HVB-Frauenbeirat, aber auch privat als Mentorin tätig. Worauf sollte man achten, wenn man einen guten Mentor finden möchte?

Mentoring ist wie eine Beziehung und es muss einfach von beiden Seiten passen. Ein guter Mentor verbringt relativ viel Zeit mit dem Mentee und fördert auch Talente. Wichtig ist auch, dass ein guter Mentor Feedback und Hinweise gibt. Als Mentee sollte man allerdings nicht erwarten, dass dein Mentor dich sucht, denn der hat meist einen vollen Terminkalender. Um seinen Wunsch-Mentor für sich zu gewinnen, muss man sich selbst darum bemühen.

Du hast ein sehr selbstbewusstes Auftreten. Woher nimmst du deine Selbstsicherheit?

Ich hatte mich von klein auf immer gemeldet, wenn es darum ging, etwas zu tun, und hatte auch schon früh Bühnenerfahrung. Das hat mein Selbstbewusstsein sehr gestärkt. Selbstsicherheit kann man also lernen. Frauen sollten sich ihre Bühne holen und alle Chancen ergreifen. Sie sollten sich auch nicht von dem abhalten lassen, was sie noch nicht wissen, sondern auf ihre Stärken setzen. Irgendwann ist immer das erste Mal, und es empfiehlt sich, früh den Grundstein für den eigenen Erfolg zu legen.

Inwiefern hat dich das Unternehmertum auch verändert?

Am Anfang habe ich immer versucht, es allen recht zu machen, und alles sofort zu schaffen. Nach dem ersten Jahr hatte ich dann einen kompletten Burnout und lag an Weihnachten mit Fieber im Bett. Da dachte ich mir: „Das kann nicht sein. Ich habe gegründet, weil ich nicht abhängig sein will und es mir Spaß machen soll!" Also musste ich lernen Prioritäten zu setzen und es nicht jedem recht zu machen. Am besten geht es mir, wenn ich meinen Egoismus als höchste Priorität setze. Mittlerweile gehe ich um 18 Uhr aus dem Büro und beschäftige mich dann auch mit anderen Dingen. Wenn es mir gut geht, geht es allen anderen um mich herum auch gut. Dann habe ich auch wieder genug Energie für mein Unternehmen und so kommt auch der Erfolg! Als Gründer*in sollte man also immer auf sein Körper- und Bauchgefühl hören.

„ **Man sollte möglichst früh den Grundstein für den eigenen Erfolg legen.** "

Catharina van Delden

Catharina van Delden ist MBA-Absolventin der TU München und UC Berkeley, wo sie Betriebswirtschaft und Lebensmittelproduktion studierte. Bereits während ihres Studiums arbeitete Catharina als Werkstudentin beim Lampenhersteller OSRAM, und später dann als Junior Produktmanager. Doch ein Artikel in einem Wirtschaftsmagazin brachte sie auf die zündende Idee zum eigenen Unternehmen, woraufhin Catharina ihren Job kündigte und 2008 zusammen mit drei Mitgründern die Crowdsourcing-Software-Firma Innosabi startete. Innosabi unterstützt Unternehmen mit digitalen Geschäftsmodellen, Ideenmanagement und beim Aufbau von Beziehungen mit Communitys durch das firmeneigene Software- und Dienstleistungsangebot. Mittlerweile gehört Innosabi zu den führenden Anbietern von Softwarelösungen für Crowdsourcing und Open Innovation in Deutschland mit namhaften Kunden wie Postbank, Bayer und Haribo. Seit 2013 vertritt Catharina zudem als jüngstes Präsidiumsmitglied des Branchenverbands Bitkom die Interessen der IT-Industrie und gehört damit zu einer der einflussreichsten Frauen in der deutschen IT-Wirtschaft.

CATHARINA VAN DELDEN

UNTERNEHMEN
Innosabi

GRÜNDUNGSJAHR
2010

MITGRÜNDER
Jan Fischer, Hans-Peter Heid
und Moritz S. Wurfbaum

STADT
München

🌐 WWW.INNOSABI.COM

Woher kam dein Gründungswunsch?

Meine Mitgründer und ich kommen alle aus Unternehmerfamilien. Daher ist Unternehmertum für uns alle vier nichts Außergewöhnliches. Doch Gründen war nie die ultimative Karriereoption für mich, denn ich habe mich auch in meinem Angestellten-Job wohlgefühlt. Der Reiz kam eher durch die Idee, die mich nicht mehr losgelassen hat. Ich bin generell eher ein Macher und das ist auch der Aspekt einer Gründung, der mich stark angezogen hat: die Möglichkeit etwas anzupacken und sich selbst etwas Eigenes aufzubauen.

Du hast zuvor im Marketing bei OSRAM gearbeitet. Was konntest du aus dieser Zeit für die eigene Gründung bereits lernen?

Ich habe sehr viele grundlegende Tools aus dem Marketingbereich mitgenommen. Gleichzeitig hatte ich auch die Chance, nach Indien zu gehen und dort eine Marktstudie über eine neue Technologie zu machen. In dieser Zeit habe ich gelernt, wie ein großes Unternehmen aufgebaut ist, inklusive der Strukturen und Entscheidungsprozesse. Das aus erster Hand mitzunehmen, ist schon etwas anderes als es nur von außen zu sehen.

Gab es dann einen konkreten Moment, in dem dir die Idee zu Innosabi kam?

Der allererste Auslöser war ein Artikel in der Zeitschrift brand eins, in dem es darum ging, dass australische Softwareingenieure ihren Job gekündigt haben, um ihre eigene Biermarke „Brewtopia" zu gründen. Der Clou daran war, dass die Biermarke mit Hilfe der Crowd und für die Bier-Community entwickelt wurde und jeder, der mitmachte, erhielt dazu eine Brewtopia-Aktie. Diese Idee war so erfolgreich, dass nach ein paar Wochen 16.000 Menschen mitmachten, die gemeinschaftlich die Entscheidungen vom Design der Flasche bis hin zum Geschmack bei Verkostungsaktionen trafen und gleichzeitig als Markenbotschafter eingesetzt wurden. Als ich davon las, fragte ich mich, ob man dieses Prinzip nicht auch verallgemeinern kann. So entstand die Idee zu Innosabi.

wodurch die Plattform lernt, ähnlich wie der Facebook-Algorithmus, was die Community interessiert und was sie spannend findet. Daraus können dann relevante Entwicklungsprojekte oder Produktverbesserungen abgeleitet werden. Denn die Art und Weise, wie Menschen über ein Produkt reden, ist viel aussagekräftiger für den Markterfolg als eine objektive Bewertung.

Diese Plattform verkauft ihr als Software-Abonnement-Modell. Was bedeutet das konkret?

Das heißt, dass die Unternehmen eine Lizenz bei uns erwerben und wir dann eine individuell angepasste Plattform bereitstellen, denn die Realisierung dieser Plattform ist auch von dem Kunden abhängig. Im Kern sind aber alle Plattformen gleich, damit wir fortlaufend neue Funktionen entwickeln und als Updates an all unsere Kunden ausspielen können. Dieser starke Fokus auf die Weiterentwicklung der

„Eine erfolgreiche Gründerin muss auch Risiken eingehen und neue Dinge ausprobieren."

Wie ging es dann weiter? Was waren die folgenden Schritte nach diesem ersten Gedanken?

Zusammen mit meinen Mitgründern suchten wir dann nach Möglichkeiten, um einen solchen Prozess auch online abwickeln zu können. Zunächst haben wir diese Idee des Open-Source-Marketings nur als Service angeboten und damit zum Beispiel die Entwicklung neuer Sitze und Sitzfunktionen in Serienfahrzeugen unterstützt. Dieser Anfang war sehr wichtig, um die Methode zu entwickeln und zu schauen, wie das alles funktioniert. Wir haben aber schnell gemerkt, dass wir keine Berater, sondern vielmehr Tech-Nerds sind und uns dann entschlossen ein Technologie-Start-up daraus zu entwickeln.

Inwiefern hat sich euer Business-Modell dann geändert? Und wie kann man sich euer Kerngeschäft bei Innosabi genau vorstellen?

Unser Fokus liegt auf der Plattform, die man benötigt, um Crowdsourced Innovation in einem Unternehmen umzusetzen. Im Kern ist es eine Social-Collaboration-Plattform, mit der man verschiedene Gruppen wie Kunden, Zulieferer, Partner oder Universitäten zusammenbringen und dadurch diverse Aspekte eines Produkts oder Kundenbedürfnisse innerhalb dieser Gruppe diskutieren kann. So erhalten die Unternehmen dann neuen Input für die Produktentwicklung. Hierfür bieten wir verschiedene Kommunikationstools an. Neben klassischen Tools wie Abstimmung, Bewertung oder Diskussion, nutzen wir auch eine intelligente Analyse des Kommunikationsinhalts der Nutzer,

Software und flexible Ausweitung der laufenden Plattformen ist natürlich nur möglich, wenn unsere Kunden auch langfristig mit uns zusammenarbeiten. Das Lizenzmodell ist daher nur logisch. Zusätzlich zu den eigentlichen Software-Lizenzen bieten wir auch individuelle Serviceleistungen an. Wir halten zum Beispiel auch immer Rücksprache mit der IT-Abteilung des jeweiligen Unternehmens, um die Sicherheit unseres Produkts zu gewährleisten oder bieten methodischen Support und Schulungen bei der Einführung der Plattform.

Als Autorin mehrerer Publikationen bist du auch Expertin zum Thema ‚Open Innovation'. Warum ist dieses Thema so wichtig für Unternehmen?

Das Thema ist heutzutage so wichtig, da sich in Zeiten der Digitalisierung auch der Prozess der Produktentwicklung stark verändert. Die Innovationszyklen sind schneller, der Druck höher und die Unternehmen müssen Entscheidungen wesentlich schneller treffen. Mein Lieblingsbeispiel ist ein Energieversorger, der bislang vor allem langfristige Entscheidungen, wie den Bau eines Kraftwerks, treffen musste. Wenn nun dieselben Menschen innerhalb von drei Wochen eine Smartphone-App realisieren sollen, dann treffen Welten aufeinander. Trotzdem muss sich jeder Großkonzern damit befassen und sein Geschäftsmodell an die digitale Transformation anpassen. Und das Potenzial in diesem Bereich ist noch sehr groß.

„Einmal Gründerin, immer Gründerin!"

Ihr seid in der Anfangsphase eurer Gründung mit geringem Budget ausgekommen. Wie habt ihr eure Kosten dabei möglichst gering halten können?

Wir sind die Meister des Bootstrappings! Das bedeutet, wir haben unser Unternehmen so sparsam wie möglich aufgebaut. Da zwei unserer Mitgründer auch Entwickler sind, konnten wir schnell und kostengünstig einen Prototypen selbst erstellen und testen. Auch bei unseren ersten Büroräumen konnten wir sparen, dank eines Geniestreichs meines Mitgründers Moritz. Er hatte zuvor eine eigene IT-Firma und einer seiner Kunden war gerade dabei, eines der ältesten Häuser in München zu luxussanieren. Er war so begeistert von unserer Idee, dass er anbot, dass wir die unsanierten Räume zum Arbeiten nutzen können. Wir mussten nur für Wasser und Strom zahlen und zahlten daher nur etwa 40 Euro für die Büromiete.

Was waren eure Finanzierungsquellen zu Beginn?

Wir haben zweimal an einem Innovationswettbewerb teilgenommen und auch gewonnen. Das Preisgeld war eine sehr gute Finanzierungsmöglichkeit. Allerdings denke ich, dass es reicht, bei ein bis zwei Gründerwettbewerben für die Steigerung der Reputation mitzumachen, aber sich der Aufwand im Verhältnis zum Gewinn meist nicht lohnt. Neben dem Preisgeld hatten wir ganz am Anfang auch Unterstützung durch das EXIST-Gründerstipendium. Und mittlerweile haben wir drei Investoren, die unser Unternehmen nicht nur mit Geld, sondern auch mit ihrem Wissen und Netzwerk unterstützen.

Für welche Aufgaben bist du bei Innosabi verantwortlich?

Ich konzentriere mich auf die Vermarktung unserer Plattform, das ist meine Rolle im Team. Ich mache den Kunden klar, was sie mit unserer Technologie erreichen können und wie sie diese am besten einsetzen. Da geht es im seltensten Fall um die Software per se, sondern um den Spielraum damit. Ich war schon immer technikaffin, von daher macht mir dieser Bereich sehr viel Spaß. Die Möglichkeit Sachen zu erschaffen ist einfach toll und die Arbeit ist sehr kreativ.

Die Zusammenarbeit im Gründerteam kann gerade in der Anfangsphase auch eine Herausforderung sein. Wie sorgt ihr für eine gute Stimmung untereinander?

Wir sind grundsätzlich ein harmonisches Team, aber manchmal gibt es natürlich auch Differenzen. Unsere Devise lautet jedoch, dass alle wichtigen Entscheidungen auch von allen getragen werden müssen. Gleichzeitig ist die Entscheidungsfindung deshalb oft ein langer Prozess. Wir nehmen uns viel Zeit für Gespräche und unsere regelmäßige, gemeinsame Strategieplanung. Und unser fixes, wöchentliches Gründermeeting ist dazu da, auch im Tagesgeschäft größere Themen gemeinsam zu beschließen. Zudem holen wir jedes Jahr auch einmal einen Teamcoach zur Unterstützung hinzu, der mit uns auch über die persönlichen Ziele spricht. Denn wir sind alle in einer Phase unseres Lebens, in der man sich nicht nur beruflich verändert. Wir setzen daher vor allem auf offene Kommunikation im Gründerteam.

Du hast erwähnt, dass du aus einer Unternehmerfamilie kommst. Inwiefern hat dich das geprägt?

Zum einen haben mir meine Eltern ein Bewusstsein davon vermittelt, dass eine Unternehmensgründung auch viel Aufwand und Einsatz bedeutet. Wenn man keine Unternehmer in der Familie hat, gibt es diejenigen, die eine glamouröse Vorstellung vom Unternehmerleben haben und Reichtum auf Knopfdruck erwarten, und jene, für die das Risiko einer Gründung zu hoch ist und daher abschreckt. Die Wirklichkeit liegt irgendwo dazwischen. Es ist sehr harte Arbeit und erfordert einen hohen Einsatz, aber es kann nicht nur finanziell, sondern auch emotional sehr bereichernd sein. Zudem hat mich mein Vater gelehrt, mit einer gewissen kaufmännischen Vorsicht vorzugehen. Das bedeutet, alles korrekt zu machen, hart zu arbeiten und sein Bestes zu geben. Doch eine erfolgreiche Gründerin sollte auch nicht zu vorsichtig sein, sondern man muss auch Risiken eingehen und neue Dinge ausprobieren. Diese Werte sind eine gute Grundlage, um mit realistischen Vorstellungen in eine Gründung zu gehen.

Kannst du dir mittlerweile noch einen anderen Job, außer Gründerin zu sein, vorstellen?

Ich weiß gar nicht ob ich noch anstellbar wäre. Wenn man gegründet hat, nimmt man den Freiraum als selbstverständlich wahr. Wenn ich also nicht mehr selbst alle Entscheidungen treffen könnte, wäre das schlimm für mich. Ich sage daher immer: Einmal Gründerin, immer Gründerin!

Warum wir unserer Intuition nicht vertrauen und wie wir es lernen können

Angesehene Unternehmer zählen Intuition zu einem der Schlüsselfaktoren ihrer Erfolge. Intuition ist eine Supermacht, die über den Geist hinausgeht und jeder kann lernen sie zu nutzen.

VIOLETTA PLESHAKOVA

BIO

Violetta Pleshakova ist eine spirituelle Aktivistin, intuitive Mentorin, Transformationstrainerin, inspirierende Sprecherin, Unternehmerin, Yogalehrerin, Bücherwurm, Weltbürgerin und Blueprint Changer, die herausragenden Seelen hilft sich selbst treu zu bleiben.

FACEBOOK
violettapleshakova

INSTAGRAM
@violettapleshakova

🌐 WWW.
VIOLETTAPLESHAKOVA.COM

Hast du bemerkt, wie viele Unternehmer ihre Erfolge der Intuition zuschreiben (auf ihre innere Stimme hören, ihrem Bauchgefühl vertrauen - es gibt viele Arten, diese innere Führung zu beschreiben)? Es ist faszinierend, wie dieses nicht greifbare, innere Leitsystem die Quelle unserer besten Entscheidungen sein kann und wie dieses zu ignorieren zu massiven Enttäuschungen führen kann.

Meine Arbeit mit Frauen aus aller Welt bestätigt, dass jede einzelne von uns - unabhängig von unserem Hintergrund und unseren spirituellen Überzeugungen - ein inneres Leitsystem besitzt, welches immer bereit ist, intuitive Hinweise zu geben. Allerdings sind Viele von uns nicht darauf trainiert, dieses Leitsystem abzurufen und es richtig zu nutzen. Selbst wenn es erscheint, wird es von uns ignoriert oder wir misstrauen diesem.

Um diesen Punkt zu veranschaulichen, möchte ich eine Geschichte aus eigener Erfahrung beitragen. Einem engen Freund von mir, einem Multi-Unternehmer, wurde angeboten in ein Projekt zu investieren, das auf Papier perfekt aussah. Als der Entscheidungstag eintraf, befand sich mein Freund nervös in seinem Büro. Etwas fühlte sich einfach nicht richtig an. Mit anderen Investoren am Telefon und seinem Assistenten, der ungeduldig auf das letzte „Okay" wartete, um das Geld zu überweisen, hatte mein Freund keine Zeit sich zu beruhigen und die Stimme der inneren Führung zu hören. Die subtilen Warnhinweise seiner Intuition wurden unter dem Druck begraben und von den Argumenten des Kopfes überstimmt. Also überwies er schließlich das Geld (ein sechsstelliger Betrag!) - um es nie wiederzusehen. Das vielversprechende Projekt scheiterte, und mein Freund lernte seine wertvollste und teuerste Lektion überhaupt. Er glaubt jetzt, dass unsere Intuition wichtiger ist als die Stimme der Vernunft.

Albert Einstein sagte: „Der intuitive Geist ist ein heiliges Geschenk und der rationale Verstand ein treuer Diener. Wir haben eine Gesellschaft erschaffen, die den Diener ehrt und das Geschenk vergessen hat." Die Zeit ist gekommen, um das heilige Geschenk zurückzubringen!

WIE?

Zuerst müssen wir dazu bereit sein, das Verlangen, zu verstehen, loszulassen und zu beginnen, mehr zu vertrauen. In den Worten von Melissa Joy Jonsson ist Intuition „Wissen, ohne zu wissen, woher genau dieses Wissen kommt". Das Wissen ist einfach da - ohne vorherige logische Überlegung. Unser inneres Leitsystem übersteigt die Gesetze von Raum und Zeit und verbindet uns mit der unendlichen Weisheit des Universums. Es kann nicht analysiert oder kontrolliert werden. Vielmehr sollte man es einfach akzeptieren oder diesem vertrauen.

Zweitens müssen wir die innere Führung bewusst einladen. Dies kann durch eine tägliche Routine der Verbindung erreicht werden - 10 Minuten Zeit in Stille und Einsamkeit reichen aus, um unser inneres Leitsystem wissen zu lassen, dass wir bereit sind zuzuhören.

Diese tägliche Routine kann Meditationen, Tagebuch führen und Spaziergänge in der Natur beinhalten. Meditation erlaubt es uns, Abstand von den Aktivitäten des Geistes zu nehmen und somit Raum für die subtile Stimme unserer Intuition zu schaffen. Das Führen eines Tagebuches bietet Ihnen die Möglichkeit, Fragen zu stellen und ungefiltert Informationen zu notieren. Das Gehen in der Natur hilft uns bodenständiger zu werden und empfänglicher für Führung zu sein.

Zuletzt müssen wir dazu bereit sein, auf eine lebenslange Reise der intuitiven Entwicklung zu gehen. Bereitschaft ist das Einzige, was erforderlich ist, um innere Führung zu erhalten. Der Rest kommt durch Übung. Je mehr wir anfangen auf unsere Intuition einzugehen, desto öfter wird sie sich uns zeigen.

„ICH
vertraue
AUF MEIN
Bauchgefühl."

~

„ICH HABE
Vertrauen,
DASS
alles gut wird."

~

„ICH BIN
auf dem richtigen
Weg."

Eveline Steinberger-Kern

Eveline Steinberger-Kern studierte Betriebswirtschaftslehre in Graz, promovierte 1998 und arbeitete danach neun Jahre als Leiterin für strategisches Marketing sowie später als Geschäftsführerin für die Verbund AG, Österreichs größten Energieversorger. Der Klima- und Energiefonds der Österreichischen Bundesregierung war ihre nächste Station, bevor sie 2010 ihr erstes Unternehmen green minds e.U. gründete. Als ihr 2012 dann eine attraktive Management-Stelle bei der Siemens AG Österreich angeboten wurde, legte Eveline ihr Business zunächst wieder auf Eis und widmete sich der neuen Herausforderung, die grüne Energiewende bei Siemens einzuleiten. Doch die starren Konzernstrukturen machten sie auf lange Sicht nicht glücklich und so beschloss Eveline 2014 ihr bereits gegründetes Unternehmen zu relaunchen, die heutige The Blue Minds Company (TBMC). TBMC ist ein innovatives Beratungs- und Research-Unternehmen, das sich mit Fragen und Antworten zur Transformation des Energiesystems beschäftigt.

**EVELINE
STEINBERGER-KERN**

UNTERNEHMEN
The Blue Minds Company

GRÜNDUNGSJAHR
2014

STADT
Wien

🌐 WWW.BLUEMINDS-COMPANY.COM

Wie entwickelte sich die Idee zu deinem ersten Unternehmen green minds?

Vor der Gründung von green minds habe ich etwa zehn Jahre im Energiebereich gearbeitet und mich dort unter anderem mit neuen Energiesystemen befasst. Die Idee aus diesen Systemen zur CO2-Einsparung und Energieeffizienzsteigerung eine Verbindung zum Marketing zu schaffen, faszinierte mich derart, dass ich mich zur Gründung des Beratungsunternehmens green minds entschied. Bei green minds erstellten wir zum einen Geschäftsmodelle und zum anderen investierten wir in das Start-up ‚The Mobility House'. Wir mussten allerdings den Businessplan einige Male ändern, um weiterzukommen.

Wie ging es dann weiter?

Als meine Mitgründer nach München umgezogen sind, entschied ich mich einen Job im Management bei Siemens anzunehmen. Zudem wollte ich mein Netzwerk noch stärker ausbauen und in einer sicheren Führungsposition arbeiten. Ich verkaufte daraufhin meine Anteile und baute bei Siemens den Sektor für erneuerbare Energien in 19 Ländern im südosteuropäischen Raum auf. Dann änderte sich jedoch die Firmenorganisation und vor allem auch der Produkt- und Servicefokus. Da mich das weniger reizte, machte ich mich auf zu neuen Ufern. Das Konzept für ein Smart Metadata Start-up existierte aus der Zeit von green minds — es lag bereits in den Grundzügen in der Schublade. Ich griff es erneut auf und beschloss, dieses gemeinsam mit Partnern zu realisieren.

Was ist das Konzept hinter The Blue Minds Company?

Unsere Hauptmotivation ist, die Energietransformation zu begleiten. Wir arbeiten dabei in drei Bereichen. Der erste ist das Bilden eigener Geschäftsmodelle, die Trends im Energiebereich folgen. Der zweite Bereich ist die Start-up-Inkubation. Hier unterstützen wir verschiedene Geschäftsideen, beispielsweise durch Unterstützung beim Fundraising oder durch den Zugang zu Märkten, und begleiten zurzeit 13 internationale Unternehmen. Unser dritter Bereich ist das Innovations-Consulting.

gegründeten Tochterunternehmen zu übernehmen. Eine Stelle, auf die ich mich übrigens auf eigene Initiative bewarb. Es war toll, diese Firma aufzubauen, deren Konzept ich vorher ausgearbeitet hatte. Das hätte durchaus auch eine dauerhafte Stelle für mich sein können, aber ich lernte zu dieser Zeit meinen Mann kennen und bekam dann unser erstes Kind. Das war der Zeitpunkt, an dem ich etwas Eigenes gründen wollte, damit ich unter anderem flexibler über meine Arbeitszeiten bestimmen konnte, um so mein Familienleben besser integrieren zu können. Zudem gab es 2010 dann auch eine funktionierende Infrastruktur für Gründerinnen mit entsprechenden Förderungen, Institutionen und einer Start-up-Community.

„Wege entstehen im Gehen."

Wie wichtig findest du es für ein Start-up, Angebote wie Inkubatoren und Mentoring zu nutzen?

Ich denke, dass dies für Start-ups eine große Bedeutung haben kann. Der Vorteil ist, dass eine Community da ist, welche helfend zur Seite steht. Zudem kann die Reputation der Mentoren helfen, Türen zu öffnen. Im Energiebereich gibt es bislang aber nur wenige Unternehmen, die so etwas anbieten.

Wo siehst du die Zukunft der Energieversorgung? Was wird die Branche noch stark bewegen?

Die Energiebranche ist ebenso von der digitalen Transformation betroffen, wodurch sich auch die Geschäftsmodelle in den Konzernen stark ändern. So eröffnen sich auch Nischen für Start-ups, die diese Transformation, beispielsweise durch softwaregetriebene Geschäftsmodelle, begleiten können. Zudem befinden wir uns in der Energiewende, welche auch politisch begleitet wird. Es wird in Zukunft darum gehen, den CO_2-Verbrauch weiter zu reduzieren und die Energieeffizienz zu erhöhen. Damit einher gehen sicherlich auch neue Technologien zum Erzeugen und Speichern der Energie, an die wir heutzutage noch gar nicht denken.

Du warst erst zehn Jahre angestellt und hast dich dann selbstständig gemacht. Wie entstand dieser Gründungswunsch?

Der Gedanke der Selbstständigkeit war immer da. Mir hat die Idee gefallen, selbst etwas gestalten zu können. Bei der Verbund AG hatte ich bereits die Möglichkeit, die Geschäftsführung in einem neu

Woher kam dein Selbstvertrauen und dein Mut, frei heraus zu sagen, dass du die Richtige für den Geschäftsführer-Job bist?

Ich wurde so erzogen. Meine Eltern haben mich immer ermuntert, etwas zu wagen. Zudem bin ich die Älteste von vier Geschwistern und musste so von klein auf für meine Rechte einstehen. Gleichzeitig war ich dadurch schon früh sehr selbstständig. Aus meiner Erfahrung heraus schult diese Selbstständigkeit auch das Selbstvertrauen. Ich bin unerschrocken und kann auch die eine oder andere Niederlage wegstecken. Mein Motto lautet: „Wer nichts wagt, gewinnt nichts!"

Den sicheren Job zu Gunsten einer Unternehmensgründung zu kündigen, mit einer jungen Familie im Hintergrund, scheint sehr riskant. Wie hast du das wahrgenommen?

Ich wollte es einfach ausprobieren. Es wäre immer möglich gewesen in ein Unternehmen zurückzukehren, wenn das Start-up keinen Erfolg gehabt hätte. Das war ein beruhigender Gedanke. Als wir dann das erste Konzept zu The Mobility House erarbeiteten und auch schnell Erfolg hatten, bestärkte mich das zusätzlich und gab mir Mut. Aber es war auch eine sehr intensive Zeit.

Was waren deine größten Lernerfahrungen in dieser Zeit?

Meine Menschenkenntnis hat sich stark verbessert. Bei einem Start-up hängt alles von einem guten Team ab. Mit einem exzellenten Team, vergleichbar mit den komplexen Zahnradpaarungen in einem mechanischen Uhrwerk, kann man selbst eine mittelmäßige Idee weit voranbringen. Zudem habe ich gelernt, wie wichtig komplementäre Fähigkeiten im Gründerteam sind. Wenn man einen Counterpart hat, wo auch Reibung entstehen darf, dann ist das durchaus sehr förderlich.

Nach welchen Kriterien wählst du neue Mitarbeiter aus, um ein starkes Team zu bilden?

Ein geeignetes Team zusammenzustellen, ist definitiv der wichtigste Faktor eines Start-ups. Bei potenziellen Mitarbeitern sehe ich mir daher die Lebensläufe genau an. Es interessiert mich, ob dieser ein wenig bunter aussieht, beispielsweise durch ein Zweitstudium, einige Praktika oder ein Auslandssemester. Auslandsaufenthalte finde ich insofern wichtig, da sich die jeweilige Person in einer fremden Kultur integrieren musste. Das erweitert den Horizont und steigert die Kreativität. Den Rest entscheidet der persönliche Eindruck, beispielsweise die Herangehensweise an gestellte Fragen, und natürlich die Sympathie. Ich leiste mir mittlerweile den Luxus, nur mit Menschen zusammenzuarbeiten, die ich mag.

Nur 12 Prozent der Unternehmen werden in Österreich von Frauen gegründet. Woran liegt das deiner Meinung nach?

Es gibt hier sehr viele Initiativen, um Frauen zum Gründen zu bewegen. Für Viele setze ich mich persönlich ein. Meiner Meinung nach liegt der Grund in den soziokulturellen Gepflogenheiten unserer Gesellschaft, wie beispielsweise an den stereotypischen Erziehungsmustern. Frauen tendieren zudem oft zum Perfektionismus und starten generell nicht, wenn sie nicht alle Szenarien durchdacht haben. Männer wagen sicherlich mehr. Mein Tipp ist daher, den Mut zur Lücke zu finden und nicht gleich jede Schwäche zuzugeben. Man sollte einfach versuchen, seine Arbeit bestmöglich zu machen und dabei authentisch bleiben. Für Gründerinnen gilt es, sich einfach zu trauen und den ersten Schritt in ein eigenes Unternehmen zu wagen.

Du bist ja auch Mutter. Wie bringst du die Selbstständigkeit und deine Mutterrolle unter einen Hut?

Es geht erstaunlich gut, meine Karriere und meine Mutterrolle zu vereinen. Und zwar aus einem Grund: ich bin selbstbestimmt. Ich arbeite nicht weniger, seitdem ich Mutter geworden bin, sondern teile mir die Zeit so ein, dass sich beide Bereiche komplementieren. Wenn ich beispielsweise zur Schulaufführung meiner Tochter gehen möchte, dann mache ich das auch und verschiebe meine Arbeit einfach auf einen späteren Zeitpunkt. Die Digitalisierung macht Vieles möglich, sodass ich mit meinen Mitarbeitern auch von zu Hause aus vernetzt sein kann. Es macht mich auch sehr glücklich, dass unsere Tochter mit diesem Blickwinkel aufwächst und sieht, dass sich Familie und Karriere vereinen lassen.

> **„Für Gründerinnen gilt es, sich einfach zu trauen und den ersten Schritt in ein eigenes Unternehmen zu wagen."**

Welche Erfahrungen als Mutter gibt es, die du mit anderen Frauen teilen kannst?

Ich würde Frauen mitgeben, dass sie auf Karriere nicht verzichten müssen, wenn sie das nicht wollen. Vielmehr sollten sie die Elternrolle mit dem Partner oder anderen vertrauten Menschen teilen. Ich bin sicherlich keine perfekte Mutter. Ich habe meinem Kind von klein auf gesagt, dass ich vieles mit ihr mache - z.B. in Museen gehen oder Ausflüge in den Wald machen. Aber bei manchen Dingen muss meine Tochter auch ein Nein von mir akzeptieren. Ich baue zum Beispiel kein Lego-Schloss, weil ich dafür keine Geduld habe. Außerdem koche ich auch nicht oft, da ich das zeitlich oft nicht schaffe. Ich bin deshalb froh, dass ich eine Schule ausgesucht habe, wo es ein warmes Mittagessen gibt. Und abends gibt es dann etwas aus dem Supermarkt oder wir bestellen uns Essen. Ich bin keine Frau, die um 18 Uhr das Essen auf den Tisch stellt. Das gebe ich offen zu. Aber wir arrangieren uns und finden gemeinsam einen Weg!

Du kannst auf einen sehr erfolgreichen Karriereweg mit einigen Wendungen zurückblicken. Bist du stolz auf das, was du bisher erreicht hast?

Ich bin total angekommen und freue mich, dass sich der Lebensweg für mich so gezeichnet hat. Das war zwar nicht alles immer so aktiv, aber ich bin froh, dass die Wege in diese Richtung geführt haben. Wege entstehen ja bekanntlich im Gehen. Und ich würde definitiv etwas vermissen, wenn ich heute nicht das tun würde, was ich mache.

10 Tipps für mehr Sichtbarkeit als Gründerin

Eine der effektivsten Marketingstrategien für den unternehmerischen Erfolg ist, sich selbst authentisch zu präsentieren und sichtbar zu positionieren. Mit diesen 10 Tipps kannst du deine Sichtbarkeit als Gründerin und damit die deines Start-ups steigern: kreiere deine eigene Marke!

REGINA MEHLER

BIO
Regina Mehler ist Gründerin der WOMEN SPEAKER FOUNDATION und der Strategieberatung 1ST ROW. Als Expertin für Personal Brand Building arbeitet sie mit Executives und ist „Member of Board" im Deutschen Gründerverband.

FACEBOOK
women.speaker

TWITTER
@WomenSpeaker

🌐 WWW. BLOGWOMEN SPEAKER FOUNDATION .WORDPRESS.COM

WWW. WOMEN-SPEAKER-FOUNDATION.DE

WWW. 1ST-ROW.DE

1 - GEHT IN FÜHRUNG - MIT EINER KLAREN HALTUNG!

Für welche Werte stehst du? Wo sind deine Kernkompetenzen und was ist dein Leidenschaftsthema? Klarheit über die eigene Positionierung stärkt die Wirksamkeit von Führung – und schließlich auch dein Business.

2 - „JA" SAGEN!

Gründerinnen haben schon einmal „Ja" gesagt und ihre Geschäftsidee umgesetzt. Genau darum geht es: Wer sichtbar werden will, muss die Chancen ergreifen, die sich bieten, und darf nicht zu lange zögern, sonst macht es jemand anderes. Deshalb sag deutlich „Ja": zum Buchbeitrag, zum Interview, zum Bühnenauftritt. Nach der Zusage darfst du dich gerne fragen, wie das gehen soll. In der Regel hast du noch genügend Zeit, dich darauf vorzubereiten.

3 - RAUS AUS DER PERFEKTIONSFALLE!

Man muss ein Thema nicht zu 150 Prozent beherrschen, um etwas zu sagen zu haben. Wir brauchen Empathie und Leidenschaft für ein Thema. Dann werden die Auftritte authentisch und erfolgreich.

4 - BÜHNE IST ALLES!

Mit Bühne meine ich nicht nur die klassische Bühne auf Konferenzen. Auf der Bühne stehen Gründerinnen jeden Tag: Sie pitchen um Venture Capital, präsentieren sich potentiellen Partnern oder künftigen Mitarbeitern. Bühne ist auch das klassische Meeting oder Kundengespräch. Diese Bühnen müsst ihr jeden Tag nutzen. Hier muss der Auftritt stimmen!

5 - ÜBEN, ÜBEN, ÜBEN!

Egal ob für Bühne, Meeting oder das Gespräch mit potentiellen Kunden: Nur wer übt, wird sicherer und souveräner. Das geht alleine vorm Spiegel – aber noch besser mit Gleichgesinnten. Denn: „Feedback is a Geschenk!", wie Marc Zuckerberg so schön sagt. Tipp: Für das Üben mit anderen erfolgreichen Frauen gibt es spannende Angebote, z.B. die Generalprobe der WOMEN SPEAKER FOUNDATION.

6 - VISUAL STORYTELLING

Investiere in ein professionelles Foto. Doch gehe auch noch einen Schritt weiter: Bewegtbild ist noch überzeugender und heute gar nicht mehr so schwer umzusetzen – ein gutes Handy und ein gutes Mikrofon reichen oft. Ein Video-Blog erzeugt Aufmerksamkeit. Oder: Meldet euch regelmäßig von relevanten Veranstaltungen per Video über eure Social-Media-Kanäle zu Wort.

7 - AKTIV NETZWERKEN!

Netzwerken ist kein Kaffeeklatsch. Netzwerken heißt, aktiv werden und Zeit investieren. Such dir ein, zwei Netzwerke, die zu dir passen und netzwerke! Übernimm Aufgaben oder Präsentationen! Die oberste Devise von Profi-Netzwerkerinnen lautet: Erst geben, geben, geben - dann nehmen!

8 - MIT STIL AUFFALLEN, ABER AUTHENTISCH BITTE!

Kleider machen Leute. Ein stilsicheres Outfit ist das A und O für einen gelungenen Auftritt. Und so manche Persönlichkeit hat es nicht zuletzt auch wegen ihres Stils in die erste Reihe geschafft. Doch es muss authentisch sein – wer sich verkleidet, hat nichts davon. Doch wenn es zum Typ passt: Warum nicht mal mit knalliger Bluse zum Netzwerken?

9 - STORYTELLING: LANGWEILE NICHT!

Wer gute Geschichten zu erzählen hat, an den erinnert man sich gerne. Daher: Investiere in deine persönliche Story und in deine Präsentation. Übrigens: Bühnenauftritte sind Content-Marketing pur.

10 - HOL DIR HILFE VOM PROFI!

Du musst nicht alles alleine schaffen: Es gibt draußen großartige Experten, die dir zu mehr Sichtbarkeit verhelfen. Ob PR-Beratung oder ein guter Coach. Profis helfen, den Weg richtig zu gehen, in der ersten Reihe anzukommen und dort zu bleiben. Investiere nicht nur in dein Business, sondern auch in dich!

„ ICH BIN EINE
brilliante
UND
einzigartige
Rednerin. "

~

„ MEINE FÄHIGKEIT,
mit Menschen
IN KONTAKT ZU TRETEN,
wird jeden Tag
stärker. "

~

„ ICH SPRECHE MIT
viel Klarheit
UND
Kraft. "

Sandra-Stella Triebl

Sandra-Stella Triebl studierte Publizistik, Biologie und Politologie in Zürich und ist seit fast 28 Jahren als Journalistin tätig. Bereits mit 15 Jahren begann sie in der Schweizer Medienbranche zu arbeiten und war seitdem unter anderem Sportmoderatorin und Nachrichtensprecherin im Radio sowie in zwei verschiedenen TV-Formaten beim Schweizer Fernsehen und als Synchronstimme für Cartoon-Filme tätig. Dank ihrer langjährigen Medienerfahrung sowie ihrem starken Business-Netzwerk schaffte es Sandra-Stella 2007, aus dem Nichts das Businessmagazin für Frauen „Ladies Drive", das im eigenen Verlag erscheint, aufzubauen. Heute gilt Sandra-Stella Triebl als die bestvernetzte Frau der Schweiz und kreierte seriell diverse Blogs, Eventformate und Businessclubs - alle mit durchschlagendem Erfolg. Im Gegensatz zu herkömmlichen Magazinen und Blogs schreiben nicht Journalisten die Beiträge, sondern Autoren, die selbst in der Wirtschaft aktiv sind. Zudem ist das Unternehmen der größte Veranstalter von Events für weibliche Führungskräfte. Sandra-Stella zeigt, dass man nicht aus einer reichen Familie stammen muss, um es als Unternehmerin zu schaffen, sondern viel Herzblut und Leidenschaft absolut ausreichen.

SANDRA-STELLA TRIEBL

UNTERNEHMEN
Swiss Ladies Drive

GRÜNDUNGSJAHR
2007

MITGRÜNDER
Sebastian Triebl

STADT
Lutzenberg, Schweiz

🌐 WWW.LADIESDRIVE.TV

Was macht für dich die Selbstständigkeit zum perfekten Job?

Für mich war schon immer klar, dass ich in meinem Beruf sehr viel Freiheit und Selbstbestimmung haben möchte. Und genau diese zwei Komponenten habe ich in meiner Selbstständigkeit gefunden. Geld und Macht waren noch nie ein Motivator für mich. Freiheit und Leichtigkeit im Leben hingegen schon.

Woher kam dein Wunsch Ladies Drive zu gründen?

Ich hatte davor bereits eine Kreativagentur gegründet und durfte für zwei Investoren das erste Flotten- und Fuhrparkmagazin der Schweiz hochziehen. Als wir das Projekt nach kürzester Zeit in den schwarzen Zahlen hatten, dachte ich mir: Womöglich ist es auch Zeit für das erste sinnliche Business-magazin für Frauen. Für eine Community von weiblichen Denkern und Machern, die voneinander lernen und sich unterstützen. Doch die meisten Frauenmagazine scheinen einem keine komplexeren Inhalte als Handtaschen, Schuhe und Horoskope zuzutrauen. Ich habe mein Studium mit Bestnoten abgeschlossen und will über mehr als nur diese „typischen Frauenthemen" lesen. Gleichzeitig waren mir viele klassische Wirtschaftsblätter zu langweilig. Das lebte zu wenig für mich. Die sind ja alle nicht „rocket science" zum Lesen - aber ich wünschte mir mehr Persönlichkeit, Wahrhaftigkeit in diesen Geschichten. Und als ich eines Tages wieder mal am Küchentisch sitzend über ein Frauenmagazin mäkelte, sagte mein Mann: „Dann mach doch eines, das dir gefällt. Und machs besser". Gesagt. Getan.

„Die größten Fehler sind immer dann passiert, wenn ich nicht auf mein Bauchgefühl gehört habe."

Was war dabei deine Grundidee von dem Inhalt des Magazins?

Ich wollte von Anfang an ein Autorenmagazin kreieren und mit Ladies Drive eine Community Online und Offline aufbauen, wo jeder etwas beitragen kann und somit der Inhalt von Blog, Events und Magazin sich beständig verändert und mit den Lesern und Usern mitwächst. Heutzutage nennt man das User Generated Content, Community Building und Storytelling, aber das war bei der Gründung 2007 noch gar kein Thema. Zudem wusste ich schon damals, dass ich nicht nur einen Blog, ein paar Events und ein Magazin haben möchte - sondern auch einen Businessclub oder internationale Konferenzen, Jungunternehmer-Events und dergleichen. Mittlerweile haben wir sechs verschiedene Marken in unserem Portfolio, wo all diese Ideen inkludiert sind. Dass wir dies ohne Investor und innerhalb von 10 Jahren aus eigener Kraft schaffen würden, hätte ich jedoch nicht geglaubt.

Du hattest bereits Erfahrung in der Medienbranche. Inwiefern hat dir das bei der Gründung weitergeholfen?

Da ich bereits seit meinem 15. Lebensjahr in den Schweizer und deutschen Medien arbeite, hatte ich bereits ein sehr gutes Netzwerk. Ich dachte eigentlich immer, ich sei nur etwas anhänglich. Irgendwann hat mir dann jemand gesagt, dass ich eine sehr gute Netzwerkerin sei. Und aus diesem Netzwerk erwuchs alles, was ich je getan habe. Ich konnte mein Netzwerk also in gewisser Weise in Geld ummünzen. Und wir haben schon ab dem ersten Jahr schwarze Zahlen geschrieben.

Hast du auch einen Businessplan geschrieben?

Ich bin kein großer Befürworter von Businessplänen. Sie helfen vielleicht, sich besser zu fokussieren und Geld von Investoren oder Banken zu erhalten. Generell sind sie, meiner Meinung nach, aber überflüssig. Ich habe daher keinen geschrieben, sondern mein persönliches Vermögen komplett in mein Unternehmen gesteckt. Ich wollte keinen Investor, sondern maximale Freiheit und auch maximales Risiko. Ich wollte etwas tun und nicht nur darüber reden.

Hast du ganz alleine gestartet oder hattest du Unterstützung?

Am Anfang war es fast ein reines Familienunternehmen. Mein Schwager Lucas, der Grafikdesigner ist, und auch mein Mann Sebastian haben mitgearbeitet und tun dies noch immer. Bei Events half anfangs meine charmante, österreichische Schwiegermutter aus und mein Vater kümmerte sich um die Buchhaltung. Dann konnte ich aber auch schnell anfangen, Mitarbeiter und Freelancer für diese Aufgaben einzustellen. Und mittlerweile sind wir 48 Mitarbeiter im Team.

Ihr habt kein klassisches Büro, sondern arbeitet zum Beispiel in Co-Working-Spaces. Wie vernetzt ihr euch? Und gibt es auch Nachteile bei dieser Form der Arbeit?

Wir arbeiten „lean", haben keine Hierarchien, keinen unnötigen Überbau und keine teure Züricher Immobilie. Wir haben nur eine Mitarbeiterin, die bei uns im Hause arbeitet - alle anderen sind uns quasi „zugeschaltet", arbeiten von zu Hause oder sind über einen Mandatsvertrag mit uns verbunden. Wir nutzen viele Online-Tools wie beispielsweise Skype, Wunderlist, Team Viewer und Google Drive, wodurch die Kommunikation sehr gut funktioniert. Zudem arbeiten wir projektspezifisch, was bedeutet, dass sich das Online-Team nur um die Website und das Grafik-Team nur um die Gestaltung kümmert. Ich koordiniere und führe diese verschiedenen Teams. Ein Nachteil ist, dass alles über meinen Tisch muss - ich bin somit das Nadelöhr. Gleichzeitig weiß ich immer bestens, was in meiner Firma geschieht. Alle unsere Mitarbeiter müssen also sehr selbstständig, sauber und zuverlässig arbeiten.

Gab es in deiner Familie bereits Unternehmer zuvor?

Ich komme eher aus sehr bescheidenen Verhältnissen und meine Familie hat einen Migrationshintergrund - da war niemand Unternehmer. In der Familie haben wir aber viele Künstler und Musiker. Meine Großeltern sind eine kunterbunte Mischung verschiedener Nationalitäten und sind allesamt während dem ersten und zweiten Weltkrieg aus Italien, Frankreich, Schweden, Deutschland und Polen in die Schweiz geflohen. Dieses Multikulturelle hat mich stark geprägt. Allerdings bin ich eine Ausnahme in der Familie - die einzige, die im näheren Familienumfeld studiert hat und selbstständig ist.

**Wie hat dein Umfeld denn reagiert, als du von deinen Gründer-
plänen erzählt hast?**

Eigentlich kam der Sprung in die Selbstständigkeit aus purer Not: Ich
hatte einen super Job mit Führungsverantwortung und wurde gekündigt. Also nahm ich das als Chance und kleinen Schubs des Schicksals.
Für die meisten in meinem Umfeld war es jedoch völlig klar, dass ich
selbstständig werde, da ich eine sehr offene und selbstbestimmte Person
bin - manche Chefs nannten mich auch gern mal „unführbar" und
„viel zu schnell". Die einzige Person, die schockiert war, war meine
Mutter. Sie ist etwas konservativer und hat mich eher in einer Festanstellung oder als Bankiersgattin und Mutter gesehen. Nach dem Studium hatte ich jedoch zugunsten meiner Gründung ein sehr attraktives
Jobangebot als Nachrichtensprecherin im Schweizer TV abgelehnt.
Mir war dieser Job einfach zu ernst und ich wollte während der Arbeit auch mal lachen können. Ich will nicht Karriere machen, um der
Karriere willen. Sondern weil mich etwas antreibt, dessen Schöpfung
mich im Inneren erfüllt.

**Was waren deine größten Fehler, die du gemacht hast? Und was
hast du daraus gelernt?**

Die größten Fehler sind immer dann passiert, wenn ich nicht auf mein
Bauchgefühl gehört habe. Zum Beispiel habe ich in den letzten zwei
Jahren zu viel gearbeitet, obwohl ich gemerkt habe, dass ich mehr
Schlaf und Erholung brauche. In meinen Gedanken konnte ich mir
allerdings keine Pause leisten, da ich ja die Chefin bin. So musste ich
erst lernen, dass ich nicht Superwoman bin, sondern genauso Freizeit
brauche. Dass ich mehr für mich tun muss als Zähneputzen. Das fällt
mir aber noch immer schwer, auch wenn ich mehr oder weniger regelmäßig Yoga und Meditation genieße. Aber ich kümmere mich auch
um meinen dementen Vater, der seit dem Tod meiner Mutter alleine
ist. Und ich genieße eine sehr glückliche Beziehung mit meinem Mann
seit 18 Jahren. Alles, was man im Leben gut machen will, braucht
Hingabe. So auch diese Dinge. Und, dass ich dasselbe für mich selbst
tue, lerne ich gerade.

Hast du während den 10 Jahren deiner Selbstständigkeit auch mal ans Aufhören gedacht?

Dieser Gedanke kommt immer mal wieder, vor allem in sehr hektischen Phasen. Dann liege ich manchmal nachts im Bett und frage mich, warum um alles in der Welt ich das bloß tue und wieso ich mich nicht irgendwo anstellen lasse. Dann hätte ich keine Kämpfe, viel mehr Geld und Sicherheit. Aber ich weiß auch, dass das Momente sind, die mich dazu bringen, meine Situation zu hinterfragen und etwas daran zu ändern. Jede Veränderung im Leben ist gut! Letztlich sind das auch eher seltene Momente, denn am nächsten Tag geht wieder die Sonne auf, gemäß dem Motto: „Neuer Tag, neues Glück!" Und ich glaube fest daran, dass man nur über den Schmerz und durch das Hindurchgehen etwas ändert im Leben. Es ist der Schatten, der zum Licht dazu gehört. Und zum Glück gibt es in meinem Leben jede Menge Licht.

Man merkt, dass du ein sehr positives Mindset hast, das dir offensichtlich auch bei deinem geschäftlichen Erfolg weiterhilft. Hast du bestimmte Glaubenssätze?

Ich glaube an das Gute im Menschen und daran, dass jeder Mensch unglaublich viele Talente hat, aber dass das Leben uns dazu bringen kann, dass man diese vergisst und sie verschüttet werden. Man sollte sich daher immer wieder an seine Stärken erinnern. Daran glaub ich nicht nur — ich weiß, dass es so ist.

Wie entspannst du dich und stellst deine Energie wieder her?

Ich meditiere und mache Yoga. Ich hab vor sechs Jahren damit angefangen, bewusst zu meditieren. Damals war mein Stresslevel so wie heute sehr hoch und ich wurde immer mal wieder krank. Da merkte ich, dass ich einen guten Ausgleich brauche. Neben dem Sport gehe ich oft an der frischen Luft mit meinem Hund spazieren. Außerdem unterstützt mich mein Ehemann, mit dem ich seit 18 Jahren verheiratet bin, auf ganz wunderbare Weise. In hektischen Phasen sagt er mir aber auch, dass ich aufhören soll zu arbeiten und einen kurzen Digital Detox machen soll. Das wirkt dann wirklich Wunder! Als Unternehmer muss man sich einfach regelmäßig etwas Gutes tun, um langfristig gute Leistungen erbringen zu können. Was ich aber auch gelernt habe, ist, dass es meist nicht darum geht, was man macht, sondern wie man etwas macht. Und den stillen Raum, den Ort des Loslassens, der Leichtigkeit, den muss man sich immer und immer wieder aufs Neue selbst erschaffen. Es ist nichts, was man im Sinne eines Ziels erreichen könnte — sondern es ist ein Weg, den man bereit ist zu beschreiten.

Was hältst du ganz allgemein für die größten Herausforderungen unserer Zeit?

Da gibt es viele. In disruptiven Zeiten, wo nur eines sicher ist, nämlich dass sich unsere Welt beständig verändern wird und kein Stein auf dem anderen stehen bleibt, beginnen viele Menschen aus purer Angst vor Veränderung an Dingen festzuhalten, die wir als konservative Werte oder auch Populismus beschreiben können, weil hier eine vermeintlich einfache Lösung, eine Sicherheit angepriesen wird, nach der die Menschen suchen. Die Balance zwischen Aktion und Reaktion zu finden, ist wohl eine der herausforderndsten Dinge, die uns aktuell als Mitmenschen und Unternehmer begegnen können. Zudem glaube ich, dass wir im Zeitalter der Misfits leben. Die vermeintlichen Außenseiter sind die großen Gewinner unserer Zeit. Eine andere Herausforderung ist, von dem Gedanken des unendlichen Wachstums wegzukommen. Die Natur kennt das auch nicht, ein Baum wächst irgendwann nicht mehr und eine Wolke ist irgendwann leer. Nichts, was in der Natur oder im Lebenskosmos ist, hat unendliches Wachstum. Wenn wir an diesem Gedanken festhalten, wird es nie genug sein und dieses Gedankengut macht uns kaputt.

Was denkst du, wie Frauen bei einer Gründung vorgehen?

Frauen sehen ein Unternehmen in der Tendenz wohl weniger als klassisches Start-up, wo ein Investor gesucht wird, und man möglichst schnell mit viel Geld in den Taschen wieder aussteigen möchte. Sie sehen ihr Unternehmen vielmehr als eine langfristige Entscheidung. Deswegen lassen sich Frauen vermutlich auch mehr Zeit damit, bevor sie gründen. Aber ich denke auch, dass nicht jeder Vorstandsmitglied, Geschäftsführer*in oder Gründer*in sein muss. Wenn man glücklich in seinem Job ist, ist das auch viel wert. Das Glück wohnt für jeden woanders.

„Ich musste erst lernen, dass ich nicht Superwoman bin. "

Würdest du sagen, dass dich das Unternehmertum glücklicher gemacht hat?

Mein Glücklichsein hat wenig mit meinem Unternehmen zu tun, sondern vielmehr damit, dass ich den Mut gefunden habe, meinem Herzen zu folgen und das zu tun, was mir Freude macht und meine Talente zu Tage fördert. Ich habe lange nicht realisiert, was mein Talent ist. Häufig ist es ja genauso, dass einem das eigene Talent erst dann auffällt, wenn es einem andere Leute sagen. Für mich bedeutet Zufriedenheit und Erfolg, den Mut zu haben und mir zu sagen: „Das kann ich gut! Und ich gehe jetzt meinen Weg!" sowie die Freiheit zu haben, in jedem Moment des Lebens das tun zu können, was mir Spaß macht. Das macht mich glücklich — und genau das habe ich!

Business Model Canvas

VON DER IDEE ZUM GESCHÄFTSMODELL

Mit dem Business Model Canvas kannst du ganz einfach deine Start-up Idee visualisieren und testen, ob diese auch unternehmerisch sinnvoll ist. So erstellst du, anstelle eines umfangreichen Businessplans, dein Geschäftsmodell innerhalb kurzer Zeit und fokussiert dich dabei auf die Schlüsselelemente. Das Business Model Canvas enthält neun Felder mit Schlüsselfaktoren, die mit Inhalt gefüllt und in eine sinnvolle Beziehung zueinander gebracht werden müssen.

SCHLÜSSELPARTNER	SCHLÜSSELAKTIVITÄTEN	WERTEVERSPRECHEN	KUNDENBEZIEHUNGEN	KUNDENSEGMENTE
	Was sind die wichtigsten Tätigkeiten, um dein Geschäftsmodell zu realisieren?		Wie gewinnst, hälst und upgradest du deine Kunden?	
Wer sind deine wichtigsten Partner?	**SCHLÜSSEL-RESSOURCEN** Welche physischen, menschlichen und finanziellen Ressourcen sind unverzichtbar?	Welchen Nutzen haben deine Kunden, wenn sie dein Produkt kaufen bzw. mit dir zusammenarbeiten?	**KANÄLE** Wie erfahren deine Kunden von deinem Angebot und wie bekommen sie es?	Wer ist deine Zielgruppe?

KOSTENSTRUKTUR	EINNAHMENQUELLEN
Was sind deine wichtigsten Ausgaben, ohne die das Geschäftsmodell nicht laufen würde?	Woher kommt in deinem Geschäftsmodell das Geld?

SCHLÜSSELPARTNER

Je nach Geschäftsmodell kann es sich anbieten, eine strategische Partnerschaft mit Nicht-Konkurrenten, Lieferanten oder Serviceanbietern einzugehen, um Risiken zu reduzieren und die Effektivität deines Unternehmens zu steigern. Welche Partner und welche anderen Quellen liefern dir Ressourcen? Was müssen diese Partner leisten?

WERTEVERSPRECHEN

Die zentrale Aufgabe deines Unternehmens ist, ein bestimmtes Problem deiner Kunden zu lösen oder ein Bedürfnis zu erfüllen. Dieses Nutzenversprechen wird auch als „Value Proposition" bezeichnet und beschreibt das Alleinstellungsmerkmal deines Angebots.

KUNDENSEGMENTE

Die Kundensegmente sind die unterschiedlichen Gruppen von Kunden, die du mit deinem Angebot ansprechen willst. Diese Zielgruppe sollte einen hohen Nutzen durch dein Angebot haben und optimal zu deinem Werteversprechen passen.

SCHLÜSSELRESSOURCEN

Um Werte zu schaffen, benötigt man Ressourcen, die du genau identifizieren solltest. Dazu zählen bspw. personelle und materielle Ressourcen, Know-How oder unter Umständen auch Maschinen und Technologien.

EINNAHMENQUELLEN

Oftmals bieten sich mehrere Wege an, mit demselben Werteversprechen Geld zu verdienen. Einmalzahlungen bringen schnell Geld, Abonnenten hingegen einen kontinuierlichen Cash Flow. Welches Verhältnis besteht zwischen Kostenaufwand, Ressourcenverbrauch und Erlös? Was kann man optimieren, um diese Verhältnis zu verbessern? Zudem solltest du ein passendes Preismodell für dein Angebot finden!

SCHLÜSSELAKTIVITÄTEN

Zur Verwirklichung deines Geschäftsmodells sind bestimmte, zentrale Tätigkeiten notwendig. Dazu kann die Entwicklung neuer Lösungen für deine Kunden oder der Aufbau eines Netzwerks zählen. Welche Schlüsselaktivitäten sind besonders wichtig, um Geld zu verdienen und Kunden anzuziehen? Und wo liegt die Kernkompetenz deines Unternehmens?

KUNDENBEZIEHUNGEN

Kunden erwarten je nach Angebot eine gewisse Art von Service und Umgang, welche du klar definieren solltest. Erfolgt die Interaktion zu 100 Prozent automatisiert? Oder bietest du individuell anpassbare Dienstleistungen an, die eine direkte zwischenmenschliche Interaktion erfordern?

KOSTENSTRUKTUR

Vor allem bei deinen Schlüsselaktivitäten, -ressourcen, und -partnerschaften werden Kosten entstehen. Hierzu solltest du die wichtigsten Kostenpunkte auflisten. Wo kannst du auch Kosten sparen? Welche Aktivitäten verursachen besondere Kosten und sind diese wirklich notwendig bzw. dienen sie dem Unternehmenszweck?

KANÄLE

Beschreibe, wie du mit deinen Kunden interagierst und welche Marketing-, Kommunikations- und Vertriebskanäle du nutzt, um deine Kundensegmente zu erreichen. Wie erregst du Aufmerksamkeit für dein Produkt? Finde zudem heraus, welche Kanäle produktiv und welche ineffizient sind!

Buchtipp: Weitere hilfreiche Informationen zum Business Model Canvas findest du in dem Buch „Business Model Generation" von Alexander Osterwalder.

Mögliche Gesellschaftsformen für deine Gründung

🇩🇪🇦🇹🇨🇭 Einzelunternehmen	ein Geschäftsinhaber (= Gründer)	nicht erforderlich	volle Haftung mit Privatvermögen	freiwillig (Ausnahmen möglich)
🇩🇪 Gesellschaft bürgerlichen Rechts (GbR) 🇦🇹 Gesellschaft nach bürgerlichem Recht (GesbR) 🇨🇭 Kollektivgesellschaft	mindestens zwei Gesellschafter	nicht erforderlich	volle Haftung aller Gesellschafter mit Privatvermögen	🇩🇪 freiwillig 🇦🇹 nein 🇨🇭 ja
🇩🇪 Offene Handelsgesellschaft (oHG) 🇦🇹 Offene Gesellschaft (OG)	mindestens zwei Gesellschafter	nicht erforderlich	volle Haftung aller Gesellschafter mit Privatvermögen	ja
🇩🇪🇦🇹🇨🇭 Kommanditgesellschaft (KG bzw. KMG)	mindestens zwei Gesellschafter	nicht erforderlich	Komplementäre: Unbeschränkte Haftung mit Privatvermögen Kommanditisten: Beschränkte Haftung mit im Gesellschaftervertrag festgelegten Einlage	ja
🇩🇪 Unternehmergesellschaft (UG)	mindestens ein Gesellschafter	1 EUR	beschränkt auf das Gesellschaftsvermögen	ja
🇩🇪🇦🇹🇨🇭 Gesellschaft mit beschränkter Haftung (GmbH)	mindestens ein Gesellschafter	🇩🇪 25.000 EUR (mindestens 50% als Bareinlage) 🇦🇹 35.000 EUR (mindestens 50% als Bareinlage) 🇨🇭 mind. CHF 20'000 (gesamte Einzahlung)	beschränkt auf das Gesellschaftsvermögen	ja
🇩🇪🇦🇹🇨🇭 Aktiengesellschaft (AG)	mindestens ein Aktionär	🇩🇪 50.000 EUR 🇦🇹 70.000 EUR 🇨🇭 100.000 CHF	beschränkt auf das Gesellschaftsvermögen	ja

Finanzierungsquellen für dein Start-up

Da für die Realisierung deiner Geschäftsidee und Finanzierung deiner Start-up-Kosten auch ein gewisser Kapitalbedarf notwendig ist, stellen wir dir eine Auswahl von Finanzierungsquellen vor.

VENTURE CAPITAL

Venture Capital, oder auch Wagniskapital, wird vorwiegend in technologieorientierte und innovative Unternehmen, die sich in der Gründungs- und Wachstumsphase befinden, investiert. Das Ziel ist, die erkauften Anteile später gewinnbringend zu verkaufen.

BUSINESS ANGELS

Business Angels sind vermögende private Investoren, die neben Kapital auch ihr Know-How und starke Netzwerke in das Start-up mit einbringen und meistens in der frühen Unternehmensphase investieren. Sie setzen darauf, die erworbenen Unternehmensanteile mit Gewinn verkaufen zu können.

INKUBATOREN & ACCELERATOREN

Inkubatoren und Acceleratoren sind meistens Einrichtungen oder Institutionen, die Unternehmern Starthilfe bieten. Das kann Beratung, Finanzierung, Coaching, Bereitstellung von Büroräumen, professionelle Businessplan-Erstellung und das Eröffnen von Netzwerken sein.

CROWDFUNDING

Wer ein bestimmtes Projekt umsetzen möchte, kann über Crowdfunding Startkapital von einer Vielzahl von Personen, der Masse (engl. Crowd), erhalten und darüber Eigenkapital generieren. Jeder Kapitalgeber erhält ein kleines Dankeschön für seine Unterstützung als Gegenleistung. [Mehr über Crowdfunding auf S.167]

GRÜNDERWETTBEWERBE

Es gibt diverse Gründerwettbewerbe die hohe Prämien als Preisgelder ausschreiben. Gezielt für Gründerinnen gibt es bspw. den Darboven IDEE-Förderpreis.

STAATLICHE FÖRDERUNG

Über die Agentur für Arbeit ist der Gründungszuschuss (ALG 1) oder die Bewilligung von Einstiegsgeld (ALG 2) für Gründer aus der Arbeitslosigkeit eine Möglichkeit zur Startfinanzierung. Für die Förderung von Gründern aus der Hochschule bietet das EXIST-Gründerstipendium gute Unterstützung und Finanzierung an. [Mehr zu EXIST auf S. 168]

BANKKREDITE

Für den Antrag eines Bankkredits ist vor allem ein umfangreicher Businessplan wichtig. Je nach Geschäftsmodell kann ein klassischer Bankkredit eine Möglichkeit der Finanzierung darstellen.

FREUNDE UND FAMILIE

Durch den Bootstrapping-Ansatz, d.h. geringe Kosten, Einlagen der Gründer, Gewinne, Rückstellungen sowie der Fokus auf einen positiven Cashflow, kann man seine Gründung ggf. auch finanzieren. Das benötigt meist zwar etwas mehr Zeit um zu wachsen, aber man behält die volle Kontrolle und alle Anteile am Unternehmen.

EIGENKAPITAL

Viele Gründer finanzieren sich in der Anfangsphase auch zum Teil durch Darlehen von Freunden und Familie. Empfehlenswert ist auch, dass man die Bedingungen des Darlehens kurz vertraglich festlegt, damit sich beide Seiten absichern können.

Female Founders Fakten

...Professionelle Dienstleistungen, wie beispielsweise Beratung, Buchhaltung und Recht	11,20%
...Modebranche	6,00%

Weitergabe des Geschäfts an die nächste Generation	12,30%
soziale Auswirkung	11,20%

Anteil der Gründerinnen bzgl. steigender Gewinnerwartungen	61,00%

Bankkredite	21,00%
Darlehen von Freunden und Familie	17,00%

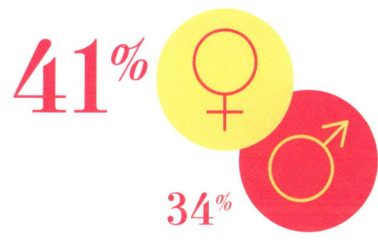

41% ♀ ♂ 34%

59% ♂ ♀ 46%

...LASSEN SICH AUS ANGST VORM SCHEITERN VON DER GRÜNDUNG ABHALTEN.

...GLAUBEN, DASS SIE DIE ERFORDERLICHEN KENNTNISSE UND FÄHIGKEITEN ZUM GRÜNDEN HABEN.

QUELLE: 2016 BNP PARIBAS GLOBAL ENTREPRENEUR REPORT „THE EMERGENCE OF MILLENNIAL PRENEURS", GEM 2015 SPECIAL REPORT – WOMEN'S ENTREPRENEURSHIP

Tipps für Gründerinnen

Mentoring, Fundraising oder Netzwerken - Diese Branchenexperten wissen, worauf es ankommt!

Kerstin Heiligenstetter
Leiterin She's Mercedes bei Daimler AG

" Mut und einen eisernen Willen – das braucht es, um erfolgreich zu gründen. Den Mut, die eigene Idee zu verwirklichen, und den Willen, sich über jedes Vorurteil und alle Zweifel hinwegzusetzen. So kann jedes Projekt zum Erfolg werden. Und ein funktionierendes Netzwerk schadet auch nicht. "

🌐 WWW.MERCEDES.ME/SHE

Anne Gfrerer
Head of Corporate and Digital Relationship Management bei HypoVereinsbank

" Gründerinnen sind in der deutschen Start-up Szene noch immer unterrepräsentiert. Das HVB Gründerinnen-Mentoring unterstützt Female Founders dabei, ihre Business-Idee umzusetzen und am Markt erfolgreich zu etablieren. Holen Sie sich eine erfahrene Unternehmerin als Mentorin mit an Board, die Sie auf dem Weg in die Selbständigkeit begleitet. "

🌐 WWW.HVB-FRAUENBEIRAT.DE

Eugen Müller
Gründer & Geschäftsführer von Startup und Tax

" Helfe dem Erfolg deines Unternehmens schon bei der Gründung auf die Sprünge: Der Aufbau der richtigen Struktur sorgt dafür, dass du in der Zukunft steuerliche Vorteile nutzen kannst. Digitalisiere zudem deine Prozesse und erleichtere die Zusammenarbeit mit deinem Steuerberater! "

🌐 WWW.STARTUP-TAX.DE

Heike Schneider-Jenchen
Mitglied des Bundesvorstands im Verband deutscher Unternehmerinnen e.V. (VdU)

„ Mut und noch mehr Entschlossenheit durch Vorbilder und „Wegbegleiter" - damit möchte auch der VdU Frauen motivieren, ihr eigenes Unternehmen zu gründen. Gerade in der Anfangsphase kommt es darauf an, die richtigen Weichen zum Erfolg zu stellen – und der braucht ein gutes Netzwerk! Um Erfahrungen auszutauschen, Know-how zu vermitteln und Partnerschaften zu ermöglichen. "

🌐 WWW.VDU.DE

Frederike Voss
CEO & Co-Founder orbyd GmbH und Stv. Vorsitzende Initiative Start-ups im BVDW e.V.

„ In der AdTechnology-Szene sind Unternehmerinnen leider eine Rarität. Dabei werden sie besonders dort nicht nur für profundes Fachwissen, Organisations- talent und Empathie geschätzt, sondern auch für einen klaren Fokus. Beste Voraussetzungen, den Schritt ins Unternehmertum zu wagen. Unabdingbar für den Erfolg als Gründerin ist dabei Networking, welches z. B. auf zahlreichen Branchenveranstaltungen des Bundesverband Digitale Wirtschaft (BVDW) e.V. möglich ist. "

🌐 WWW.BVDW.ORG

Anja Koch
Leiterin Verkaufskonzepte bei AXA Konzern AG

„ Sie sind nicht nur selbständig, Frau, Partnerin und vielleicht sogar Mutter. Sie sind auch für Ihre Mitarbeiter und Ihr Unternehmen verantwortlich. Sorgen Sie daher für eine frühzeitige und umfassende Absicherung von der privaten Krankenversicherung über die Altersvorsorge und Existenzsicherung bis hin zur Betriebsabsicherung. "

🌐 WWW.AXA.DE

Marie-Helene Ametsreiter
Partnerin bei Speedinvest

"

Um nicht im Dauer-Fundraising-Stress zu landen, sollte die Investitionssumme für mindestens 18-24 Monate Run-Rate reichen. Weiterhin empfiehlt es sich, einen Lead-Investor an Bord zu nehmen, der im Follow-On Fundraising die Leitung übernimmt. So kannst du dich auf die wirklich wichtigen Dinge - die Entwicklung deines Startups - fokussieren.

"

🌐 WWW.SPEEDINVEST.COM

Dr. Katja von der Bey
Vorstandsmitglied und Geschäftsführerin WeiberWirtschaft eG

"

Ihr könnt alles schaffen! Aber wappnet Euch dagegen, dass ausgerechnet in der Wirtschaft Rollenklischees und strukturelle Benachteiligungen noch ziemlich ausgeprägt sind. 43 % weniger Einkommen bei selbständigen Frauen kommen nicht von ungefähr. Auch wenn das Thema nervt: Lernt von den Strategien anderer Unternehmerinnen, vernetzt und verbündet Euch und – ach ja! – Augen auf bei der Partnerwahl.

🌐 WWW.WEIBERWIRTSCHAFT.DE

Hannah Lindstedt
Director DACH bei Debitoor GmbH

"

Hab keine Angst vor dem Thema Finanzen. Buchhaltung ist nicht beliebt, aber ein Muss, um erfolgreich Geschäfte zu führen. Wer sich von Anfang an dem Thema stellt, die richtigen Tools nutzt und gut organisiert ist, hat Einnahmen und Kosten immer im Griff.

"

🌐 WWW.DEBITOOR.DE

„ HAB KEINE ANGST DAVOR
ZU ZEIGEN,
wer du bist!

Geh tapfer
AUF DEINE ZIELE ZU
und höre nicht
AUF DIEJENIGEN, DIE DICH
ENTMUTIGEN WOLLEN!

DU HAST
die Möglichkeit,
IHNEN ZU ZEIGEN, DASS DU ETWAS
Großartiges
SCHAFFEN KANNST.

Also
NIMM DEINEN MUT ZUSAMMEN
und tue es! "

Kamales Lardi
Gründerin Lardi & Partner Consulting GmbH

[Interview auf S.147]

Wir empfehlen:
Fraueninitiativen, Events und mehr

FEMALE FOUNDER SPACE

Female Founder Space ist eine Online-Plattform für Gründerinnen, Unternehmerinnen und Kreative – mit einer einzigartigen Community sowie Coachings, Online-Kursen und Beratung für dein persönliches und berufliches Wachstum.

WWW.FEMALEFOUNDERSPACE.COM

FEMPRENEUR

FEMPRENEUR ist das digitale Magazin von der Herausgeberin Maxi Knust, kreiert für Gründerinnen und Unternehmerinnen mit inspirierenden Interviews und Stories sowie umfangreichem Gründungswissen. Entdecke weibliche Vorbilder, innovative Geschäftsmodelle und praktische Start-up-Tipps!

WWW.FEMPRENEUR.DE

WECONNECT INTERNATIONAL

WEConnect International arbeitet als erste unternehmerische Initiative mit Einkäufern aus internationalen Konzernen zusammen, die Produkte und Dienstleistungen von Frauenunternehmen weltweit beziehen wollen.

WWW.WECONNECTINTERNATIONAL.ORG

TECHETTES E.V.

Die Techettes e.V. feiern mit Talks und Workshops das kreative Potential von Tech-Berufen und bringen Frauen aus der Branche auf die Bühne. Die Gründerinnen sind selbst Tech-begeistert und träumen davon nicht mehr die Ausnahme zu sein.

WWW.TECHETTES-FRANKFURT.COM

WOMEN'S EXPO SWITZERLAND

Das Ziel von Women's Expo Switzerland ist es, die Plattform erster Wahl für Frauen zu sein, auf der sie neue Leads generieren, Kooperationspartnerinnen finden und die Reichweite ihre Business vergrößern können.

WWW.WOMENEXPO.CH

DER VERBAND SELBSTÄNDIGER FRAUEN, SCHÖNE AUSSICHTEN, E.V.

Der Verband selbständiger Frauen, Schöne Aussichten, e.V., ist ein branchenübergreifendes und bundesweites Netzwerk für Gründerinnen, Freiberuflerinnen, Solounternehmerinnen und Firmeninhaberinnen. Nach außen macht sich der Unternehmerinnenverband stark für die öffentliche Präsenz selbstständiger Frauen.

WWW.SCHOENE-AUSSICHTEN.DE

WOMENBIZ ✚

Das Portal für Frauen mit Passion, Stil und Engagement!

womenbiz ist Marketingplattform und Businessnetzwerk zugleich. Es fördert und vernetzt Unternehmerinnen und Frauen im Karriereprozess damit sie sich auf ihr Potenzial fokussieren können und so beruflich und privat erfolgreicher sind.

🌐 WWW.WOMENBIZ.CH

BUSINESS AND PROFESSIONAL WOMEN (BPW) GERMANY E.V. 🇩🇪

BPW setzt sich international als branchenübergreifendes Frauennetzwerk für Chancengleichheit in Beruf, Politik, Wirtschaft, Wissenschaft und Gesellschaft ein. BPW Germany ist Initiator des Equal Pay Day.

🌐 WWW.BPW-GERMANY.DE

VERBAND DEUTSCHER UNTERNEHMERINNEN E.V. 🇩🇪 (VDU)

Der VdU vertritt seit 1954 die Interessen von über 1.800 Unternehmerinnen und setzt sich für mehr weibliches Unternehmertum, mehr Frauen in Führungspositionen und bessere Bedingungen für Frauen in der Wirtschaft ein.

🌐 WWW.VDU.DE

WOMEN LEADERSHIP FORUM ▬

Das WOMEN LEADERSHIP FORUM ist eine Initiative des European Brand Institutes zur Förderung von Women Leadership in Wirtschaft, Wissenschaft & Forschung, öffentlichen Institutionen und der Gesellschaft um die Innovations- und Wirtschaftskraft Österreichs zu stärken.

🌐 WWW.WOMENLEADERSHIP.AT

SWONET (SWISS WOMEN NETWORK) ✚

Die Stiftung SWONET (SWISS WOMEN NETWORK) vernetzt in der Schweiz 80 Dach-und Frauenorganisationen und ermöglicht ihnen so eine gemeinsame Präsenz.

Die Gruppe SWONET im Businessnetzwerk XING, ist das grösste Frauenbusinessnetzwerk der Schweiz.

🌐 WWW.SWONET.CH

HERCAREER 🇩🇪

herCAREER, die Messe für Frauen, bietet Gründerinnen konkrete Angebote und Tipps rund um die Unternehmensgründung und unterstützt sie dabei, ihr Netzwerk zu erweitern und von dem Wissen erfolgreicher Persönlichkeiten zu profitieren.

🌐 WWW.HER-CAREER.COM

ASPIRE

Aspire ist eine inklusive Community die für Gründerinnen Programme, Veranstaltungen und ein Netzwerk anbietet. Die Kernprinzipien von Aspire beruhen auf Gleichheit, Vielfalt sowie dem Engagement Gleichgesinnter.

🌐 WWW.ASPIREME.CO

FEMALE FOUNDERS

Female Founders ist eine Initiative von Tanja Sternbauer, Lisa Fassl und Nina Wöss mit dem Ziel Frauen in der Start-up Szene zu verbinden und weibliches Unternehmertum durch Veranstaltungen, ein Mentorenprogramm und Bootcamps zu fördern.

🌐 WWW.FEMALEFOUNDERS.AT

COACHIMO

Coachimo ist eine Online-Plattform für Coaching und individuelle Weiterbildung. Über die Plattform finden Kunden mit wenigen Klicks Coaches oder Experten aus den Bereichen Business Coaching, persönliche Weiterentwicklung und IT.

🌐 WWW.COACHIMO.DE

WOMEN&WORK

women&work ist Europas größter Karriere-Event für Frauen - über 100 Top-Arbeitgeber, Bewerbergespräche, umfangreiches Kongress-Programm! Karriere- und Leadership-Lounge mit fast 100 Netzwerken!

🌐 WWW.WOMENANDWORK.DE

KOAWOMEN

KOAwomen bricht Barrieren zwischen Persönlichkeiten in Führungspositionen und weiblichen Talenten. Wir ermöglichen den Austausch, bieten wertvolle Impulse, Motivation, sowie Rat für ihre Karrierewege.

🌐 WWW.KOAWOMEN.COM

JUGGLEHUB COWORKING

juggleHUB ist ein Coworking Space mit flexibler Kinderbetreuung in Berlin. Auf 400 Quadratmetern kreativer Altbau-Fläche arbeiten Selbstständige, Start-ups und Mitarbeiter aus Unternehmen - und bringen bei Bedarf ihre Kinder mit.

🌐 WWW.JUGGLEHUB.DE

START GLOBAL

START Global ist Europas führende studentische Initiative für Unternehmertum und neue Technologien. Das Aktivitätenportfolio besteht aus dem START Hack, dem START Incubator und dem START Summit. Unterstützt wird die Initiative von einem Netzwerk mit Chapter an verschiedensten Europäischen Universitäten.

WWW.STARTGLOBAL.ORG

WE SHAPE TECH

WE SHAPE TECH ist das erste Netzwerk für mehr Diversität in der Schweizer Tech Szene. WST hostet Events und Networking Circles und vermittelt Jobs für diverse Kandidaten. Gegründet in 2016 hat es nun 900+ Mitglieder und 2,000+ Followers.

WWW.WESHAPE.TECH

COWOMEN

CoWomen ist Berlins Community Club & Coworking Space für Frauen. CoWomen verbindet aufstrebende Frauen und unterstützt sie dabei, ihr Potenzial zu entfalten durch inspirierende Community Events, Workshops zur Entwicklung ihrer Fähigkeiten und exklusives Mentoring.

WWW.COWOMEN.COM

AUSTRIANSTARTUPS

AustrianStartups ist eine neutrale, unabhängig non-profit Plattform von, mit und für die österreichische Startup Community und ihre Stakeholder. Das Ziel: Erhöhung der Sichtbarkeit und des Standings sowie die Stärkung von innovativer, unternehmerischer Tätigkeit.

WWW.AUSTRIANSTARTUPS.COM

Folge uns in die digitale Welt!

Für weitere spannende Inhalte besuche uns auf unserer Website:

WWW.FEMALEFOUNDERSBOOK.COM

KURZINTERVIEW-VIDEOS MIT DEN GRÜNDERINNEN

Die wichtigsten Tipps, die schönsten Momente, die größten Herausforderungen und was es bedeutet Gründerin zu sein, das haben die interviewten Unternehmerinnen für unsere Kurzinterview-Videos noch einmal auf den Punkt gebracht.

SUCCESS-MANTRA-POSTER

Dir gefallen unsere Affirmationen in diesem Buch? Für noch mehr kraftvolle Affirmationen, haben wir das exklusive Success-Mantra-Poster für dich erstellt, das du auf unserer Website bestellen kannst!

UNSER BLOG

In unserem Blog gibt es weitere interessante Artikel und Interviews über Unternehmensgründungen sowie viele hilfreiche Tipps!

NEWSLETTER

Melde dich für unseren Newsletter an und erhalte exklusive Angebote!

· · · TRÄUME WERDEN WIRKLICHKEIT · · ·

DIE WELT IST VOLLER FÜLLE. ICH BIN OFFEN DAFÜR, ALLES GUTE IM UNIVERSUM ZU ERHALTEN. DIES IST MEIN JAHR DES ERFOLGS, DENN ICH VERDIENE EIN LEBEN VOLLER LIEBE, FÜLLE UND HARMONIE. ICH LASSE ZU, DASS MEINE TRÄUME WIRKLICHKEIT WERDEN UND ICH BESITZE DIE FÄHIGKEIT MEINE TRÄUME WAHR WERDEN ZU LASSEN. ICH BIN GENUG. UND ICH BIN BEREIT, DASS SICH MEIN POTENZIAL ENTFALTEN KANN. ... MICH JEDEN TAG AUF DAS, WAS ... MACHT. ICH UMGEBE MICH MIT ...RTSCHÄTZENDEN MENSCHEN, DENN ... AKZEPTIERE MICH ...N. ICH ACHTE AUF ...INEN KÖRPER. ICH ERLAUBE MIR ... WENN ICH DIESE BRAUCHE. ... DIE ERFÜLLEND, GUT BEZAHLT ... WO AUCH IMMER ICH HINGEHE, ... SICHER UND GESUND. ...ZWEIFEL UND ÄNGSTE HABE – ... UND AKZEPTIERE MICH. ... MACHE ODER SCHEITERE SPRECHE ICH NUR ... UND ANERKENNENDEN WORTEN MIT MIR. ICH WÄHLE GEDANKEN, DIE MIR KRAFT GEBEN UND ICH VERTRAUE AUF MEIN GEFÜHL. ICH ERGREIFE TÄGLICH HANDLUNGEN, DIE MICH MEINEN TRÄUMEN NÄHER BRINGEN UND MICH ZU MEINEM UNENDLICHEN POTENZIAL FÜHREN. ICH VERGEBE MIR UND ICH LIEBE MICH. ICH LIEBE JEDE ZELLE MEINES KÖRPERS UND JEDE ZELLE MEINES KÖRPERS SPÜRT DIESE LIEBE. ICH SPRECHE DIESE AFFIRMATIONEN JEDEN TAG LAUT AUS. ICH BINDE MICH DARAN UND UNTERSCHREIBE DIES MIT MEINEM NAMEN. ICH ERLAUBE, DASS DIESE WORTE MEINE GEDANKEN UND HANDLUNGEN BEEINFLUSSEN.

FEMALEFOUNDERSBOOK.COM

FOLGE UNS IN DEN SOZIALEN MEDIEN!

FACEBOOK
FemaleFoundersBook

TWITTER
@femfoundersbook

INSTAGRAM
@femalefoundersbook

SHARING IS CARING

Wir freuen uns, wenn du unser Buch an deine Freunde weiterempfiehlst!

Nutze unseren Hashtag:

#FFBOOK

Wir hoffen, dass dir das Buch gefallen hat und du viele hilfreiche Tipps sowie Inspirationen für deinen Weg mitnehmen konntest. Über dein Feedback oder deine persönliche Geschichte freuen wir uns sehr:

MAIL@FEMALEFOUNDERSBOOK.COM

NACHWORT

Jeder Mensch ist einzigartig – so auch du! Deine verborgenen Talente warten nur darauf von dir entdeckt zu werden, sodass sich dein unendliches Potenzial entfalten kann. Das Ziel dieses Buches ist es gewesen, dich anhand der Geschichten jener Frauen, genau daran zu erinnern und zu inspirieren, voller Mutes auf Entdeckungsreise zu gehen. Sei wie ein Kind, das sich voller Freude und Abenteuerlust ausprobiert! Denn es gibt nicht nur den einen Weg, der dich zu Glück und Erfolg führt. Vielmehr liegt es an dir, herauszufinden, was für dich persönlich sowie im unternehmerischen Kontext funktioniert. Selbst „Scheitern" stellt nur eine weitere Aufgabe dar, deinen Kurs zu korrigieren oder einfach nur das zu Lernen, was wichtig für deinen nächsten Schritt ist. Habe Vertrauen in den Prozess und betrachte die Zukunft als eine Chance, in der das Beste noch kommt! Und denke daran: Deine Gedanken und deine Einstellung beeinflussen maßgeblich deine Realität. Visualisiere daher so detailliert wie möglich deine positive Zukunft – und dann: Action! Denn deine konkreten Handlungen erlauben dir, deine Träume zur Realität werden zu lassen.

FÜR DEINEN WEG WÜNSCHEN WIR DIR VON HERZEN DAS BESTE!

Unsere Medienpartner

Wir danken unseren Medienpartnern für ihre Unterstützung!

Danksagung

Wir bedanken uns von Herzen bei allen Menschen, die zur Realisierung dieses Buches beigetragen haben und an unsere Idee geglaubt haben! Angefangen bei allen interviewten Gründerinnen, unseren Supportern und Medienpartnern sowie dem Team. Insbesondere gilt unser Dank dem Fotografen Rian Davidson, der Assistenz Julia Obenaurer, Partner-Managerin Margarete Wolf, dem Grafikdesigner Etienne Beaudoin-Vles und Korrektorin Ramona Thill. Danke für eure leidenschaftliche Arbeit und eure Geduld mit uns! Außerdem danken wir allen Experten, die sich die Zeit genommen haben, ihr Fachwissen in unserem Buch zu teilen. Im Weiteren bedanken wir uns bei dem Team von 99Designs für die Auslobung und finanzielle Unterstützung des Buchcover-Wettbewerbs und Tea Filipi für die Gestaltung unseres Buchcovers. Und vor allem danken wir allen Kunden, die das Buch vorbestellt haben, für das entgegengebrachte Vertrauen!

Mein persönlicher Dank gilt: Meinen Eltern, die wussten, wie wichtig gute Bildung ist, und mich dabei stets unterstützt haben. Sowie all den wundervollen Herzensmenschen in meinem Leben, die mir durch ihre Freundschaft Flügel verliehen haben, die immer an mich geglaubt, mich unterstützt und inspiriert haben, auch unkonventionelle Wege zu gehen!

MAXI KNUST

Ich danke meinem Mann Isaak für seine tägliche Unterstützung sowie meinen Eltern und meinen Schwestern, Viktoria und Elena, die immer an mich geglaubt haben. Mein Dank gilt außerdem allen Menschen, die mir auf dem Weg zur Entstehung des Buches begegnet sind und dabei Kraft ihrer Worte den Weg geebnet haben. Ohne euch alle wäre dieses wunderschöne Buch niemals Wirklichkeit geworden.

VAL RACHEEVA

IMPRESSUM

HERAUSGEBER
Knust & Racheeva GbR, Berlin

FOTOGRAFIE GRÜNDERINNEN
Rian Davidson

FOTOGRAFIE MAXI KNUST & VAL RACHEEVA
Natalia Smirnova

FOTOGRAFIE NATALIE RICHTER
Val Racheeva

FOTOGRAFIE KAMALES LARDI
Ruth Hofmann

GESTALTUNG & DESIGN
Etienne Beaudoin-Vles

GESTALTUNG BUCHCOVER
Tea Filipi

AUTOREN
Anna Korovatskaya, Bianca Praetorius, Daniel Jordi,
Diana Malerba, Julia Derndinger, Kaja Otto, Maren
Lesche, Raffaela Rein, Regina Mehler, Sigrun Gudjonsdottir,
Stefanie Kneisz, Violetta Pleshakova, Nadia Boegli,
Tim Jaudszims

PARTNER MANAGEMENT
Maxi Knust, Margarete Wolf

TRANSKRIPTION
Eva Feuchter

TEXT & INHALT
Maxi Knust, Val Racheeva

REDAKTION
Maxi Knust, Julia Obenauer

KORREKTORAT
Ramona Thill

DRUCK & BINDUNG
GPS Group, Slovenia, 2017

WEBSITEGESTALTUNG
Val Racheeva

WEBSITE
www.femalefoundersbook.com

NACHHALTIGKEIT IST UNS WICHTIG: DIESES BUCH WURDE MIT FSC-ZERTIFIZIERTEM PAPIER HERGESTELLT.

MIX
Papier aus verantwortungsvollen Quellen
FSC® C118234

9 783000 560224

ISBN 978-3-00-056022-4